国家自然科学基金资助项目(51674248,51304208,51474208)
江苏省自然科学基金资助课题(BK20161184)
江苏高校优势学科建设工程资助项目

水—煤系沉积岩作用基础研究

姚强岭　李学华
赵　彬　潘　凡　著
王　光　陈　田

中国矿业大学出版社

内容提要

本书是论述水作用下煤系沉积岩力学性能及声发射变化特征的学术著作。系统总结了笔者近年来完成的水岩相互作用的研究成果，提出了煤岩体无损浸水和力学性质损伤特征实验方法，建立了水作用下煤岩体强度及声发射特征测试系统、煤岩损伤力学和数值计算模型。主要内容包括：水作用下煤系沉积岩物理力学性质变化及声发射特征、煤岩组合体及不同粒径类岩试样变形破坏及声发射特征和煤岩/类岩试样损伤数值计算研究等。

本书可供从事采矿工程、岩土工程等领域的科技工作者和工程技术人员参考使用。

图书在版编目(CIP)数据

水—煤系沉积岩作用基础研究/姚强岭等著.
—徐州：中国矿业大学出版社，2016.10

ISBN 978-7-5646-3299-1

Ⅰ.①水… Ⅱ.①姚… Ⅲ.①沉积岩—研究
Ⅳ.①P588.2

中国版本图书馆CIP数据核字(2016)第239406号

书　　名　水—煤系沉积岩作用基础研究
著　　者　姚强岭　李学华　赵　彬　潘　凡　王　光　陈　田
责任编辑　王美柱
出版发行　中国矿业大学出版社有限责任公司
（江苏省徐州市解放南路　邮编 221008）
营销热线　(0516)83885307　83884995
出版服务　(0516)83885767　83884920
网　　址　http://www.cumtp.com　**E-mail**:cumtpvip@cumtp.com
印　　刷　江苏淮阴新华印刷厂
开　　本　787×960　1/16　**印张** 11.5　**字数** 219千字
版次印次　2016年10月第1版　2016年10月第1次印刷
定　　价　38.00元

前　　言

煤及煤系沉积岩为煤矿开采期间的直接对象，其稳定性是采矿工程学科研究的前沿和热点之一。煤系顶板多为黏土岩、粉砂岩、砂岩等，其中在煤层顶板之上多存在一层至数层含水砂岩。在煤层采动影响下，煤系顶板含水砂岩容易被连通，进而引起水—煤系沉积岩相互作用。不同岩性煤系沉积岩组分、微结构、力学性质等存在差异，这决定了水—煤系沉积岩作用下岩石力学性能变化特征及规律不尽相同。本著作基于提出的煤岩体力学性质无损浸水实验方法，较为系统地研究了典型水—煤系沉积岩作用下沉积岩的物理力学性质变化及声发射特征，该成果能够应用到煤矿开采过程中水—岩作用下巷道及工作面支护、地下水库边界煤岩柱留设以及防水煤岩柱稳定性评价等方面。

全书共分6章。第1章总结分析了目前水—岩相互作用研究现状；第2章介绍了本书研究内容所涉及的实验原理和方法；第3章研究了单一循环及反复浸水条件下对煤系沉积岩力学性能的影响；第4章根据典型煤系沉积岩粒径匹配特征，研究了水作用下类岩试样变形破坏规律；第5章研究了水作用下煤岩/类岩试样声发射特征；第6章利用数值计算方法研究了水作用下煤岩/类岩试样损伤基本规律。

本著作的完成得到了中国矿业大学采矿工程系多位老师的热情鼓励与帮助，在此表示由衷的感谢。

该书的出版得到了国家自然科学基金项目(51674248,51304208,51474208)、江苏省自然科学基金资助课题(BK20161184)和江苏高校优势学科建设工程资助项目的资助，在此一并感谢。

由于作者经验与水平所限，书中难免有不妥和疏漏之处，恳请读者批评指正。

著　者

2016 年 8 月

目　录

1 概　论

1.1 水—岩相互作用问题的提出

岩石作为自然界的产物，在复杂的地质构造运动影响下，使其呈现明显的不连续性、非均匀性和各向异性等特征。尽管人类对岩石的认识和利用取得了显著进步，但至今相关研究仍局限于一定的范围和条件之下，因为岩石的变形和破坏失稳性质不仅与其自身的微结构密切相关，还受到多种外在因素的影响，其中水又是最为活跃的影响因素之一。水作为自然界极其常见的流体，常常影响岩石强度及形变特征，在很多情况下会加速岩石的变形与破坏[1,2]。水在岩石中的作用与岩石的结构特征有很大关系，主要表现在两个方面：一是水的物理化学作用，二是水的力学效应。岩石中含有大量孔隙、微裂纹以及节理裂隙等原始缺陷，这些缺陷的存在为水—岩作用提供了条件。水—岩之间发生的物理化学作用不仅会改变岩体的矿物组成与微观结构，使其产生孔隙、溶洞和溶蚀裂隙，还会影响岩石的力学和变形特性，对岩石造成损伤[3-7]。可见，水—岩共同作用的实质其实是一种从岩石微观结构变化导致其宏观力学特性改变的过程，这种复杂作用的微观演化过程在宏观上表现为自然界岩石强度弱化直至破坏。

从具体工程实践来看，煤矿中涉及水—煤系沉积岩相互作用的主要方面一是富水巷道/工作面围岩控制或承压水上/水体下采煤防突水问题，再者是生态脆弱矿区地下水库储水或者保水开采问题，如图 1-1 所示。

富水巷道/工作面围岩控制问题主要考虑水的渗透作用影响，水—岩作用下岩石性能弱化为研究问题的重点[8,9]；承压水上/水体下采煤研究的重点是在开采影响下含水层水压力与隔水层的隔水能力之间的动态平衡问题[10-12]；而生态脆弱矿区地下水库储水或保水开采问题关注的重点在于储水坝体的稳定、采空区净化水的机理及含隔水层稳定性[13-15]。本专著针对以上两类问题的共性问题：水—煤系沉积岩相互作用这一基础问题开展了一些研究，并探讨了研究过程中得到的一些基本规律，以期为后续的研究者提供借鉴和拓展研究思路。

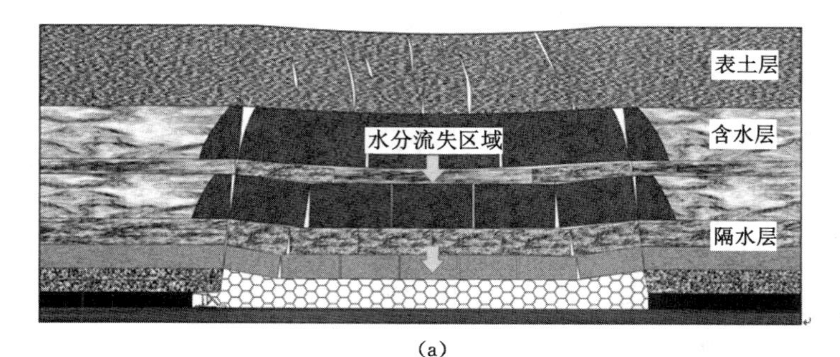

(a)

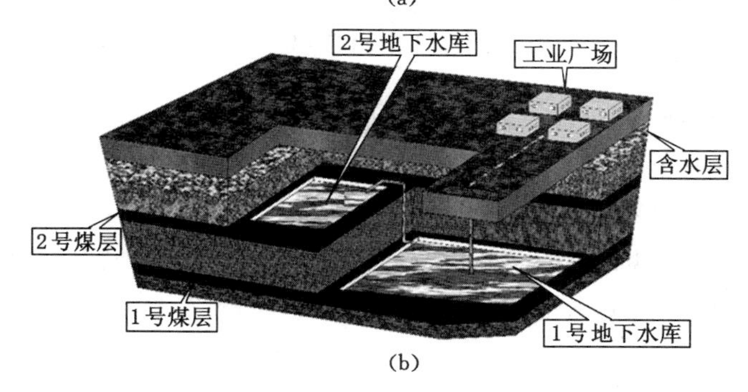

(b)

图 1-1　煤矿开采水—岩作用示意图

(a) 煤矿开采引起水—岩作用；(b) 采空区储水水—岩作用

1.2　国内外研究现状

1.2.1　水—煤岩作用基础

煤岩是一种多矿物体，不同岩石所含矿物成分也不尽相同，因而也决定其遇水软化膨胀的性态不同，大部分沉积岩含有黏土质矿物，这些矿物遇水软化、泥化，会降低岩体骨架的结合力，从而表现为各方面的软化性态。一般而言，煤和岩石遇水后强度降低，而对于遇水后强度降低的煤岩体，水是造成其损伤的一个重要原因，有时它比力学因素造成的损伤更为严重[16]。岩石的单轴抗压强度被水的削弱程度最高可达 90%[17]，而不同的岩石削弱的程度亦相差巨大。例如，C. G. Dyke 等[18]研究发现，当岩石由干燥状态到转为饱和状态时，其单轴抗压强度只减少 25%～30%。岩石是由颗粒或晶体相互胶结或黏结在一起的聚集体，其遇水作用之后部分矿物性态发生改变，从而影响岩石的力学性质。水对岩石性质影响的内在机理大致分两种类型：第一类是水对岩体的力学作用，主要表现在静水压的有效应力作用、动水压的冲刷作用。第二类是水对岩体的物理与化学作用，包括软化、泥化、膨胀与溶蚀作用，这种作用的结果是使岩体性状逐渐恶化，以致发展到使岩体变形、失稳、破坏的程度。水—岩物理作用包括润滑、软化、泥化和结合水强化等[19]。张有天[20]进一步分析认为水对岩石的化学作用是不可逆的，而物理作用的过程一般是可逆的，力学作用在介质的弹性范围内是可逆的。周翠英等[21]指出水是对软岩的成分和结构两方面改变共同作用而导致岩体力学性质短时间内大幅度降低。水—岩相互作用过程如图1-2所示。

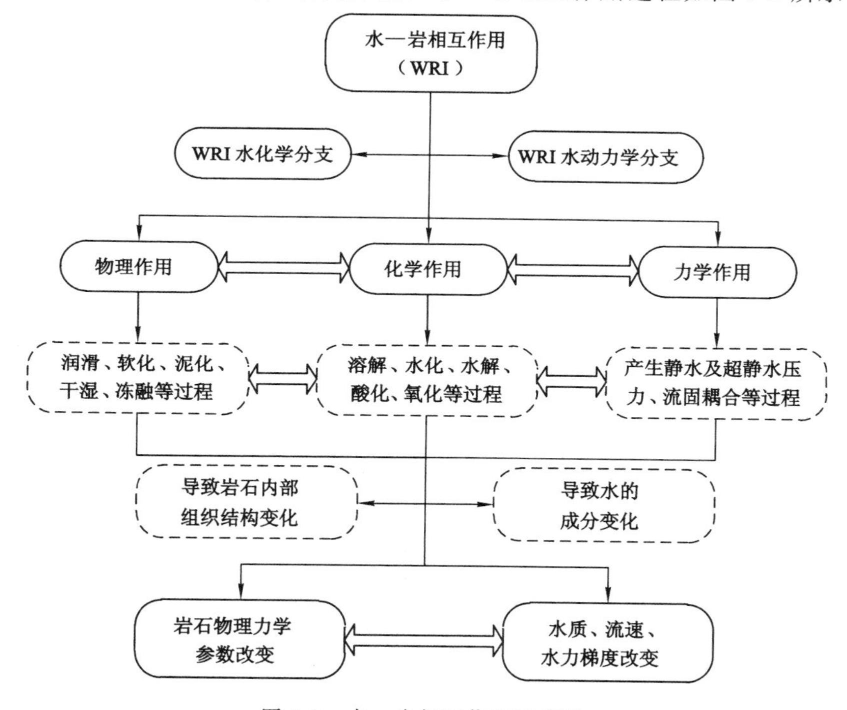

图1-2 水—岩相互作用示意图

国内外围绕水作用下岩石强度损伤已经做了大量研究工作。国内外一些学者[22-26]通过室内不同含水状态下岩石的单轴剪切、单轴压缩及三轴压缩试验并结合声波测试结果证实，随着水饱和度的增加，岩石各项力学性能指标都会发生不同程度的降低。刘新荣等[27]从物理、化学和力学作用三方面入手，研究了水—岩相互作用下的岩石劣化问题，认为水对岩石的物理、化学、力学作用三者是相互影响、相互促进的过程。胡耀青等[28]利用煤岩三轴应力渗透仪（不排水）研究了孔隙水压对煤样变形特性的影响，得到了弹性模量与孔隙水压的定量关系表达式。孟召平等[29,30]基于含煤岩系主要几种岩石的单轴和三轴压缩试验，分析了水对煤系岩石力学性质及冲击倾向性的影响。周翠英、侯艳娟等[31-34]对几种典型软岩在不同饱水状态下进行单轴和三轴压缩试验，分析了不同饱水状态下软岩试样强度和变形参数的变化规律。王军[35]在不同含水率状态下红砂岩直剪试验的基础上，对膨胀砂岩的抗剪强度与含水率的关系进行了研究等。傅晏等[36]、姚华彦等[37]也对砂岩试样进行了干湿循环试验，研究发现干湿循环对砂岩造成不可逆的渐进性损伤，经过不同次数的干燥—饱水交替作用后，砂岩的弹性模量、抗压强度、黏聚力、内摩擦角等都有不同程度的降低，而且经历过这些循环作用的岩体的损伤程度要比单一水—岩浸泡损伤大得多；M. L. Lin 和 P. A. Hale 等[38, 39]也对砂岩在干湿循环作用下的力学性质变化规律进行了研究。姚强岭、李学华、潘凡、王光[40-45]等结合水—煤系沉积岩作用引起煤矿岩石失稳工程背景开展了水—沉积煤岩/类岩试样单轴压缩变形及声发射特征，发现煤系沉积岩遇水后单轴抗压强度、弹性模量、声发射等参数随含水率的升高而降低，具有显著相关性。

水—岩化学作用引起的化学元素在岩石和水之间重新分配及岩石细微结构的改变，导致岩石力学性质的变化[46-51]。F. G. Bell 等[52]的研究总结了地下水对岩石和土体工程性质的影响，认为水会加速岩石的化学风化过程，同时指出硅酸盐矿物（包括长石、辉石、角闪石、云母、橄榄石）的风化过程主要是水解过程。汤连生等[53]对常温常压下不同岩石（花岗岩、红砂岩和灰岩）在不同循环流速的水化学溶液中抗压强度的变化进行了试验研究，结果表明化学作用的劣化效应主要受岩石微结构及非均匀性、孔隙率、胶结物质、矿物成分的综合影响。陈四利等[54]对岩石破裂特性的化学环境侵蚀进行了考查，得出与空气侵蚀条件相比，裂纹尖端的水或化学溶液使岩石的破裂韧度明显降低；并利用 CT 识别技术对化学腐蚀下的砂岩进行了三轴加载全过程的即时扫描试验，建立了基于化学腐蚀影响和 CT 数的损伤变量模型。许多学者在考虑水基础上，加入了温度等条件的影响[55-57]。需要注意的是，与岩石发生水—岩作用的并非是纯水，而是含有多种矿物成分的水溶液，甚至是具有明显酸碱性的水溶液。即使是纯净水，在与岩体的长期接触下也会发生岩体矿物成分的离子交换作用，从而导致岩石的微观结构和组成成分发生时效性的改变，使岩石强度降低，发生软化。水—岩化学作用对岩石弹塑性力学特性影响引起了许多学者的关注和研究。R. I. Karfakis 和 M. Askram[58]研究了化学溶液对岩石断裂韧性的影响；A. Hutchinson 和 J. B. Johnson[59]利用 HCl，H_2SO_4 等溶液模拟酸雨，对石灰石的腐蚀作用进行了研究；汤连生等[60,61]对水—岩相互作用下的力学与环境效应进行了较为系统的研究，进行了不同化学溶液作用下不同岩石的抗压强度试验及断裂效应试验，对水—岩反应的力学效应机理及定量化方法进行了探讨，并将水—岩土化学作用与地质灾害等岩土体稳定性联系起来。刘建等[7]针对干燥、饱水、蒸馏水以及不同离子浓度和pH值水溶液循环流动作用至水—岩反应平衡后的砂岩试件，开展了一系列单轴压缩试验和CT损伤测试，分析了砂岩弹塑性力学特性的水物理化学作用效应与机制。

已有研究发现，岩石的损伤机制取决于水—岩共同作用下岩石内裂隙面物理损伤基元及其颗粒、矿物结构之间的耦合作用，岩石宏观力学性质的变化与微观上水—岩化学作用密切相关[62,63]，为此部分学者开始着眼于水—岩作用的微观研究和物化作用对岩石损伤的影响。H. Komine[64]通过SEM研究发现，物化型软岩无论在聚集体内还是在聚集体间都普遍发育有各种大小不同、形状各异的微孔隙和微裂隙，并研究了其膨胀特性；M. Arnould[65]从矿物成分及微观结构角度分析了泥岩易崩解的原因，并提出了泥岩中存在不连续网络的观点；黄宏伟等[66]针对以高岭石为主要黏土矿物的泥岩开展了饱水试验，并基于其微观结构变化规律提出了泥岩软化的微观机制。

相对水与岩石力学特性的研究，水作用下煤体力学特性变化规律的研究相对较少。目前，关于水对煤体力学特性的影响可以概括为浸水后煤体的强度、弹性模量、内聚力等力学参数发生变化且煤体脆性降低、塑性增强。刘忠锋等[67]进行了煤体的注水实验，得出煤体的单轴抗压强度随着注水含水率的增加而减小，煤体的弹性模量随着注水压力的增加而减小，并得到其相应的线性通式。闫立宏等[68]通过对浸水煤样的单轴压缩试验得到随含水量的增加，煤的单轴抗压强度、抗拉强度减小；在相同载荷作用下，煤样浸水后，其变形量增加，并且初始阶段曲线上凹明显。郭怀广等[69]通过数值计算得出煤体注水后弹性模量有一定降低，且随着含水量的增加，煤体抗压强度不断减小。潘立友等[70]通过实验得出水对煤岩的强度特性、变形特性和冲击倾向性都有着重要的影响。煤样随含水率的增加，强度和弹性模量降低且降低程度具有明显的时间效应，孔隙率和泊松比增大。齐元学[71]由超声波试验和单轴抗压试验得出随含水率的增加，煤样弹性模量、剪切模量和坚固性系数逐渐减小，同一应力情况下，应变增大、塑性增大、脆性减小、煤样最后塑性破坏。郭海防[72]用不同溶液对煤样进行浸泡试验，得出不同溶剂对煤的浸润性不同，且煤岩强度和弹性模量随含水率的增加而减小，煤岩泊松比随含水率的增大而增大，并利用岩石强度变形理论推导出煤岩强度和弹性模量的弱化方程。宋维源等[73]分析含水煤岩全程应力—应变曲线得出，过峰值后曲线较原来平缓，试件破坏时，属于逐渐缓慢破坏。韩桂武、周英[74]认为煤岩体经过注水湿润后，会改变它原有的物理力学性质及应力分布状态，煤层的脆性和强度会随着煤层的湿润而降低，减缓应力集中。于警伟等[75]、窦林名等[76]、郭启明等[77]研究认为，水进入煤体后会改变煤的物理力学性质，使其脆性减弱、塑性增强。姚强岭、赵彬、陈田[78,79]等研究发现，水作用下煤样单轴抗压强度、弹性模量等与含水率大致呈负线性函数关系。

1.2.2 岩石损伤力学研究现状

在环境侵蚀或外部载荷作用下，材料由于细观结构(微裂隙、微孔洞等)引起的材料或结构的不可逆的劣化过程称为损伤。目前，损伤力学研究方法主要有两种基本思路：一种是从岩石微元强度随机分布事件出发，建立损伤变量和应力—应变的关系，从而建立岩石本构关系来模拟试验结果；另外一种是以试验为基础，假设岩石材料在载荷作用下应力—应变状态和损伤变量服从某种条件关系，再用假设的模型来模拟试验后所得应力—应变关系，建立损伤本构模型。L. S. Constin 等[80-83]率先进行了岩石或岩体损伤弱化机理的理论和试验研究，并将损伤变量引入本构关系，以便更加全面地反映岩体结构特性(塑性变形、各向异性、剪胀效应)。20 世纪 90 年代随着岩体工程的大规模建设，国内外诸多学者[84-86]将岩石损伤力学理论运用于复杂裂隙岩体损伤特征和本构关系取得了具有一定应用价值的研究成果。近年来，岩石损伤力学发展迅速，已成为岩石力学研究的前沿阵地，根据其研究方法的立足点和研究尺寸可分为微观、细观和宏观损伤力学。

微观岩石损伤力学采用量子力学和统计力学方法在分子、原子层次上研究材料的物理过程、确定损伤对微观结构的影响，进而推测宏观力学效应。由于微观岩石损伤力学理论不够完善等原因，仅能定性地解释部分损伤现象。而细观岩石损伤力学认为岩石是非均质的微细观结构，通过对颗粒、晶体、空洞等微观结构层次研究各类损伤的形态、分布及演化特征；进而建立材料的宏观损伤演化方程和本构关系，从而预测岩石的宏观力学特性。A. L. Gurson 和 S. Nemat-Nasser、Z. P. Bazant 等对细观损伤结构与力学之间的定量联系进行了研究[87-90]。凌建明、孙钧[91]借助扫描电镜研究了岩石的细观损伤过程，建立了脆性岩石细观损伤模型。任建喜、葛修润、杨更社等[92-94]利用 CT 技术对岩石内部细观损伤进行识别，建立了以 CT 数为损伤变量的岩石细观损伤本构模型。此外，部分学者利用统计物理数学理论研究了岩石细观损伤的演化和发展。曹文贵、杨胜奇等人利用 Weibull 和 Sahimi 等提出的 Weibull 统计假设理论进行了岩石损伤本构模型的建模研究[95,96]。

宏观岩石损伤力学认为，包含各类缺陷和结构的岩石是一种连续体；损伤作为一种均匀变量在其中连续分布；损伤状态由损伤变量进行描述，最后根据力学、热力学基本公式和定理推求损伤体的本构方程和损伤演化方程。K. E. Loland[97]基于应力—应变曲线和应变等价原理建立了岩石单轴压缩损伤模型。王金龙[98]根据连续损伤力学原理,把裂隙的体积应变作为损伤变量定义,分析了单轴压缩状态下大理岩的损伤与断裂扩展。周光泉、沈新普等[99,100]也基于不可逆热力学原理和连续介质损伤力学理论对岩石类材料的损伤演化进行了试验、理论和数值模拟研究。叶龄元[101]将岩石类材料分为未损伤和损伤两种来讨论它的自由特性,并引入内蕴时理论,建立了岩石内时损伤模型。吴政等[102]根据 Weibull 的统计理论从唯象学的角度出发,推导出了岩石单轴压缩载荷作用下的损伤模型。杨友卿[103]根据岩石材料强度的概率统计特征并结合莫尔准则,建立了三轴压缩应力状态的岩石损伤本构模型。王军保等[104]假定岩石微元强度服从 Weibull 分布,Hoek-Brown 强度准则作为岩石微元统计分布变量。杨圣奇等[105]基于岩石的应变强度理论和岩石强度的随机统计分布假设,采用损伤力学理论,考虑微元体破坏及弹性模量与尺寸之间的非线性关系,建立了单轴压缩下考虑尺寸效应的岩石损伤统计本构模型。杨明辉等[106]通过常规单轴压缩试验所得到的峰值点的应力—应变值与围压的关系进行拟合得到了任意围压下的岩石损伤软化统计本构模型,并根据岩石损伤软化统计本构模型参数与岩石软化变形破裂过程的应力—应变全曲线的特征参量的理论关系确定了模型参数。张晓君等[107]在岩石应变软化变形全过程的损伤统计本构模型基础上,根据单轴压缩应力—应变全过程曲线,进一步明确了本构模型中分布参数的物理意义和实际意义,提出了模型参数的确定方法。杨松岩[108]、周飞平[109]、韦立德[110]等在 Terzaghi 型本构模型及 Darcy 定律的基础上,把面积分数、体积分数等作为损伤变量,建立了非饱和和饱和岩石损伤统计本构模型。

1.2.3 基于声发射的岩石损伤特征

材料受外力或内力作用时,其局部因能量的快速释放而发出的瞬态弹性波现象,称为声发射(Acoustic Emission,AE)。声发射是一种常见的物理现象,大多数材料变形和断裂时都伴有声发射发生。在岩石力学与岩石工程领域,声发射作为岩石破坏过程中的一种伴生现象,蕴含着岩石内部破坏过程的许多信息,逐渐成为岩石力学特性和损伤演化规律研究的重要途径,因此得到越来越多相关学者的重视。岩石的损伤不仅与其内部的节理裂隙分布(可认为是初始损伤)有关,更为重要的是与受载后的损伤演化过程直接相关。岩石的声发射活动性反映岩石内部的损伤演化状况。声发射事件发生的位置是岩体发生损伤和变形局部化的区域,而且损伤的程度与该位置声发射的能量释放率有着必然的联系。

现代声发射技术始于德国科学家 Kaiser 的研究工作,其在博士论文中提出的“Kaiser效应”对声发射的发展具有重要意义。20世纪60年代Goodman通过试验证明岩石在受载加载过程中同样存在“Kaiser效应”,使得声发射技术在岩石力学领域快速发展。K. Mogi[111]、P. Ganne[112]等对岩石受压破裂过程中的声发射特征进行了研究,并总结出岩石受压破坏过程中声发射的4个阶段。C. Li和E. Nordlund[113]用声发射测量由爆破引起的损伤,并通过起始应力曲线估算爆破干扰的影响范围。M. Cai等[114]提出一种利用声发射监测数据结合有限元应力分析对岩体强度参数进行反演的新方法,其反算的岩体强度参数与现场测试结果相符合。P. P. Nomikos等[115]对2种希腊大理岩进行了抗弯承载试验,通过加载过程中的声发射监测对岩石的细观损伤进行了详细分析;A. Tavallali和A. Vervoort[116]在巴西测试条件下对层状砂岩进行了声发射检测,指出层状砂岩的声发射累计数示意图能够被划分为2个连续的半抛物线;M. C. He等[117]在室内对真三轴卸荷状态下石灰岩岩爆过程的声发射特性进行了研究。D. Lockner提出了微破裂损伤与声发射一致性的重要看法,并认为虽然检测到的声发射数量不到岩石样本中实际微破裂数目的1%,但声发射信号还是给出了包含微破裂的位置、模式、震级强弱和能量释放率等参数的重要信息[118]。E. Eberhardt等和M. S. Diederichs等基于室内岩石试样声发射时间序列确定了裂纹萌生的阈值、裂纹相互作用及岩石初始屈服的阈值,并证实了这两者所对应的应力水平正是现场岩体强度的下限和上限[119,120]。S. H. Chang和C. I. Lee应用声发射的张量分析,评估三轴压缩条件下岩石裂纹和损伤分析[121]。D. P. Jansen等应用声发射技术研究了岩石破裂过程中随着时间变化的三维微裂纹分布,描述岩石损伤累积、裂纹成核以及宏观裂纹扩展。声发射计数和能级表明岩样试验中裂纹断裂产生的声发射的数量和密度[122]。B. J. Pestman等利用声发射技术对砂岩的损伤扩展进行了研究,给出一种应力空间内损伤面的定义,损伤面上的点可由声发射活动来表示[123]。

尽管我国声发射技术的应用研究晚于国外,但经过三十多年的努力也取得了长足的发展。李宏等[124]对定向岩芯进行了声发射Kaiser效应试验,并将声发射Kaiser效应测量结果与水压致裂法的测量结果进行了对比,两者具有很好的一致性。彭苏萍等[125]通过相似物理模拟实验和数值模拟技术对沉积相变岩体声波速度特征及其影响因素进行了分析。李庶林等[126]在刚性试验机上,对单轴受压岩石破坏全过程进行声发射实验,得到了岩石破坏全过程力学特征和声发射特征,研究了声发射事件数(AE数)、事件率与应力、时间之间的关系。余斐[127]、李术才等[128]研究了单轴压缩条件下岩石失稳破坏的声发射特征,并提出了相应的损伤模型。姚强岭等[42]研究了砂岩随含水率变化的声发射特征,发现声发射计数峰值较应力峰值位置滞后,呈现出“延迟”特征,并据此提出了预测预报该类砂岩顶板稳定的技术思路。赵兴东[129]、张茹[130]、蒋海昆[131]等研究了花岗岩在不同应力状态下(拉伸、压缩和剪切)的声发射特征,并根据试验结果分析了声发射的时序特征。吴贤振等[132]通过对不同岩性的岩石进行单轴压缩声发射试验对比了不同岩石的不同力学性质、岩石声发射序列的时域特征和声发射序列的分形特征。为更深刻地研究破裂失稳过程中岩石内部微裂纹孕育、发展的三维空间演化模式,许江[133]、裴建良[134]等对岩石受压破坏过程中的声发射进行了定位分析。王其胜[135]、赵伏军[136]等在动静组合载荷多功能试验装置上,以脆性岩石(花岗岩)为研究对象,进行不同载荷作用下的破碎试验,获得了动静组合加载下花岗岩声发射能量的变化规律。邹银辉利用煤岩损伤理论研究了煤岩的声发射机理,探讨了如何根据声发射变化特征判断岩石的破坏动态[137]。蒋宇等研究了岩石在疲劳破坏过程中的声发射特征[138]。高峰等应用分形理论研究了岩石的声发射特征[139]。唐春安等提出了"声发射率与岩石的损伤变量具有一致性"的学术观点[140-143]。席道瑛和万志军等研究了加载速率对岩石力学性质及声发射率的影响[144,145]。

目前,声发射技术在岩石力学岩土工程中的应用愈发广泛,已有不少学者考虑到水对声发射监测结果的影响。有关研究表明,纵波在岩体中的传播速度明显地受结构面及水的影响,对于岩石来说,结构完整,对声波速度的影响主要是水及微裂隙,水的影响更为显著[146,147]。王煜霞等[148]分析了不同成因类型岩石的声波速度,提出了水对不同岩石声波速度的影响,从岩石孔隙及隐微裂隙的发育程度及岩石的水理性质解释了在水的作用下岩石声波变化规律;陈旭等[149]利用智能声波仪对红砂岩、大理岩和花岗岩试样在干燥及饱和条件下进行了声波纵波透射试验,研究声波在岩石中传播的速度特征,同时利用傅立叶变换及小波变换研究声波在岩石中传播的波形、波幅衰减规律、波谱特征[150];朱合华等[151]试验研究了饱水对致密岩石声学参数影响,包括波速、声波主频、波速的各向异性特征等。吴刚等[152]对 4 种岩石(花岗岩、细砂岩、中砂岩和石灰岩)试样在自然和饱水状态下进行了物理量的量测以及超声纵横波波速的检测,并对各种岩石在上述状态下的密度、含水率、纵横波波速以及波速比等参量进行了分析比较。文圣勇等[153]利用微机控制电液伺服岩石三轴试验机,分别对不同含水率砂岩进行常规单轴压缩试验,分析其声发射振铃数和累计振铃数曲线后发现水对砂岩的力学特性和声发射特征有较大影响。类似的实验也应用于煤样,证明了水对煤样的声发射特性同样影响明显[154]。陈子全等[155]开展了砂岩在不同围压下的水—力耦合试验,发现声发射累计振铃计数和累计能量大致随着水压的增大而增大。

1.3 本书的主要研究内容

本书围绕水—岩作用引起的煤系沉积岩力学性能变化问题，开展了相关研究，主要研究内容如下：

(1) 开发了煤系沉积岩含水率无损浸水实验装置，并开展了典型煤系沉积岩无损浸水实验研究。

(2) 探讨了典型煤系沉积岩/类岩试样不同含水率条件下单轴抗压强度、弹性模量、应力—应变曲线等力学参数的变化特征；并通过声发射计数等参数分析了含水率对试样声发射特征的影响。

(3) 研究了变加载速率对含煤岩组合体峰值强度、弹性模量、应变软化模量及后峰值模量变化特征的影响规律，并利用刚度应力关系和声发射累计计数与应力—应变关系反演煤岩组合体裂隙发育的各个阶段。

(4) 运用损伤统计理论和 Lemaitre 应变等价性假说，推导出了能反映含水率影响的煤岩损伤统计模型；结合声发射及损伤理论建立了不同含水率和反复浸水下煤岩损伤演化模型。

(5) 利用 PFC^{2D} 数值计算研究了煤岩/类岩试样的单轴压缩强度及声发射特征，并探讨了含水率、粒径对岩石变形特征的影响作用。

2 实验方法及设计

2.1 试样制备

2.1.1 煤岩样基本特征

煤岩样基本特征如表 2-1 所示。

表 2-1 煤岩样基本特征

取样地点	煤岩类型	地质年代
徐州矿区庞庄煤矿	9# 煤	二叠纪山西组
山西平朔矿区西沙河煤矿	4# 煤	石炭纪太原组
宁东鸳鸯湖矿区梅花井煤矿	10# 煤	侏罗纪延安组
内蒙古乌达黄白茨煤矿	9# 煤	石炭纪太原组
永煤集团新桥煤矿	二$_2$煤	二叠纪山西组
永煤集团新桥煤矿二$_2$煤顶板	砂质泥岩	二叠纪山西组
永煤集团新桥煤矿二$_2$煤底板	泥岩	二叠纪山西组
宁夏红墩子矿区红一矿	泥质粉砂岩	二叠纪山西组

2.1.2 类岩试样粒径的确定

为了定量地研究骨粒粒径对岩石试样破坏过程、形式和破坏机理的影响，需先确定试样的骨粒粒径值。本次实验采用筛分法对试样骨粒粒径进行统计分析。本次实验选用 9 种不同粒径的筛子进行筛分实验，分别为：0.2、0.4、0.5、0.71、0.9、1、1.25、1.6 和 2 mm。在进行筛分实验时，首先用 2 mm 的筛子剔除沙子中粒径大于 2 mm 的部分，然后从剔除后的沙堆中每次随机量取 1 500 g 沙子，然后用 1.6 mm 的筛子进行筛选，确定粒径在 1.6～2 mm 的部分，测其质量，接着用 1.25 mm 的筛子筛出粒径在 1.25～1.6 mm 的沙子，测出其质量……以此类推，最后确定每个粒径范围内沙子的质量，并重复该过程 3 次，以确保数据的准确性。表 2-2 为 3 次筛分实验的沙子粒径统计数据。

表 2-2　　沙子粒径统计数据

粒径/mm	实验次数			平均值/g
	Ⅰ/g	Ⅱ/g	Ⅲ/g	
＜0.2	10.6	4.5	3.3	6.1
0.2～0.4	95.3	104.2	91.6	97.0
0.4～0.5	123	127.6	126.4	125.7
0.5～0.71	470.7	438.3	431.9	447.0
0.71～0.9	187	219.6	205.9	204.2
0.9～1	78.4	78.5	85.3	80.7
1～1.25	180.6	184.1	180	181.6
1.25～1.6	98.7	95.1	99.9	97.9
1.6～2	196.4	229.2	256.9	227.5
＜2	1 440.7	1 481.1	1 481.2	1 467.7

注：由于筛分过程中有少量沙子损失，最后测得沙子总质量略小于 1 500 g。

假设沙子粒径服从随机分布，根据所测得的每个粒径区间内沙子的质量，可分别绘出 3 次实验的粒径平均分布曲线如图 2-1(a)所示。图 2-1(b)为根据 3 次实验的每个粒径区间内沙子质量平均值得到的平均概率分布函数，及其对应的拟合函数 $F(x)$。

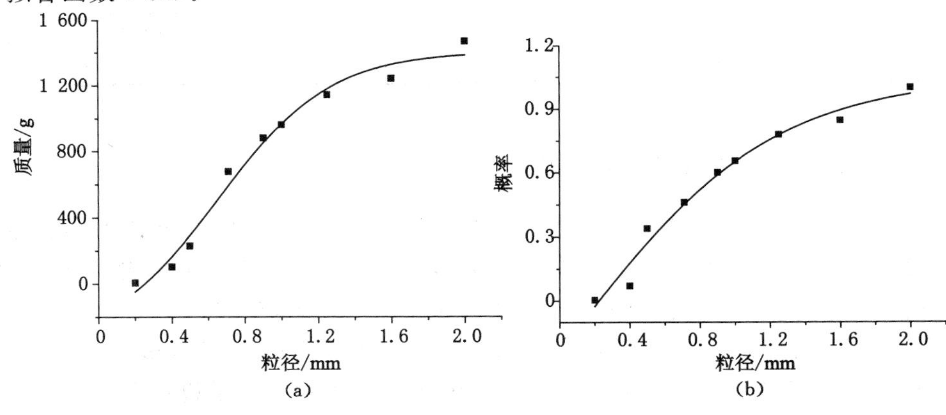

图 2-1　沙子粒径分布曲线

(a) 沙子粒径的分布变化曲线；(b) 沙子粒径的概率分布曲线

根据拟合结果，得到沙子粒径的平均概率分布函数 $F(x)$ 如下：

$$F(x)=\begin{cases}0 & x\leqslant 0\\ a+(b-a)/(1+10^{(\log x_0-x)\times c}) & 0<x\leqslant 2\\ 1 & x>2\end{cases} \tag{2-1}$$

式中，$F(x)$ 为粒径的概率分布函数；x 表示沙子粒径，mm；a，b，c 及 x_0 均为无量纲系数，取值见表 2-3。

表 2-3　　概率分布函数 $F(x)$ 中各系数值

a	b	c	$\log x_0$
−1.283 36	1.047 86	0.560 11	0.110 4

本次实验采用的试样粒径范围分别为 0～0.5 mm、0.5～1 mm、1～1.6 mm 及 1.6～2 mm。为了得到每个区间内的粒径值，只需计算出分布函数 $F(x)$ 在该 4 个区间内的 x 轴向的形心坐标值，计算方法如下：

$$\bar{x}=\frac{\iint\limits_{D}x\,\mathrm{d}x\mathrm{d}y}{\iint\limits_{D}1\,\mathrm{d}x\mathrm{d}y}=\frac{\int_{x_1}^{x_2}\int_{0}^{F(x)}x\,\mathrm{d}y\mathrm{d}x}{\int_{x_1}^{x_2}\int_{0}^{F(x)}1\,\mathrm{d}y\mathrm{d}x} \tag{2-2}$$

式中，x_1，x_2 为粒径区间的下、上限值；$F(x)$ 为粒径的概率分布曲线；$\bar{x}$ 为该区间内粒径的平均值。

将[$x_1=0$，$x_2=0.5$]、[$x_1=0.5$，$x_2=1$]、[$x_1=1$，$x_2=1.6$]和[$x_1=1.6$，$x_2=2$]分别代入式(2-2)，即可得到 4 个粒径区间在 x 轴上的形心坐标分别为0.445、0.799、1.309 和 1.807。由此可大致确定所选的 4 个粒径区间的粒径估值分别为 0.445 mm、0.799 mm、1.309 mm 和 1.807 mm，符合中粒砂岩、粗粒砂岩和巨粒砂岩的粒级标准。

2.1.3　试件加工制作

(1) 煤岩样

煤体试样规格：直径 50 mm，高度 100 mm 的圆柱形和长、宽、高分别为 50 mm×50 mm×100 mm 的长方体两类试件，其基本特征见表 2-4。为更好对比实验结果，对各取样地点煤样制成的试件进行分组并编号，其中，庞庄煤矿 9# 煤为 A 组、西沙河煤矿 4# 煤为 B 组、梅花井煤矿 10# 煤为 C 组、黄白茨煤矿 9# 煤为 D 组。A 组制得直径 50 mm，高度 100 mm 的圆柱形试件 12 块；由于煤样较脆，不易加工成标准试件，将 B 组、C 组、D 组加工为长、宽、高为

50 mm×50 mm×100 mm 的长方体试件 12 块、15 块和 12 块。不同几何形状试件受压过程中受力并不相同，圆柱体与立方体试件的强度之间具有不对等性。已有研究得出标准圆柱形试件抗压强度为标准立方体试件抗压强度的 79%～81%。

表 2-4　　试样的基本特征

组号	取样地点	试样类型	长、宽(直径)/mm	高度/mm	个数/个
A 组	庞庄煤矿 9# 煤	圆柱形	50	100	12
B 组	西沙河煤矿 4# 煤	长方体	50	100	12
C 组	梅花井煤矿 10# 煤	长方体	50	100	15
D 组	黄白茨煤矿 9# 煤	长方体	50	100	12

试样制备的精度要求：① 沿煤样高度，边长方向的误差应小于 0.3 mm；② 煤样两端面的不平行度误差需小于 0.05 mm；③ 端面需与煤样轴线垂直，最大偏差需小于 0.25°；④ 长方体煤样相邻两面需相互垂直，最大偏差需小于 0.25°。图 2-2 所示为加工完成的煤岩样。

(a)

(b)

图 2-2　加工完成的煤岩样

(a) 煤样；(b) 岩样

宁夏红墩子矿区红一矿粉砂岩试样规格见表 2-5。

表 2-5　　粉砂质泥岩试样基本特征

序号	编号	直径/mm	高度/mm	个数/个
1	A(1-3)	50	100	3
2	B(1-3)	50	100	3
3	C(1-3)	50	100	3
4	D(1-3)	50	100	3

为减小岩石试样内部微观结构等造成的实验数据的离散性，选取致密状相对均匀的表面无裂隙、无变形的试样。对切割好的岩样用砂纸打磨，消除切割留下的粗糙痕迹以便在实验过程中观察表面裂纹的发展演化过程和声发射传感器的安装固定。

（2）类岩试样

相似模型实验在地下工程研究方面被认为是一种可靠实用、具有说服力的研究方法。相似模型实验常用来模拟实际工程，并为指导现场工程施工提供一定依据。模型实验通常依据的是相似理论，即先利用相似理论确定实验模拟的相似比，再用选定的实验材料依据设计的相似比制作模型。在地下工程的岩石相似材料制备方面，已有很多学者做过相关研究。本书所采用的配比方案参考了耿晓阳[93]的研究成果，利用统计学中常用到的正交实验设计法设计实验，考查了骨料的比例、骨料中成分间的比例、胶结物中成分间的比例、掺水率这四个因素与相似材料物理性质、力学性质之间的关系，并找出不同指标下的最优配比方案。

制作本次实验试样的圆柱模具规格为 160 mm×80 mm，以避免由于试样太小在声发射实验时而出现共振干扰声发射信号。同时，与长方体试样相比，圆柱体试样在单轴压缩过程中不易出现应力集中情况，可消除由于试样局部应力集中而造成的局部破坏所释放的声发射信号的干扰。

试样制备过程（图 2-3）：在制备相似材料岩块试样前，首先提前筛分好不同粒径的沙子，同时根据配比加入其他材料，搅拌均匀后装入模具中，最后捣固并放于振动装置上振动 120 s，使模具中的相似材料达到均匀结实的状态，从而保证试样具有均匀足够的强度。同时，因为试样制作材料中含有水泥，而水泥水化作用需要适当的温度和湿度条件，为了保证试样有适宜的硬化条件，使其强度不断增长，必须对其进行标准养护。养护室符合国家最新标准，条件为温度 20±2 ℃，相对湿度 95%RH 以上，并养护 28 d。

(a)　　(b)　　(c)

图 2-3　类岩试样制作

(a) 筛子；(b) 模具；(c) 类岩试样

自然吸水性实验主要进行岩样基本物理性质参数的测定、了解岩样的含水率在给定条件下随时间的变化规律。本实验部分所用仪器设备主要为基本测量仪器、干燥设备和浸水设备。

(3) 煤岩组合体

为了研究在不同加载速率下不同含水率煤岩组合体破坏失效时的声发射特性,选取了永煤集团新桥煤矿二$_2$煤及顶底板岩石作为研究对象,二$_2$煤顶板砂质泥岩、二$_2$煤、二$_2$煤底板泥岩分别被加工成 $\phi50\times33$ mm,$\phi50\times34$ mm,$\phi50\times33$ mm 规格。通过 AB 胶水将这些样品组合成标准的煤岩样 $\phi50\times100$ mm,如图 2-4 所示。

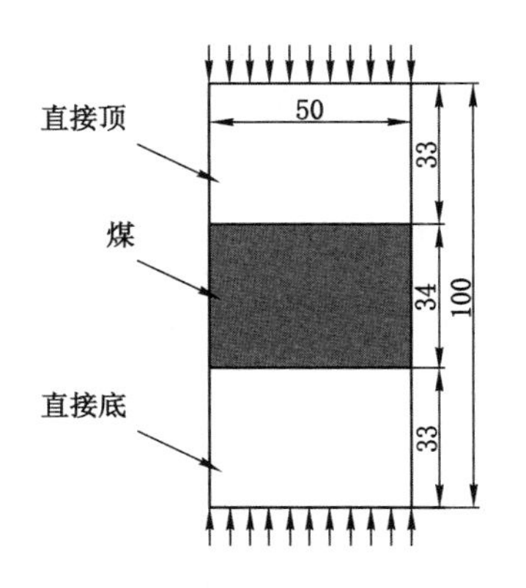

图 2-4 煤岩组合体尺寸

2.2 实验仪器设备

2.2.1 煤岩样无损浸水实验装置

为保证实验煤岩/类岩试样完整性,开发了煤岩样无损浸水实验装置,并已授权国家发明专利(201410200568.8),如图 2-5 所示。

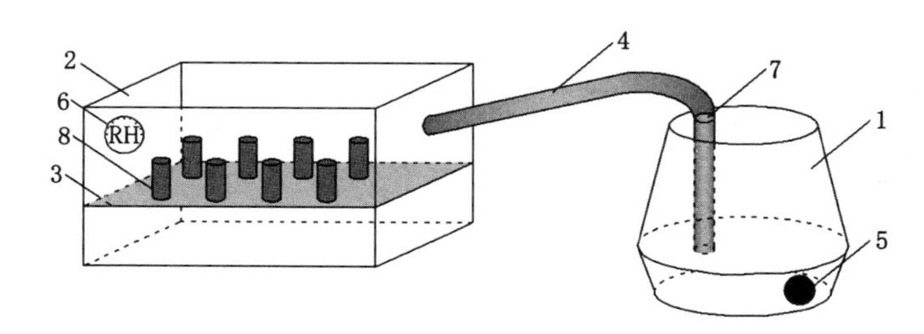

图 2-5 煤岩样无损浸水实验装置

1——加湿装置;2——密封;3——渗水板;4——渗水通道;5——水量调节开关;
6——湿度测定仪;7——泄压小孔;8——煤岩样

由于岩体浸水可能发生膨胀,将试样长时间放入水中浸泡容易造成试样膨胀崩解破坏,本书实验采用自制的恒湿箱进行试样的吸水性实验。煤岩样无损浸水实验装置有两个主要部分,一是空气加湿装置,其加湿原理为超声波高频振荡,具体即是通过加湿器内的高频振荡器对水分子进行超声波高频振荡,将水雾化为 1～5 μm 的超微粒子,产生的水雾由喷雾口排出;另一个是带有湿度表的密封箱，该密封箱内配有测定空气湿度的湿度表，由湿度表的读数可以确定箱内的空气湿度；两个部分通过软管连接，空气加湿器开启后形成的水雾通过胶皮软管进入密封箱内，箱内会逐渐形成一个高湿度的环境，可根据湿度表的读数和空气加湿器的功率调节旋钮来调控箱内湿度以保持箱内的湿度恒定。

2.2.2 单轴压缩及声发射特征测试系统

利用新三思 CMT5305 微机控制电子万能试验机（参数见表 2-6）实测试样单轴抗压强度。实验开始前，操作者先进行参数设置，实验控制步骤可预先设计，再由试验机自动完成。当实验结束时，控制系统会自动恢复到初始状态，并显示出实验结果。其中，加载系统主要包括主机、变形测量系统、电气系统、软件系统、夹具。试样单轴压缩实验通过加载系统设定的加载压力（0.1 kN/s）进行加载。在压缩过程中，加载控制系统对对应的载荷和位移进行实时记录。单轴压缩和声发射测试系统见图 2-6，声发射产生、传播、接收及处理过程见图 2-7。

表 2-6　　CMT5305 万能试验机技术参数

最大试验力 /kN	测量范围 /FS	相对误差 /%	分辨力 /FS	恒位移速率控制	
				控制范围/FS	控制精度/%
300	0.2%～100%	±1.0	1/300 000	0.5%～100%	±1.0

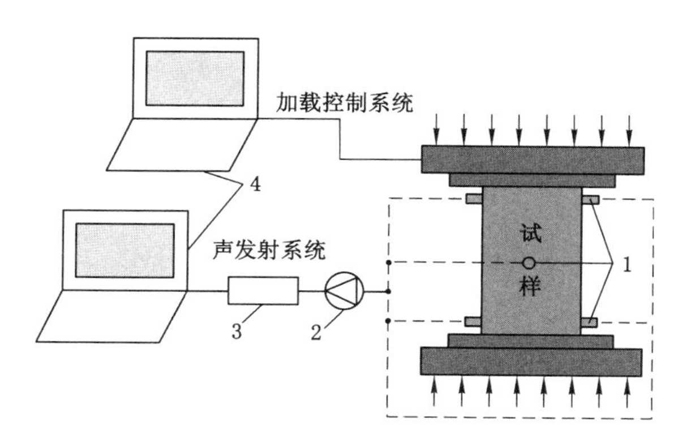

图 2-6　单轴压缩和声发射系统

1——声发射探头；2——前置放大器；3——放大器；4——计算机终端

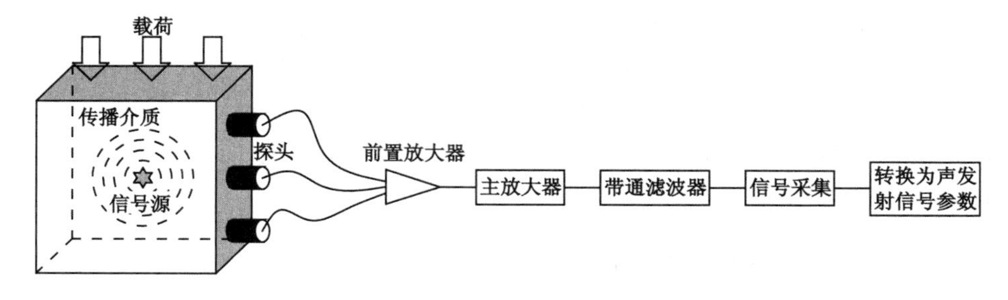

图 2-7　声发射产生、传播、接收及处理示意图

实验所用声发射数据采集系统为 Micor-Ⅱ型煤岩声电数据采集系统。系统包括的组件有：主控计算机、波形处理模块、滤波电路、声发射传感器、前置放大器及 A/D 转换模块，可实现的功能包括信号采集、参数设置、数据存储、图形显示以及信号 A/D 转换等，能进行 8 个通道声发射信号的同时采集和波形采集，此外还可分析实时或事后频谱。

单轴压缩变形的测量使用 TS3890 静态电阻应变仪。所用的应变片是一种内部装有微处理芯片的数字式应变片，应变片粘贴在试件表面通过接口与主控计算机连接，由主控机的软件系统控制、处理、显示及输出测量数据，该仪器可以高速地多点采集应变值，在结构应力测量分析方面应用广泛。桥路形式包括双片共补、双片、全桥，桥路电阻测量范围：120～1 000 Ω，应变测量范围：0～±20 000 με，分辨率：±1 με，准确度：±0.3%～±3 με，采样速率：50 次/s。

2.3　实验内容与步骤

2.3.1　实验内容

本书开展的实验研究主要包括三部分：

(1) 试样失水(吸水)性实验。测定各试样的质量，煤岩/类岩试样的自然吸水性实验，掌握试样含水率随浸水时间变化规律。

(2) 试样单轴压缩实验。测定不同含水率条件下试样的抗压强度、弹性模量等力学参数的变化规律。

(3) 试样声发射实验。测定不同含水率条件下试样单轴压缩过程中声发射变化特征。

2.3.2　实验步骤

(1) 煤岩/类岩试样天然含水率测定实验步骤

① 测量已制备好煤岩样的尺寸,称量其天然质量 m_0 并记录数据。

② 将原始试样进行编号,并放入温度保持在 105～110 ℃范围的电热恒温干燥箱内烘干 24 h 后取出,放在干燥器内冷却至室温,分别称取各煤岩样干燥后质量 m_d 并记录数据。

③ 计算岩样的天然含水率。

(2) 煤岩/类岩试样自然吸水性实验步骤

① 取已经过干燥处理试样置于煤岩样无损浸水装置中。

② 0.5 h 后通过电子天平读取试样吸水后的质量记为 m_a,并填入数据记录表,之后每隔一段时间读取电子天平显示屏读数并记录试样的质量,直至前后两次称重质量差小于 0.01 g,认为此时试样达到此实验条件的最大吸水能力。

③ 根据所记录数据计算不同浸水时间下煤岩样的含水率。

(3) 单轴压缩及声发射特征实验步骤

① 将目标试样分别放置在煤岩无损浸水实验装置中进行浸水实验。

② 根据试样所需含水率得出试样实验状态质量,通过电子天平实时反映试样质量变化,当到达实验所需质量时取出试样。

③ 检查实验仪器,连接好实验数据采集系统的连接线,调试实验仪器。

④ 在试件表面布置声发射传感器,处理好后将岩样放置在加载实验台上进行拍照。

⑤ 在加载实验台正前方布置摄像系统,实时记录试样在加载破坏失稳过程中的宏观变化过程。

⑥ 启动声发射数据采集系统,测试声发射传感器的灵敏度。

⑦ 启动 CMT5305 微机控制电子万能试验机控制系统,通过位移加载方式加载到试样破坏。

⑧ 实验结束后,导出实验数据,对破坏试样进行拍照。

(4) 煤岩组合体力学性质及裂隙扩展规律实验步骤

① 将顶板、煤和底板样品各 18 个全部放入烘干箱中烘干,烘干 8 h 达到干燥。

② 再将顶板、煤、底板样品用 AB 胶水黏结,制作得到第一组干燥煤岩组合体 18 个命名为 DS (Dry sample)。同理,自然含水 18 个煤岩组合体命名为 WS (Wet sample),饱水的 18 个煤岩组合体命名为 SS(Saturated sample)。

③ 为确保实验过程中煤样受轴压及声发射的同步采集,CMT5305 微机控制电子万能试验机及声发射监测系统的采样间隔均设定为 50 μs,实验时将声发射传感器耦合在煤样对称的两侧,为保证耦合效果,在探头与煤样接触面上涂上一层黄油,再用胶布把探头固定住。本实验设置定时参数为 PDT＝50 μs,

HDT＝200 μs，HLT＝300 μs；检测门槛值 40 dB。

④ 单轴压缩实验加载率为 0.1 mm/min，0.2 mm/min，0.3 mm/min，0.4 mm/min，0.5 mm/min 和 0.6 mm/min。通过下标序列号代表加载率。例如，DS_1 代表干燥煤样在 0.1 mm/min 加载速率下的测试。加载过程中万能试验机数据与声发射数据同时检测。

3 水作用下典型煤系沉积岩力学特性

3.1 煤岩样吸水性实验

3.1.1 粉砂质泥岩

通过泥质粉砂岩干燥试样的自然吸水性实验，获得岩样含水率随浸水时间的变化规律，进而确定单轴压缩实验所需含水率值。D组干燥岩样含水率与浸水时间关系如表3-1和图3-1所示。

表3-1 粉砂质泥岩含水率随浸水时间的变化关系

浸水时间/h	岩样质量/g			平均含水率/%
	D-1	D-2	D-3	
0	469.10	480.81	468.53	0
1	469.75	481.34	469.13	0.13
2	471.11	482.60	470.22	0.39
3	472.21	484.01	471.61	0.66
5	473.31	484.83	472.83	0.88
7	474.69	486.44	473.82	1.16
12	476.01	487.94	475.18	1.46
17	476.79	488.30	476.91	1.66
24	477.62	489.60	477.10	1.82
36	478.85	490.82	477.66	2.04
48	479.59	491.60	478.60	2.21
60	480.23	491.79	479.39	2.32
72	480.45	492.24	479.63	2.39

续表 3-1

浸水时间/h	岩样质量/g			平均含水率/%
	D-1	D-2	D-3	
84	480.83	493.08	480.03	2.51
96	480.95	493.16	480.22	2.53
108	480.98	493.20	480.22	2.54
120	480.98	493.20	480.22	2.54

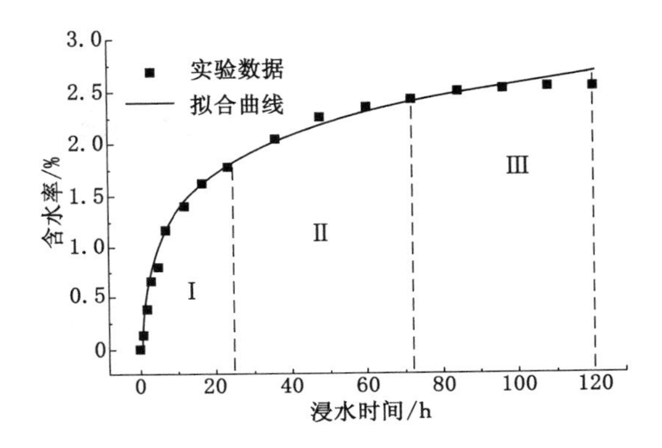

图 3-1　岩样含水率随浸水时间变化规律

由图 3-1 可以发现，泥质粉砂岩干燥试样在天然吸水性实验中含水率随浸水时间的变化规律近似于对数函数变化，对不同时间的含水率进行拟合，建立泥质粉砂岩含水率随浸水时间的关系式为：

$$w = 0.531\ 8\ln t + 0.117\ 1 \quad R^2 = 0.997\ 5 \tag{3-1}$$

式中，w 为岩样含水率，%；t 为浸水时间，h；R 为数据拟合的相关系数。

由图 3-1 可看出，拟合曲线与实验变化规律基本吻合，且根据含水率变化趋势可大致分为三个阶段：含水率快速增长阶段、含水率缓慢增长阶段、含水率恒定阶段，具体描述如下：

(1) 含水率快速增长阶段Ⅰ：0～25 h，即岩样的含水率在 0～1.83%，增长幅度较大；

(2) 含水率缓慢增长阶段Ⅱ：25～72 h，即岩样含水率在 1.83%～2.39%，增长速度减缓；

(3) 含水率恒定阶段Ⅲ：72 h 之后，即岩样含水率达到 2.39%以后变化趋于稳定，基本不再增加。

根据含水率随时间的变化规律确定泥质粉砂岩单轴压缩实验所需含水率分

别为 0、0.8%、1.6%、饱和含水率。

3.1.2 煤样单一循环吸水实验

为了掌握煤样的天然含水率、了解煤样的吸水程度随浸水时间的变化规律，进而为煤样单轴压缩及声发射特征实验确定不同含水率煤样的浸水时间点，进行了 4 个矿区煤样的天然含水率、自然吸水性实验。4 组煤样天然含水率实验结果如表 3-2 所示，具体分组方法见表 2-4。

表 3-2 煤样天然含水率

煤样编号	天然质量/g	烘干质量/g	含水率/%	平均含水率/%
A-1-1	254.70	250.69	1.59	1.55
A-1-2	239.66	236.61	1.29	
A-1-3	245.40	241.16	1.76	
B-1-1	373.88	370.09	1.02	0.92
B-1-2	378.13	375.03	0.83	
B-1-3	402.42	398.83	0.90	
C-1-1	330.78	312.76	3.77	3.93
C-1-2	344.07	323.34	3.84	
C-1-3	324.68	308.66	4.18	
D-1-1	370.40	369.04	0.37	0.41
D-1-2	368.82	367.86	0.26	
D-1-3	314.48	312.61	0.59	

选择 B、D 两组煤样研究不同含水率状态下煤样强度的变化规律，两组煤样含水率与相应浸水时间的关系如表 3-3 和表 3-4 所示。

表 3-3 B 组煤样含水率随浸水时间的变化关系

浸水时间/h	煤样质量/g			平均含水率/%
	B-1-1	B-1-2	B-1-3	
0	369.17	375.23	399.04	0
1	373.89	380.18	404.86	1.35
5	376.84	383.41	408.06	2.37
12	380.03	386.97	412.22	3.09
24	383.15	388.96	414.53	3.78
36	384.56	391.14	416.13	4.23

续表 3-3

浸水时间/h	煤样质量/g			平均含水率/%
	B-1-1	B-1-2	B-1-3	
48	386.01	392.75	417.87	4.65
60	387.15	393.84	418.95	4.94
72	387.48	394.11	419.27	5.02
84	387.67	394.33	419.43	5.07
96	387.96	394.44	419.71	5.13
108	388.09	384.71	419.95	5.18
120	388.18	394.85	420.03	5.22
130	388.23	395.04	420.11	5.26
140	388.25	395.17	420.15	5.29

表 3-4　　D 组煤样含水率随浸水时间的变化关系

浸水时间/h	煤样质量/g			平均含水率/%
	D-1-1	D-1-2	D-1-3	
0	367.86	369.04	312.61	0
1	375.36	376.24	319.27	2.04
5	378.71	407.41	322.36	2.95
12	381.65	382.47	324.68	3.75
24	383.42	384.09	325.92	4.23
36	385.37	386.13	327.91	4.76
48	387.58	388.53	329.52	5.18
60	387.76	388.83	329.77	5.35
72	388.06	388.95	330.08	5.42
84	388.24	389.23	330.15	5.49
96	388.24	389.23	330.21	5.54
108	388.35	389.34	330.39	5.58
120	388.53	389.53	330.43	5.62
130	388.68	389.63	330.55	5.65
140	388.72	389.67	330.59	5.67

由表 3-2 可以看出，C 组梅花井矿 10# 煤层天然含水率最大，平均含水率为

3.93%；其次是A组庞庄煤矿9#煤层平均含水率1.55%；B组西沙河煤矿4#煤层平均含水率为0.92%；D组黄白茨煤矿9#煤层初始含水率最低为0.41%。

由表3-3和表3-4实验结果，可绘制B、D两组煤样含水率随浸水时间的变化规律曲线如图3-2所示。

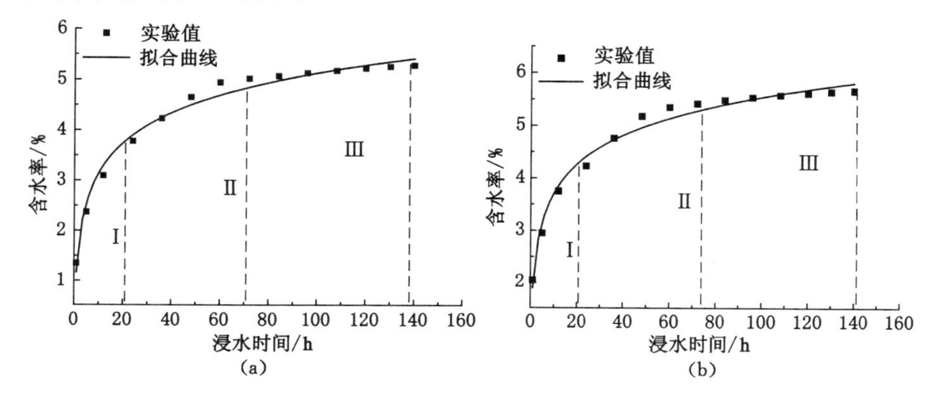

图3-2 煤样含水率随浸水时间变化规律

(a) B组煤样；(b) D组煤样

Ⅰ——含水率快速增长阶段；Ⅱ——含水率缓慢增长阶段；Ⅲ——含水率恒定阶段

由图3-2可知，两组煤样含水率随浸水时间的变化规律具有较好的一致性。煤样含水率随浸水时间的变化规律大致可分为三个阶段：含水率快速增长阶段、含水率缓慢增长阶段、含水率恒定阶段。两组不同煤样含水率随时间变化规律均表现为：在浸水初期的1～10 h煤样含水率增加最快，20 h后开始逐渐变慢，70 h后含水率曲线开始逐渐趋缓，最后趋于稳定，表明此时煤样基本处于饱水状态。B、D两组煤样的饱和含水率分别为5.29%和5.67%。根据含水率随浸水时间的变化规律确定单轴压缩不同含水率煤样浸水时间点分别为0 h、5 h、24 h和140 h。

由图3-2可知，煤样含水率与浸水时间满足对数函数关系，B、D两组煤样含水率与浸水时间的回归方程分别见式(3-2)和式(3-3)：

$$\omega_B = 0.860\ 2\ln t + 1.170\ 6 \quad R^2 = 0.985\ 8 \tag{3-2}$$

$$\omega_D = 0.794\ 1\ln t + 1.888\ 1 \quad R^2 = 0.984\ 2 \tag{3-3}$$

式中，ω_B，ω_D分别表示B、D两组煤样的含水率，%；t为浸水时间，h；R为拟合曲线的相关系数。

煤样吸水性实验得到了煤样含水率随浸水时间的变化规律，确定了煤样不同含水率单轴压缩及声发射特性实验的浸水时间点，为开展不同含水率状态下单轴压缩实验，探究煤样强度与弹性模量等力学性质参数的变化规律奠定了基础。

3.1.3 煤样反复浸水实验

实验煤样分为A、C两组，A组为庞庄煤矿9#煤层煤样、C组为梅花井矿10#煤层煤样，两组煤样各再分为5个小组，每小组3块，小组编号“0”、“1”、“2”、“3”、“4”分别表示干燥、浸水1次、浸水2次、浸水3次、浸水4次，例如编号为A-0-1煤样，“A”表示试件取样组号，“0”表示A组煤样的干燥组组别，“1”表示干燥组的1号试件。煤样分组并编号以后按实验标准各组煤样进行浸水和烘干处理制成1次浸水、2次浸水、3次浸水和4次浸水的煤样。煤样反复浸水的具体实施步骤如表3-5所示，保证每次浸水时间相同均为140 h。

表3-5 煤样反复浸水处理方法

组别	步骤1	步骤2	步骤3	步骤4	步骤5	步骤6	步骤7	步骤8
干燥	烘干	—	—	—	—	—	—	—
1次浸水	烘干	饱水	—	—	—	—	—	—
2次浸水	烘干	饱水	烘干	饱水	—	—	—	—
3次浸水	烘干	饱水	烘干	饱水	烘干	饱水	—	—
4次浸水	烘干	饱水	烘干	饱水	烘干	饱水	烘干	饱水

为了掌握不同浸水次数状态下A、C两组煤样吸水性能的变化特征，研究浸水次数对煤样吸水特性的影响，实验过程中对每次浸水前后煤样进行称重，结果如表3-6和表3-7所示。

表3-6 不同浸水次数状态下A组煤样含水率

组别	煤样编号	烘干质量/g	浸水后质量/g	含水率/%	平均含水率/%
1次浸水	A-1-1	250.81	265.43	5.83	6.84
	A-1-2	236.69	254.73	7.62	
	A-1-3	241.28	258.31	7.06	
2次浸水	A-2-1	244.29	260.17	6.50	7.51
	A-2-2	212.68	230.19	8.23	
	A-2-3	231.60	249.66	7.79	
3次浸水	A-3-1	202.18	217.34	7.50	7.79
	A-3-2	211.06	227.52	7.80	
	A-3-3	254.38	274.98	8.09	
4次浸水	A-4-1	230.33	245.99	6.79	7.87
	A-4-2	208.77	225.90	8.21	
	A-4-3	245.17	266.25	8.60	

表 3-7　　不同浸水次数状态下 C 组煤样含水率

组别	煤样编号	烘干质量/g	浸水后质量/g	含水率/%	平均含水率/%
1 次浸水	C-1-1	312.34	355.11	13.70	12.21
	C-1-2	321.34	367.38	14.33	
	C-1-3	308.66	335.19	8.60	
2 次浸水	C-2-1	336.41	376.17	11.82	12.74
	C-2-2	299.52	339.19	13.24	
	C-2-3	302.80	342.66	13.16	
3 次浸水	C-3-1	318.53	359.34	12.81	13.03
	C-3-2	285.79	326.52	14.25	
	C-3-3	319.58	357.98	12.02	
4 次浸水	C-4-1	317.25	357.56	12.71	13.14
	C-4-2	337.04	380.95	13.03	
	C-4-3	303.03	344.51	13.67	

A 组和 C 组煤样含水率随浸水次数的变化曲线如图 3-3 所示。

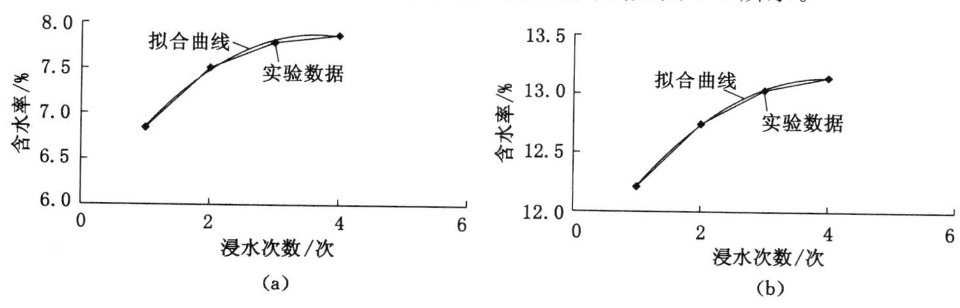

图 3-3　煤样含水率与浸水次数关系曲线

(a) A 组煤样；(b) C 组煤样

由图 3-3 可知，A 组和 C 组煤样含水率与浸水次数之间的关系满足二次多项式函数关系，拟合方程见式(3-4)和式(3-5)。

$$\omega_A = -0.1475x^2 + 1.0745x + 5.9225 \quad R^2 = 0.9973 \tag{3-4}$$

$$\omega_C = -0.1057x^2 + 0.8374x + 11.478 \quad R^2 = 0.9956 \tag{3-5}$$

式中，ω_A，ω_C 分别表示 A 组和 C 组煤样的含水率，%；x 为浸水次数，次。

分析图 3-3 可知，总体看来煤样含水率随着浸水次数的增加而不断上升，浸水次数较少时上升较快，最后逐渐趋于缓慢。在浸水次数超过 4 次后含水率与浸水次数关系曲线趋于水平。其中，煤样由 1 次浸水到 2 次浸水，A 组煤样含水率由

6.84%上升到7.51%，增长了9.8%，C组煤样含水率由12.21%上升到12.74%，增长了4.3%；由2次浸水到3次浸水A组煤样含水率由7.51%上升到7.79%，增长了3.7%，C组煤样含水率由12.74%上升到13.03%，增长了2.3%；由3次浸水到4次浸水A组煤样含水率由7.79%上升到7.87%，增长了1.02%，C组煤样含水率由13.03%上升到13.14%，增长了0.84%。由此可以得出，煤样初次浸水后由于水的进入加剧了煤样原生裂隙的发育，再次浸水时饱和含水率增加，但随着反复浸水次数的增加，饱和含水率增长率逐渐减小，最后保持稳定。

3.2 水作用下岩石变形破坏特征

3.2.1 全应力—应变曲线及力学参数

(1) 全应力—应变曲线

泥质粉砂岩试样在单轴压缩下的应力—应变曲线反映了岩样受力后的应力—应变特征，其应力—应变关系曲线见图3-4。

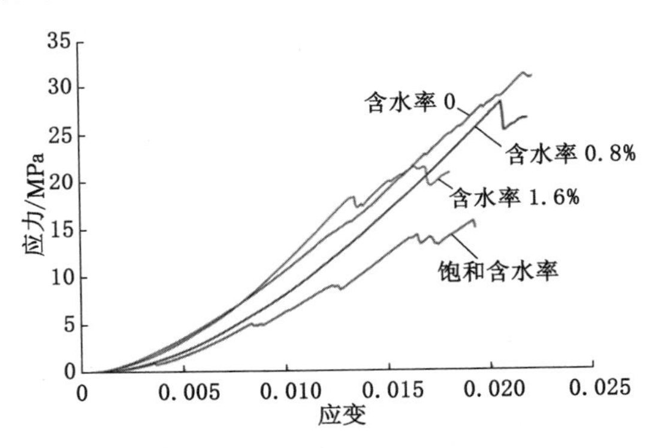

图3-4 不同含水率岩样应力—应变曲线

由图3-4可知，含水率的不同使得泥质粉砂岩试样在整个变形破坏过程中表现为不同的变形特征：

① 含水率为0的泥质粉砂岩试样单轴抗压强度较高，应力峰值前几乎均为线弹性变形，且持续较长时间。试样破坏前应力—应变曲线没有征兆，失稳破坏时出现破碎声响。

② 随着含水率增加，泥质粉砂岩试样的单轴抗压强度逐渐降低。可见，含水率对岩样的内部损伤会产生一定的作用，进而影响试样的单轴抗压强度。

③ 随着含水率增加，泥质粉砂岩的应力—应变曲线的应力降次数增加，尤

其是在饱和含水率状态最为突出，分别在轴向应变 9.46×10^{-3}、1.433×10^{-2}、1.85×10^{-2}、2.22×10^{-2}处出现了4次明显的应力降现象。

④ 不同含水率条件下，泥质粉砂岩试样的线弹性阶段占应力—应变曲线比例不同。其中，以含水率为零条件下比例最大，说明该组泥质粉砂岩在干燥状态下具有较好的弹性变形能力。同时也说明，含水率的增加可改变岩样颗粒之间的黏结力，对试样产生软化作用，使其弹性降低、塑性增强。

(2) 弹性模量

弹性模量是岩石材料重要的物理力学参数，也是岩土工程设计的重要性能参数。本书着重讨论切线弹性模量，泥质粉砂岩弹性模量的变化规律如表3-8所示，图3-5给出泥质粉砂岩弹性模量和含水率的拟合关系曲线。

表3-8　不同含水率泥质粉砂岩弹性模量

试样编号	弹性模量/MPa		含水率/%
	单块岩样	平均值	
A-1	1 837.94	1 757.55	0
A-2	1 612.91		0
A-3	1 821.80		0
B-1	1 719.35	1 741.13	0.8
B-2	1 708.98		0.8
B-3	1 795.07		0.8
C-1	1 598.02	1 573.10	1.6
C-2	1 629.64		1.6
C-3	1 491.63		1.6
D-1	1 233.82	1 434.89	2.50
D-2	1 509.01		2.53
D-3	1 561.83		2.58

由图3-5可知，泥质粉砂岩在单轴压缩条件下的弹性模量与含水率呈线性函数关系，拟合函数为：

$$E = 1\,819.5 - 136.96w \quad R^2 = 0.865\,6 \tag{3-6}$$

式中，E 表示岩样的弹性模量；w 表示岩样含水率；R 为拟合曲线的相关系数。

由拟合方程式(3-6)可知，泥质粉砂岩的弹性模量与含水率呈负线性关系，岩样随含水率由0增加到饱和含水率，弹性模量由均值1 757.55 MPa下降到1 434.89 MPa，下降了18.36%。

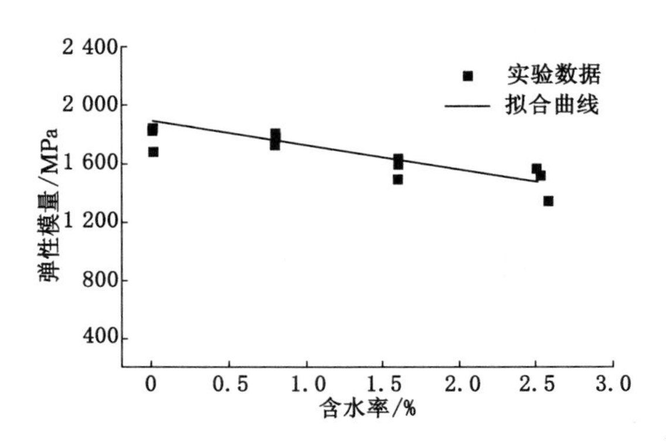

图 3-5 岩样弹性模量与含水率关系

泥质粉砂岩试样的弹性模量随含水率增加逐渐降低，存在以下几个因素的影响：

① 含水率较高时，泥质粉砂岩试样中的矿物颗粒胶结物在水作用下刚度降低，使得矿物颗粒间滑移增大，可降低岩石的弹性模量。

② 随着泥质粉砂岩岩样含水率的不断增加，即浸水时间的增加，部分黏土矿物(溶解、融化)对泥质粉砂岩的滑移起到润滑作用。

③ 泥质粉砂岩试样中所含矿物遇水具有不同的膨胀系数，遇水膨胀后对岩样内部产生膨胀应力，促使岩样内部微裂纹的出现。

(3) 单轴抗压强度

表 3-9 给出了不同含水率条件下泥质粉砂岩单轴抗压强度随含水率的变化规律，拟合曲线见图 3-6。

表 3-9　　不同含水率泥质粉砂岩单轴抗压强度

试样编号	单轴抗压强度/MPa		含水率/%
	单块岩样	平均值	
A-1	31.67	32.69	0
A-2	30.86		0
A-3	35.54		0
B-1	30.40	28.92	0.8
B-2	28.22		0.8
B-3	28.16		0.8

续表 3-9

试样编号	单轴抗压强度/MPa		含水率/%
	单块岩样	平均值	
C-1	24.72	23.60	1.6
C-2	24.67		1.6
C-3	21.42		1.6
D-1	15.61	16.96	2.50
D-2	16.23		2.53
D-3	19.05		2.58

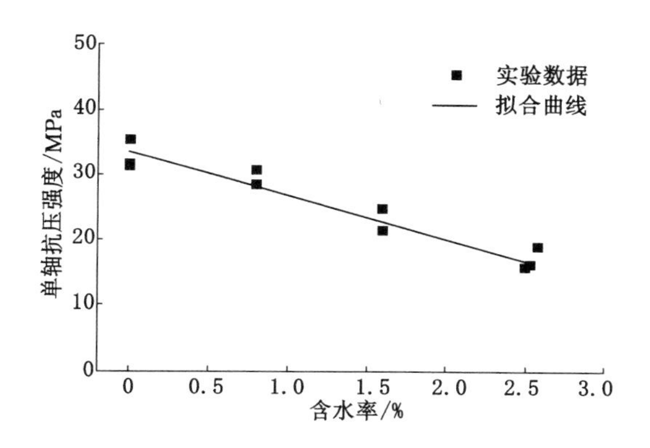

图 3-6　岩样单轴抗压强度与含水率关系

由图 3-6 可知，泥质粉砂岩的单轴抗压强度与含水率呈负线性关系，拟合函数为：

$$\sigma_c = 33.460\,6w - 6.692\,5 \quad R^2 = 0.926\,4 \tag{3-7}$$

由表 3-9 和图 3-6 可以看出，含水率的增加会降低泥质粉砂岩试样的单轴抗压强度。当含水率由 0 增加到饱和含水率时，泥质粉砂岩的单轴抗压强度由 32.69 MPa 降低到 16.96 MPa，岩样的单轴抗压强度降低了 47.72%。

岩石强度的劣化是多种水作用影响下的宏观表现，比如孔隙水压作用、软化作用和溶解沉淀等均会对岩石强度产生影响。

① 孔隙水压作用。水分进入岩样内部的微孔洞、微裂隙产生孔隙静水压力，在外部载荷作用下，裂隙发生扩容变形减少岩样的有效应力，进而降低其强度。

② 软化作用。泥质粉砂岩试样中含有黏土矿物成分，黏土矿物遇水软化，会降低岩石骨架的结构力。而岩样中所含有的硅酸盐成分，浸水后会出现较为

明显的强度降低现象。

③ 水化作用。水进入矿物结晶格中，导致黏土矿物联结强度减弱，进而改变岩石的微观结构，降低其内聚力。

④ 溶解和沉淀作用。泥质粉砂岩中含有一定的亲水物质如蒙脱石和伊利石，这些黏土矿物具有明显的吸水膨胀和失水收缩的性质，岩石内部应变的改变进而转变为应力的变化从而影响岩石的强度。

岩样的软化系数是表征岩土材料耐水性能的基本参数，为研究泥质粉砂岩不同含水率条件下的软化程度，定义软化程度系数 f，即不同含水率岩样的单轴抗压强度与干燥岩样单轴抗压强度的比值，具体表达式见式(3-8)：

$$f = \frac{\sigma_w}{\sigma_0} \tag{3-8}$$

式中，σ_w，σ_0 分别表示岩样在不同含水状态及干燥状态下的单轴抗压强度，MPa。根据实验结果绘制软化程度系数与含水率的关系曲线，如图 3-7 所示。

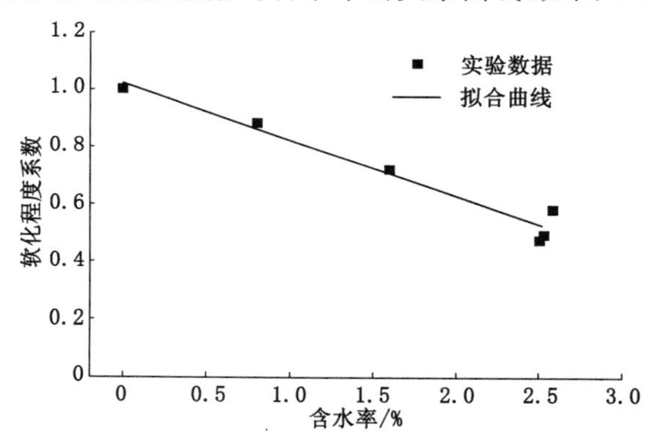

图 3-7　岩样软化程度系数与含水率关系

由图 3-7 可知，泥质粉砂岩在不同含水率条件下的软化程度与含水率几乎呈线性关系，拟合方程见式(3-9)：

$$f = -0.1951w + 1.0184 \quad R^2 = 0.9603 \tag{3-9}$$

由图 3-7 和式(3-9)可以看出，随着泥质粉砂岩含水率的增加，岩样软化系数逐渐减小，即含水率的增加使岩样单轴抗压强度降低。

3.2.2 泥质粉砂岩宏观破坏特征

单轴压缩过程中岩石试件的破裂状态与岩石本身的物理力学性质及含水率状态有关。从断裂的力学机制可大致将破裂方式分为三类：剪切破坏、张拉劈裂破坏和拉剪混合破坏，每种破裂方式导致的岩样的宏观破裂模式存在一定的差别。为更好地分析和描述岩石的破裂方式，绘制不同含水率岩样的破裂示意图，如图 3-8 所示。

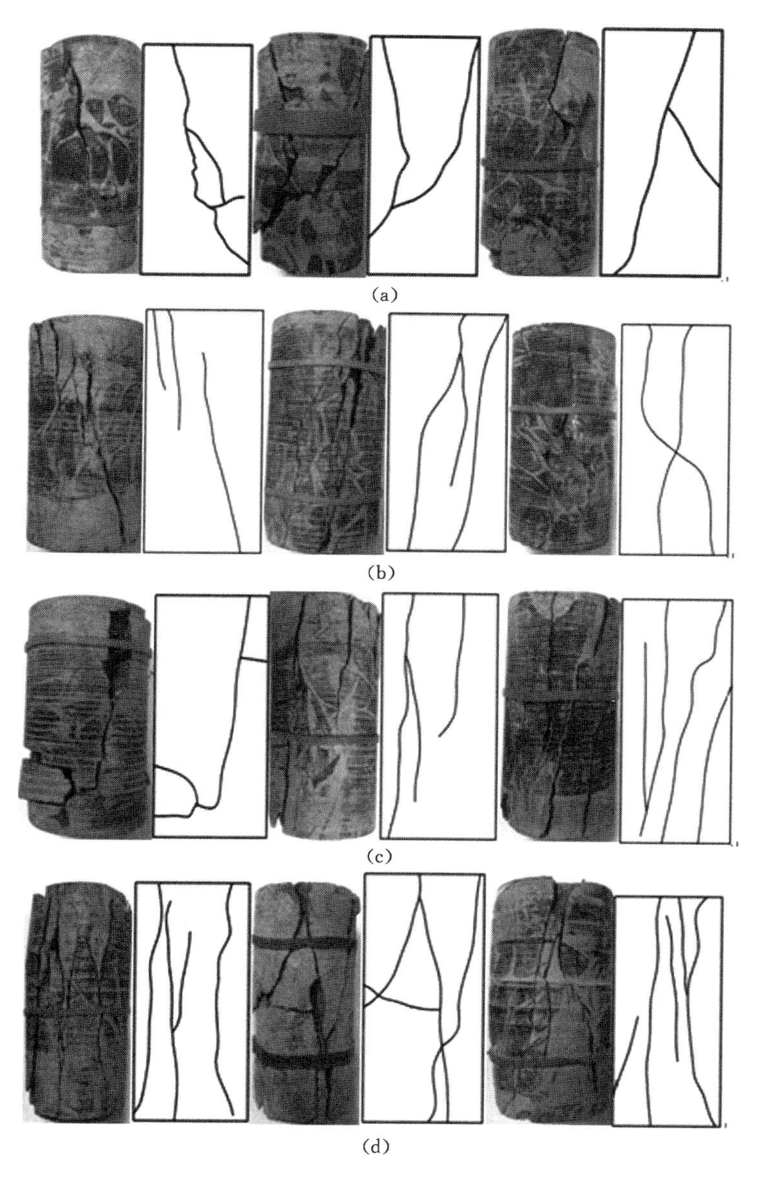

图 3-8　不同含水率岩样单轴压缩破坏形式

(a) 含水率 0；(b) 含水率 0.8%；(c) 含水率 1.6%；(d) 饱和含水率

尽管岩石的非均质性对实验结果产生一定的影响，但整体来讲，试件的破裂形态因含水率的变化存在一定的规律性，具体分析如下：

① 含水率为 0 的试样破坏形式以剪切为主，存在一个贯穿整个岩样的剪切破坏面，这种破坏是由剪切滑移导致。破坏后的试样岩块数量较少、块体较大。

② 含水率为 0.8%的泥质粉砂岩仍表现为剪切破坏，但剪切面的角度相对于干燥试样与轴向载荷的交角变小，存在向拉破裂转化的趋势。

③ 含水率为 1.6%的试样破坏形态相对复杂，既有剪切破坏试样，又有拉破坏试样。试件的破坏形式在整体上趋于复杂，破裂面也比前两种含水率条件相对增加。

④ 饱和含水率试件，破坏形式存在多个沿轴向的破裂面，整体表现为拉破坏，这与水作用下弱化了岩块颗粒胶结及弱面的抗剪强度有关。试件整体的裂隙发育且较为复杂，有较小的碎块形成。试件在最后破坏后，岩块数量较多，相对较为破碎。

⑤ 随着含水率的增加，泥质粉砂岩的破裂面不断增加，裂隙的发育也越来越复杂，这与浸水过程中原生裂隙扩展和肉眼不可见的矿物黏土构成的软弱夹层软化、泥化相关。同时，含水率的增加导致岩样的破坏形态由剪切破坏向拉伸破坏转化。

3.3 单一吸水及反复浸水煤样变形破坏特征

根据前述煤样吸水性实验所确定的煤样含水率对应的浸水时间点，将 B 组、D 组两组煤样分别再分为 4 个小组，每小组 3 块试样。第 1 小组为干燥煤样，第 2 小组浸水 5 h，第 3 小组浸水 24 h，第 4 小组为饱和水状态浸水 140 h，煤样编号后依次进行浸水实验。煤样编号如下：B-1-1，其中 B 表示 B 组煤样，前一个 1 表示 B 组煤样第 1 小组，后一个 1 表示 B 组煤样第 1 小组的第 1 块试样。

煤样浸水前要进行烘干处理，烘干后按照前述确定的浸水时间点，将煤样放在自制的加湿器内进行浸水处理，待达到既定浸水时间后将试样取出，用干毛巾拭干表面水分。试样表面擦拭并晾干后开始粘贴应变片，对于浸水后的试件，还需在表面均匀涂抹一层厚度不超过 0.1 mm 的防潮胶液，待胶液凝固后粘贴应变片。应变片粘贴前先用万用表测试其电阻值，工作应变片和补偿应变片的阻值应均小于 0.2 Ω；应变片粘贴在试件的中部，粘贴前用直尺确定粘贴位置并做出十字标记，同时粘贴位置还应避开裂隙。每个试件粘贴纵横应变片各 2 片，1 个纵向和 1 个横向应变片为一组，每组在试件同一面垂直分布，两组分列试件两侧对称分布。

试件准备完成后，对各组煤样依次进行单轴压缩及其声发射特征实验，实验过程如图 3-9 所示。实验开始前，需要将加载控制系统、声发射采集系统、电阻应变仪采集系统的各项参数设置完成。尤其声发射门槛值，须开启实验所使用的所有仪器设备。检测无因仪器设备启动而产生的静电声发射信号才能开始实验。

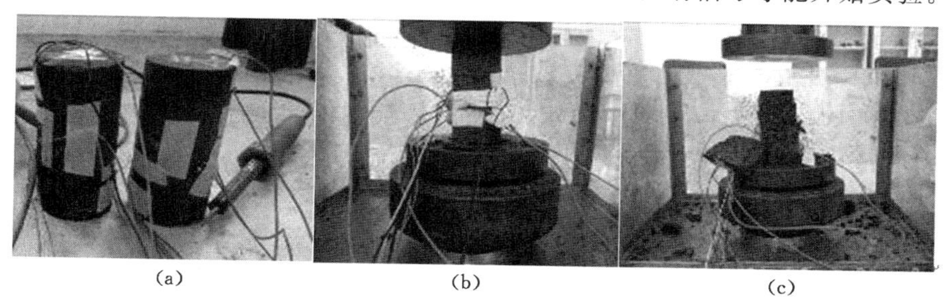

图 3-9　煤样单轴压缩实验过程

(a) 准备完成试样；(b) 煤样压缩前；(c) 煤样压缩后

3.3.1　不同含水率煤样全应力—应变曲线

煤样单轴压缩下的全应力—应变曲线反映了煤样受力后的应力—应变特性。由实验结果绘制 B、D 两组不同含水率煤样的全应力—应变关系曲线如图 3-10所示。

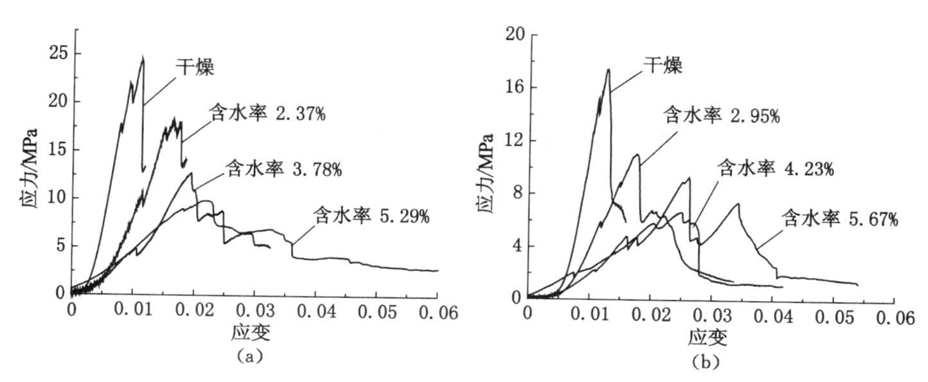

图 3-10　不同含水率煤样应力—应变曲线

(a) B 组煤样；(b) D 组煤样

由图 3-10 可知，含水率不同使得煤样在整个变形破坏过程中表现出不同的变形特征，干燥煤样强度较大，峰值前的变形几乎是弹性的，破坏前没有明显先兆，且破坏时伴有碎片飞出和炸裂声响。随着煤样含水率的增加，裂隙闭合压密变形阶段应变率增大，线弹性阶段所占的应变区间逐渐减小，主要是由于煤样吸水膨胀，单轴压缩时要先克服湿度膨胀引起的变形。整体看两组煤样的抗压强度均随着含水率的增加逐渐减小，峰值应变逐渐增加，峰值强度逐渐降低。原因可能是随着煤样含水率增加，水与煤样内部的亲水物质发生物理化学作用，使颗粒间的黏结力相对减弱，对煤样产生了软化作用，致使煤样强度降低、脆性减弱、塑性增强，应力—应变曲线表现出塑性破坏特点。B组煤样各含水率状态下抗压强度均大于D组煤样，随着含水率增加，B组煤样抗压强度由24.55 MPa下降到9.86 MPa，下降了59.8%；D组煤样抗压强度由17.44 MPa下降到6.67 MPa，下降了61.8%。由此可以看出，两组煤样浸水后强度都明显降低，且D组煤样遇水强度弱化较B组煤样更敏感。

3.3.2 含水煤样强度弱化及破坏特征

(1) 含水煤样强度弱化特征

煤样的抗压强度和弹性模量等是煤岩重要的力学性能参数，是煤岩体工程设计与分析的重要依据。煤样的单轴抗压强度反映了煤岩的强度特征，单轴抗压强度可由全应力—应变曲线的最高点得到。弹性模量是指煤岩在弹性变形阶段，其应力与应变关系的比例系数。取小于σ_{50}附近最小应力范围大于5 MPa的应力—应变数据，采用最小二乘法计算直线的方程，该斜线的斜率即为煤样的弹性模量。实验得到B、D两组煤样在不同含水率状态下对应的力学特性参数：单轴抗压强度、峰值应变，弹性模量等，如表3-10所示。

表3-10　不同含水率状态下煤样力学参数

试样编号	单轴抗压强度/MPa	峰值应变	弹性模量/MPa	含水率/%
B-1-1	24.55	0.011	1 792	0
B-1-2	23.72	0.013	1 689	0
B-1-3	21.35	0.01	1 806	0
B-2-1	18.27	0.015	1 064	2.47
B-2-2	19.67	0.016	1 116	2.38
B-2-3	16.45	0.014	1 083	2.26
B-3-1	12.78	0.018	935	3.78
B-3-2	13.86	0.019	827	3.69
B-3-3	11.67	0.017	812	3.88
B-4-1	9.86	0.023	732	5.35

续表 3-10

试样编号	单轴抗压强度/MPa	峰值应变	弹性模量/MPa	含水率/%
B-4-2	10.64	0.022	874	5.24
B-4-3	8.97	0.024	804	5.28
D-1-1	16.67	0.013	1 721	0
D-1-2	17.44	0.012	1 635	0
D-1-3	15.32	0.015	1 657	0
D-2-1	11.08	0.018	1 068	2.93
D-2-2	10.86	0.017	1 211	2.81
D-2-3	11.23	0.019	1 169	3.12
D-3-1	9.37	0.022	986	4.14
D-3-2	10.07	0.023	1 056	4.28
D-3-3	8.96	0.021	874	4.26
D-4-1	7.06	0.027	763	5.57
D-4-2	6.67	0.025	884	5.61
D-4-3	6.48	0.026	908	5.84

根据实验结果，绘制两组煤样的单轴抗压强度、峰值应变随含水率的变化规律如图 3-11 和图 3-12 所示。

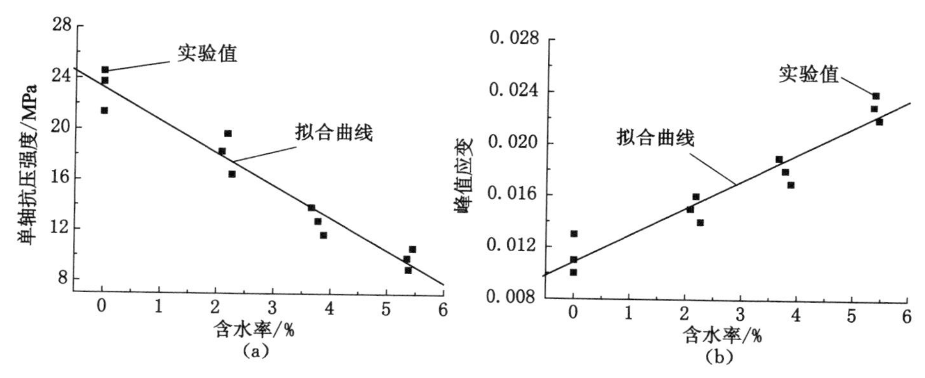

图 3-11　B 组煤样单轴抗压强度、峰值应变与含水率关系曲线

(a) 抗压强度与含水率关系；(b) 峰值应变与含水率关系

由图 3-11 和图 3-12 可知，B 组煤样、D 组煤样的单轴抗压强度与含水率呈负线性关系，峰值应变与含水率满足正线性关系，拟合方程分别见式(3-10)、式(3-11)和式(3-12)、式(3-13)。

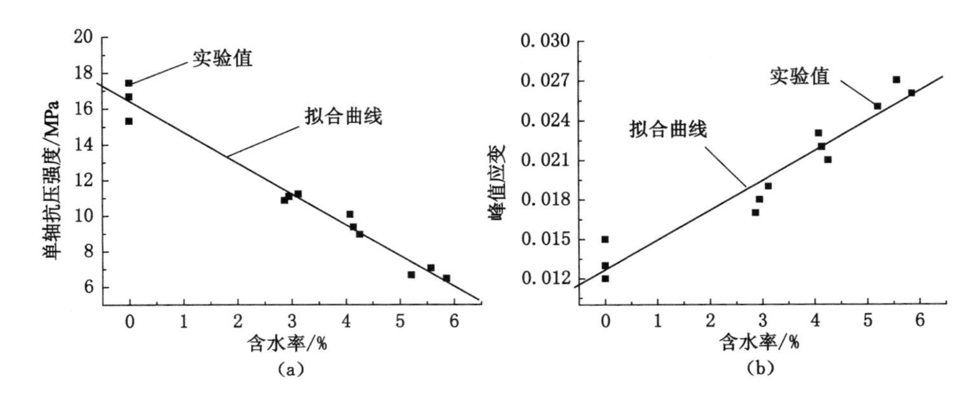

图 3-12　D组煤样单轴抗压强度、峰值应变与含水率关系曲线

(a) 抗压强度与含水率关系；(b) 峰值应变与含水率关系

$$\sigma_B = 23.2471 - 2.5625\omega \quad R^2 = 0.9758 \tag{3-10}$$

$$\varepsilon_B = 0.01086 + 0.0021\omega \quad R^2 = 0.9872 \tag{3-11}$$

$$\sigma_D = 16.4194 - 1.7294\omega \quad R^2 = 0.9815 \tag{3-12}$$

$$\varepsilon_D = 0.01268 + 0.0023\omega \quad R^2 = 0.9646 \tag{3-13}$$

式中，σ_B，σ_D，ε_B，ε_D 分别表示 B、D 两组煤样的单轴抗压强度和峰值应变；ω 为煤样含水率，%；R 为拟合曲线的相关系数。

由图 3-11 和图 3-12 及拟合方程式(3-10)至式(3-13)可知，煤样单轴抗压强度与含水率呈负线性关系。峰值应变与含水率呈正线性关系。B组煤样随含水率由0增加到 5.29%，单轴抗压强度均值由 23.21 MPa 下降到 9.82 MPa，下降了 57.69%，峰值应变由 0.011 上升到 0.023，增加了 109%；D组煤样随含水率由0增加到 5.67%，单轴抗压强度均值由 16.48 MPa 下降到 6.74 MPa，下降了 59.10%，峰值应变由 0.013 上升到 0.026，增加了 100%。可以看出，两组煤样单轴抗压强度与峰值应变随含水率的变化规律相一致，均表现为煤样浸水后含水率越高煤样单轴抗压强度越低，峰值应变增大，即煤样塑性增强、脆性减弱。原因可能是水通过对煤复杂的物理化学作用，使得煤颗粒的黏结力减小，煤颗粒接触面的摩擦系数降低，从而使煤的力学特性发生变化，强度降低，塑性增加。由以上分析还可以看出，B、D两组煤样饱水状态的峰值应变、单轴抗压强度相对干燥状态的升降幅度相近，即两组煤样强度及峰值应变受水影响程度无明显差异。

煤样弹性模量与含水率的关系曲线，如图 3-13 所示。

由图 3-13 可知，两组煤样的弹性模量与含水率均呈负指数函数关系，拟合函数为：

$$E_B = 1766.9 \times e^{-0.149\omega} \quad R^2 = 0.9862 \tag{3-14}$$

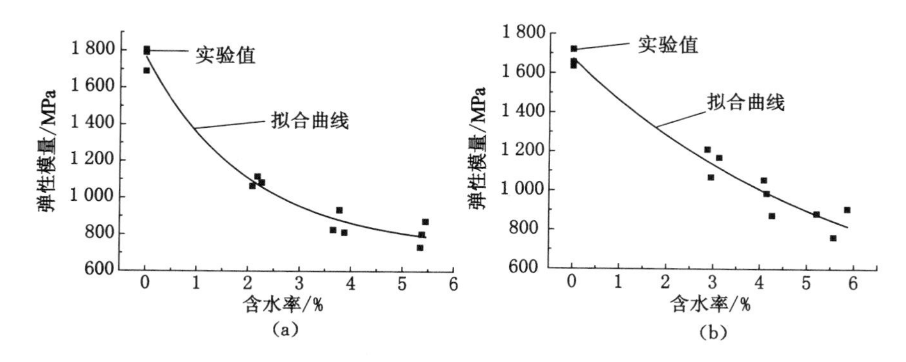

图 3-13 煤样弹性模量与含水率关系曲线

(a) B组煤样;(b) D组煤样

$$E_D = 1\ 659.13 \times e^{-0.154\omega} \quad R^2 = 0.942\ 6 \tag{3-15}$$

由图 3-13 及式(3-14)、式(3-15)可以得出,随着含水率增加煤样弹性模量递减,且弹性模量减幅逐渐变缓。其中,B组煤样由干燥状态变到平均含水率为5.29%,弹性模量均值由 1.762 GPa 下降到 0.803 GPa,下降了 54.4%;D组煤样由干燥状态变到平均含水率为 5.67%,弹性模量由 1.671 GPa 下降到 0.851 GPa,下降了 49%。B组煤样饱水含水率低于D组煤样,而饱水状态弹性模量相对干燥状态弹性模量降幅大于D组煤样,可知B组煤样弹性模量受水的影响较D组煤样更敏感。

B、D两组煤样在不同含水状态下的软化程度与含水率几乎呈线性关系,拟合方程见式(3-16)和式(3-17):

$$f_B = -0.190\ 1\omega + 1.220\ 7 \quad R^2 = 0.976\ 2 \tag{3-16}$$

$$f_D = -0.201\ 6\omega + 1.193\ 5 \quad R^2 = 0.982\ 3 \tag{3-17}$$

式中,f_B,f_D 分别表示 B、D 两组煤样的软化程度系数。

由式(3-16)和式(3-17)可知,随着含水率的增加,煤样的软化程度系数逐渐减小,即随含水量增加,煤样软化程度越大,煤样强度越低。

煤样吸水后强度及弹性模量主要受含水率的影响,煤样含水率除与煤样自身的吸水特性有关,还受到其应力状态的影响。煤样体积会因煤样承受应力状态不同而发生变化,进而导致其密度及含水率的变化,煤样本身强度也随之改变。

煤样受力状态下的密度可表示为:

$$\rho_d = \frac{\rho_{\sigma_0}}{1 - \varepsilon_v} \tag{3-18}$$

式中，ρ_d 为煤样受力状态下密度，kg/m³；ρ_{σ_0} 为煤样天然密度，kg/m³；ε_v 为体积应变。

煤岩天然密度可表示为：

$$\rho_{\sigma_0} = \rho_0(1 + 0.01\omega_0) \tag{3-19}$$

式中，ρ_0 为煤样烘干密度，kg/m³；ω_0 为煤样天然含水率，%。

根据岩石强度变形理论，当煤样承受的应力偏量小于其阈值时，其体应变表现为弹性应变；当应力偏量大于其阈值时，煤样产生塑性变形，煤样体积应变为弹性应变和塑性应变之和。

$$\varepsilon_v = \frac{(1-2\mu)}{E_0}\sigma_v - 3T_0\left(\frac{\tau}{f}\right)^n \tag{3-20}$$

式中，μ 为煤样泊松比；σ_v，τ 为煤样受力状态参数；T_0，n，f 为煤样塑性参数。

煤样受力状态下的含水率可表示为：

$$\omega_0 = k_s\rho_w\left(\frac{1}{\rho_d} - \frac{1}{\rho_s}\right) \times 100\% \tag{3-21}$$

式中，ρ_w 为水的密度，kg/m³；ρ_s 为煤样颗粒密度，kg/m³；k_s 为饱水系数。

将式(3-18)至式(3-20)带入式(3-21)可得：

$$\omega(\sigma_\rho) = k_s\rho_w\left[\frac{E_0 - (1-2\mu)}{\rho_0(1+0.01\omega_0)E_0} + \frac{3T_0}{\rho_0(1+0.01\omega_0)}\left(\frac{\tau}{f}\right)^n - \frac{1}{\rho_s}\right] \times 100\% \tag{3-22}$$

将式(3-22)带入拟合方程式(3-9)至式(3-12)可得煤样抗压强度及弹性模量随含水率的弱化方程：

$$\sigma_B = 23.247\,1 - 2.562\,5\omega(\sigma_v) \tag{3-23}$$

$$E_B = 1\,766.9 \times e^{-0.149\omega(\sigma_v)} \tag{3-24}$$

$$\sigma_D = 16.419\,4 - 1.729\,4\omega(\sigma_v) \tag{3-25}$$

$$E_D = 1\,659.13 \times e^{-0.154\omega(\sigma_v)} \tag{3-26}$$

（2）含水煤样单轴压缩宏观破坏特征

煤样在载荷作用下破坏形式多种多样，根据试验结果对实验煤样的破坏形式进行了总结及分析，将本节实验中煤样单轴压缩的最终破裂形式总结为 5 种类型，如图 3-14 所示。本节通过对比分析干燥煤样与饱水煤样的单轴压缩破坏形态，研究浸水前后煤样单轴压缩破坏形式是否存在差异。干燥煤样单轴压缩后破坏形态及对应的裂纹扩展图如图 3-15 和图 3-16 所示。

由图 3-14 可以看出，图(a)煤样为单斜面剪切破坏，存在一个由左下至右上的主剪切破坏面；图(b)煤样存在多个沿轴线方向的劈裂面，有一个主剪切破坏面由左下到右上贯穿整个煤样，部分煤样还产生了少量的局部剪切破坏面；

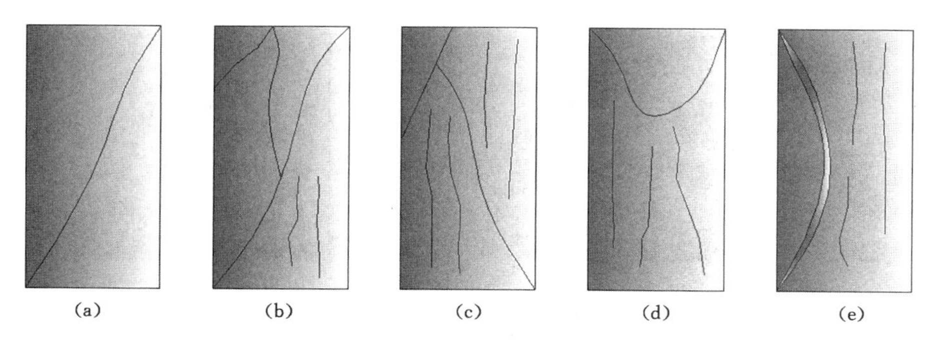

图 3-14　煤样单轴压缩破坏形式

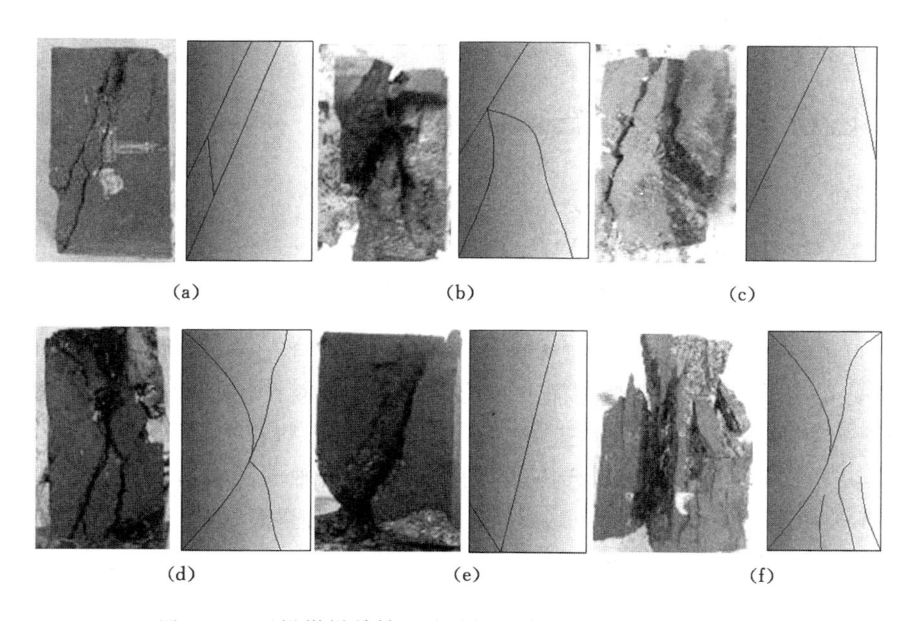

图 3-15　干燥煤样单轴压缩破坏形式及对应的裂纹扩展图

(a) B-1-1;(b) B-1-2;(c) B-1-3;(d) D-1-1;(e) D-1-2;(f) D-1-3

图(c)煤样产生两个贯通连接的剪切破坏面贯穿整个煤样,同时煤样还存在多数沿轴线方向其他劈裂面或裂纹;图(d)煤样一端产生圆锥形的破坏面,同时还存在沿轴线方向其他劈裂面或裂纹;图(e)煤样侧面出现类似“压杆失稳”式的折断破坏,煤样其余部分的破坏形态与图(b)、(c)破坏形式相近,存在许多轴向裂纹。

图 3-15 所示干燥状态下完整煤样单轴压缩破坏形式,几乎涵盖了图 3-14 的几类破坏形式。B 组煤样B-1-1破坏类型近似满足图 3-14 中(a),煤样发生剪

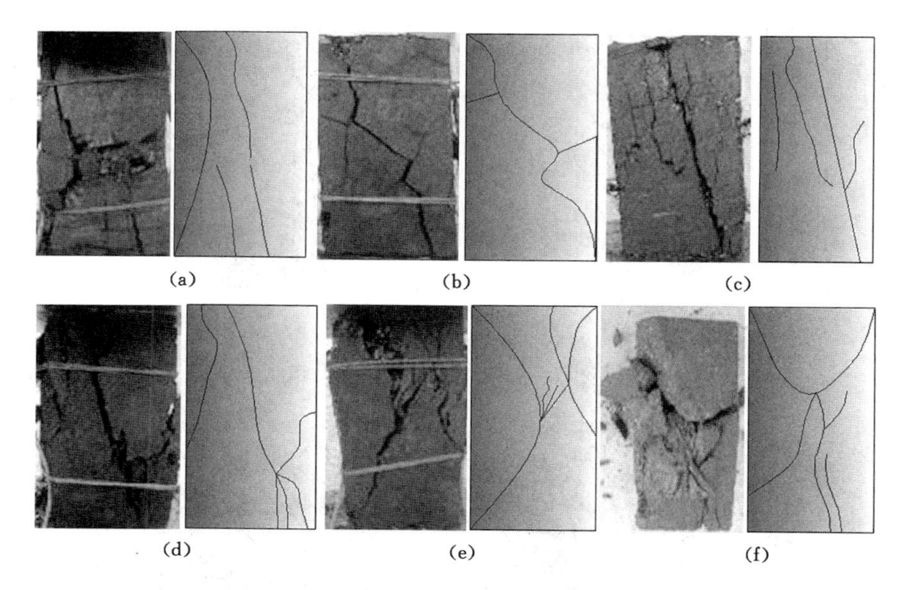

图 3-16　饱水煤样单轴压缩破坏形式及对应的裂纹扩展图

(a) B-4-1;(b) B-4-2;(c) B-4-3;(d) D-4-1;(e) D-4-2;(f) D-4-3

切破坏,破坏倾角在 60°～70°,煤样主剪切面终止于煤样侧面,说明 B-1-1 煤样内部可能存在层理或弱面;B-1-2 破坏类型近似满足图 3-14 中(c),两个相互连接的剪切面共同实现了对煤样的贯穿,煤样中还存在沿轴向裂纹或劈裂面;B-1-3 破坏类型近似满足图 3-14 中(a),但略有差异,煤样存在一个剪切破坏面,主剪切面由煤样顶部终于煤样侧面,同时也存在沿轴向的劈裂破坏。D 组煤样 D-1-1 破坏类型近似满足图 3-14 中(b),产生多个劈裂面,但存在一个主剪切面贯穿整个试样,剪切破坏面的倾角在 60°～70°;D-1-2 破坏类型满足图 3-14 中(a),存在一个由右上至左下的主剪切破坏面;D-1-3 破坏类型满足图 3-14 中(e),发生脆性张裂破坏,煤样破坏前无明显征兆,在轴向载荷达到其承载极限时,煤样破坏,同时伴有大的响声,破碎煤屑四溅。干燥煤样单轴压缩破坏产生多种破裂形式,且存在明显的剪切破坏面,这些破裂面在垂直轴向的投影若最终将煤样的断面覆盖,煤样将失去轴向承载能力。

根据图 3-16 观察饱水完整煤样单轴压缩破坏形式,与干燥煤样破坏形式明显不同。但由于煤样浸水后初期有吸水膨胀现象,浸水后煤体的塑性增加,同时水进入煤体后会加速煤体原生裂隙的扩展,造成含水煤样的单轴压缩破坏形式与干燥煤样的差异,如煤样 B-4-2 发生剪切破坏时由于水的作用使煤样裂纹扩展,导致破坏的主剪切面出现沿裂纹方向的锯齿状,煤样 D-4-2 发生类似 D-1-3

破坏类型但不及后者剧烈。饱水煤样破坏多为膨胀拉裂破坏，没有明显的剪切破坏面，其破坏类型不符合莫尔—库仑准则。因此，水的存在不仅改变煤样的破坏类型，煤样破坏的剧烈程度也相对干燥煤样有所降低。

3.3.3 反复浸水煤样全应力—应变曲线

根据实验结果，得到各组煤样在不同浸水次数条件下的应力—应变关系曲线如图 3-17 所示。

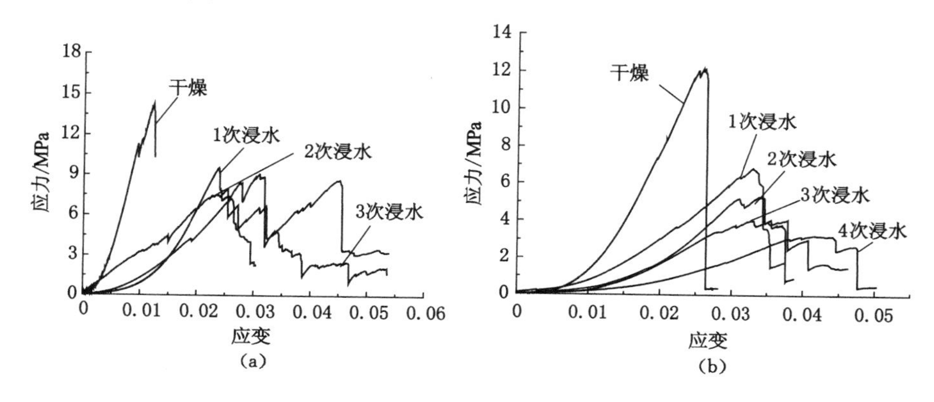

图 3-17 不同浸水次数煤样应力—应变关系对比图

(a) A 组煤样；(b) C 组煤样

由图 3-17 可知，煤样的单轴压裂过程分为四个阶段：裂隙闭合压密变形阶段、孔隙紧缩弹性变形阶段、塑性屈服阶段和瞬间脆性破坏阶段。浸水次数不同使得煤样在整个变形破坏过程中表现出不同的变形特征，干燥煤样的强度较大，峰值前的变形几乎是弹性的而且持续时间较长，峰值应变相对较小，说明干燥煤样较脆。浸水后煤样峰值之前均出现明显弯曲，弹性变形持续相对较短，峰值应变较干燥煤样有所增加，浸水时煤样应力—应变曲线表现出明显塑性特征，且随着浸水次数的增加，峰值强度降低、峰值应变增加，但降低和增加幅度均较小。

3.3.4 反复浸水煤样强度弱化特征

对于不同浸水条件下煤样强度弱化特征国内外缺乏相关研究，考虑到井下防水煤柱面临水位变化，所以除了研究含水率对于煤样强度的影响外，浸水次数对于煤样强度的影响也是保证煤岩柱长期稳定性的重要因素。通过实验，得到各组煤样在不同浸水次数状态下力学特性参数：单轴抗压强度、峰值应变、弹性模量等，如表 3-11 所示。

表 3-11　　反复浸水状态煤样力学参数

组号	试样编号	单轴抗压强度/MPa	峰值应变	弹性模量/MPa	浸水次数/次
A	A-0	14.27	0.012	1 606	干燥
	A-1	9.54	0.024	1 039	1 次浸水
	A-2	9.34	0.031	984	2 次浸水
	A-3	8.62	0.045	869	3 次浸水
C	C-0	12.22	0.026	1 028	干燥
	C-1	6.86	0.033	734	1 次浸水
	C-2	5.32	0.034	541	2 次浸水
	C-3	4.17	0.037	493	3 次浸水
	C-4	3.32	0.043	435	4 次浸水

由图 3-18 和图 3-19 的拟合曲线可知，A 组煤样、C 组煤样的单轴抗压强度与浸水次数呈负二次多项式关系，峰值应变与浸水次数也近似满足正二次多项式关系，拟合方程分别见式(3-27)、式(3-28)和式(3-29)、式(3-30)。

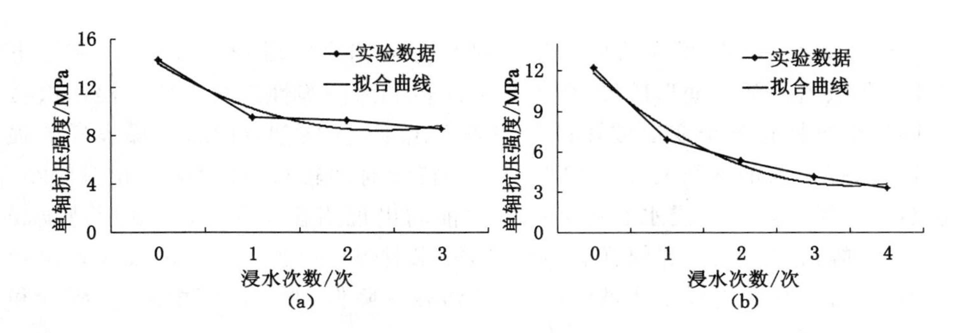

图 3-18　煤样单轴抗压强度与浸水次数关系曲线

(a) A 组煤样；(b) C 组煤样

$$\sigma_A = 1.0025x^2 - 6.7275x + 19.742 \quad R^2 = 0.9362 \tag{3-27}$$

$$\sigma_C = 0.6723x^2 - 6.0819x + 17.23 \quad R^2 = 0.9719 \tag{3-28}$$

$$\varepsilon_A = -0.005x^2 + 0.0081x - 0.004 \quad R^2 = 0.9874 \tag{3-29}$$

$$\varepsilon_C = -0.0001x^2 + 0.0047x + 0.0024 \quad R^2 = 0.9469 \tag{3-30}$$

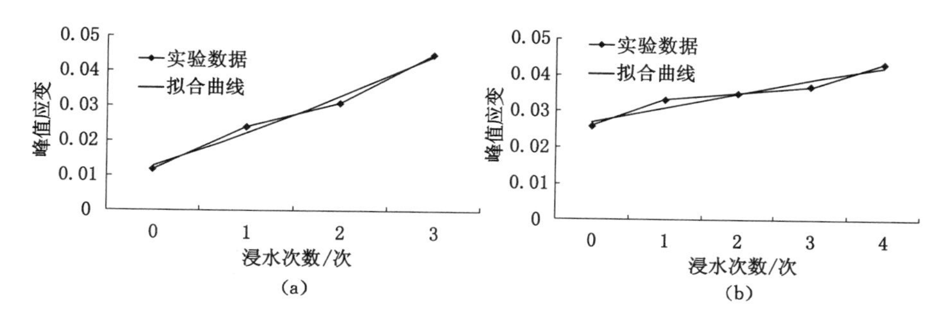

图 3-19　煤样峰值应变与浸水次数关系曲线

(a) A 组煤样;(b) C 组煤样

由表 3-11 及图 3-18 可知,A 组煤样浸水前后单轴抗压强度下降明显,由 14.27 MPa 下降到 9.54 MPa,下降 33%,煤样浸水烘干后再进行二次浸水单轴抗压强度下降不明显,由 9.54 MPa 下降到 9.34 MPa,仅下降 2.1%,三次浸水后,单轴抗压强度变为 8.62 MPa,与二次浸水相比下降 7.7%,由此可见,A 组煤样饱水抗压强度相对干燥状态下的单轴抗压强度有所降低,但随着浸水次数增加曲线下降程度逐渐变缓。相比之下,C 组煤样随浸水次数变化下降程度更甚。由干燥状态到饱水状态 C 组煤样单轴抗压强度下降 44%,二次浸水后相对一次浸水单轴抗压强度下降 22%,三次浸水相对二次浸水单轴抗压强度下降 21%,四次浸水相对三次浸水抗压强度下降 20%。可见 C 组煤样单轴抗压强度受浸水次数影响较 A 组煤样严重,分析原因可能在于 C 组煤样裂隙较为发育,每次浸水后会造成裂隙损伤扩展,随浸水次数增加煤样的抗压强度降幅逐渐减少,最后煤样单轴抗压强度保持稳定。

由表 3-11 及图 3-19 可知,煤样峰值应变随浸水次数增加而递增。其中,A 组煤样由干燥到饱水后峰值应变增加 92%,由一次浸水到二次浸水峰值应变增加 29%,由二次浸水到三次浸水峰值应变增加 24%;C 组煤样由干燥到饱水后峰值应变增加 27%,由一次浸水到二次浸水峰值应变增加 6%,由二次浸水到三次浸水峰值应变增加 5.7%,由三次浸水到四次浸水峰值应变增加 4%。可见煤样饱水后峰值应变增加,煤样塑性增强,随着浸水次数增加,煤样峰值应变增幅逐渐降低,最后煤样峰值应变趋于稳定。

煤样弹性模量与含水率的关系曲线如图 3-20 所示。

由图 3-20 可知,两组煤样的弹性模量与含水率均呈负指数函数关系:

$$E_A = 1\,838e^{-0.191x} \quad R^2 = 0.935\,8 \tag{3-31}$$

$$E_C = 1\,138e^{-0.25x} \quad R^2 = 0.920\,8 \tag{3-32}$$

式中,E_A,E_C 分别表示 A 组、C 组煤样的弹性模量;x 表示浸水次数。

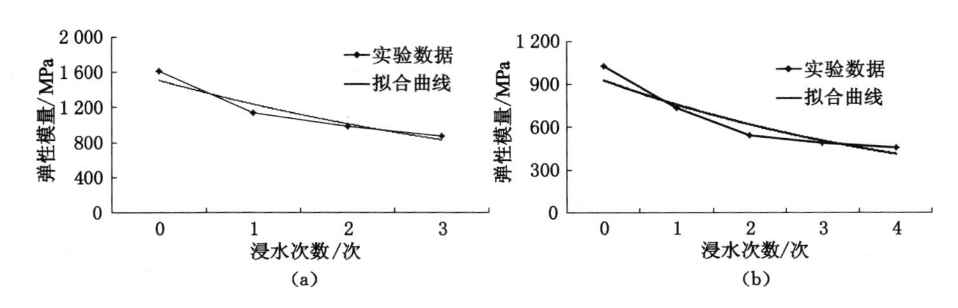

图 3-20　煤样弹性模量与浸水次数关系曲线

(a) A 组煤样；(b) C 组煤样

由图 3-20 及式(3-31)、式(3-32)可以得出，随着含水率增加煤样弹性模量递减，A 组煤样由干燥状态到 3 次浸水时，弹性模量由 1 606 MPa 下降到 869 MPa，下降 45%，随后弹性模量减幅逐渐变缓；C 组煤样由干燥状态到 4 次浸水时，弹性模量逐渐减小，弹性模量由 1 028 MPa 下降到 435 MPa，下降 58%。总体看来，煤样弹性模量在浸水次数较少时相对干燥状态变化明显，随着浸水次数增加，煤样弹性模量逐渐趋于稳定。还可以得出由干燥到 3 次浸水时，A 组、C 组煤样弹性模量分别下降 45%、53%。相比之下，C 组煤样弹性模量受浸水次数影响更敏感。

3.3.5　不同浸水次数煤样损伤规律

结合 A、C 两组煤样弹性模量与浸水次数拟合函数式(3-31)和式(3-32)，可得 A、C 两组煤样的损伤方程：

$$D_{\mathrm{A}}(\omega) = 1 - \mathrm{e}^{-0.191x} \tag{3-33}$$

$$D_{\mathrm{C}}(\omega) = 1 - \mathrm{e}^{-0.25x} \tag{3-34}$$

对式(3-33)和式(3-34)求微分可得 A、C 两组煤样损伤率随浸水次数演化方程：

$$D_{\mathrm{A}}'(\omega) = 0.19\mathrm{e}^{-0.191x} \tag{3-35}$$

$$D_{\mathrm{C}}'(\omega) = 0.25\mathrm{e}^{-0.25x} \tag{3-36}$$

式中，D_{A}，D_{A}'，D_{C}，D_{C}'分别表示 A 组、C 组煤样损伤及损伤率；x 表示煤样浸水次数。

由式(3-33)、式(3-34)及式(3-35)、式(3-36)可以绘制 A、C 两组煤样受多次浸水作用的损伤变化曲线，如图 3-21 所示。

由图 3-21 分析可得：

(1) 煤样损伤随着浸水次数的增加而加剧，浸水次数较少时煤样损伤受浸

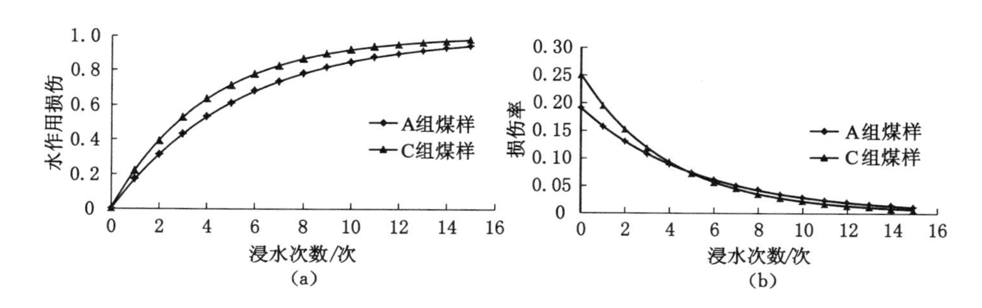

图 3-21　煤样不同浸水次数下损伤变化曲线

(a) 损伤与浸水次数关系;(b) 损伤演化率与浸水次数关系

水次数影响较大,随浸水次数增加损伤率不断减小,最后逐渐趋于缓慢,直至稳定不变。同时,在相同浸水次数条件下C组煤样的损伤始终大于A组煤样,这可能与C组煤样裂隙较为发育、内部原生裂隙较多有关。

(2) 煤样的损伤演化率随着浸水次数的增加不断减小,在浸水次数较少时煤样损伤率较大,说明浸水次数达到一定时水对煤样损伤将趋于稳定。在相同浸水次数状态下,C组煤样损伤变化率也大于A组煤样,说明C组煤样力学性质受水的影响较A组煤样敏感。

3.4　含水煤岩组合体力学性质和裂隙发育规律

3.4.1　煤岩组合体全应力—应变曲线

加载速率对不同含水率煤岩组合体的全应力—应变曲线影响规律见图3-22。

由图3-22(a)可知,含水煤岩组合体在开始加载不久应力—应变曲线就产生明显的弯曲,弹性变形段持续的时间较短,可知随着含水量的增加,应力—应变曲线在该阶段的斜率明显降低,即弹性模量减小,而微裂隙稳定与非稳定破裂发展阶段也随着含水率增加而减弱。由于水对岩石的软化效果,煤岩组合体的峰值强度随着含水率增加明显减弱。峰值强度从干燥状态下的8.44 MPa降至自然含水的5.13 MPa和饱水时的2.63 MPa,分别较干燥状态降低39.2%和68.8%。由此可知,水对煤岩组合体的强度损伤十分显著。含水的煤岩组合体峰后阶段裂隙的破裂发展也减弱,该值通常以后峰值软化模量和后峰值模量来衡量。

从图3-22(b)可知,一般而言,应力—应变曲线的斜率随着加载速率增加而

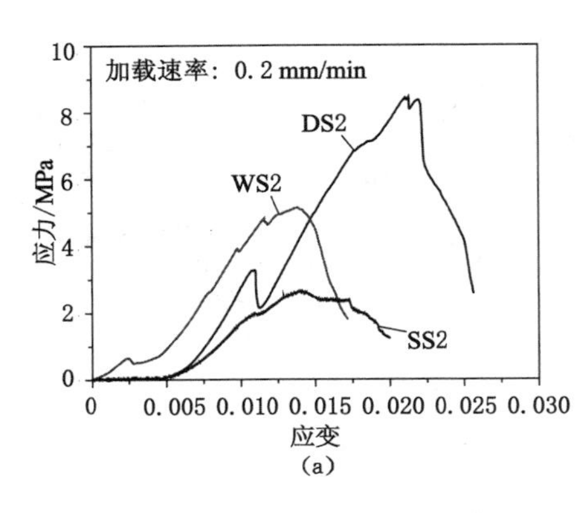

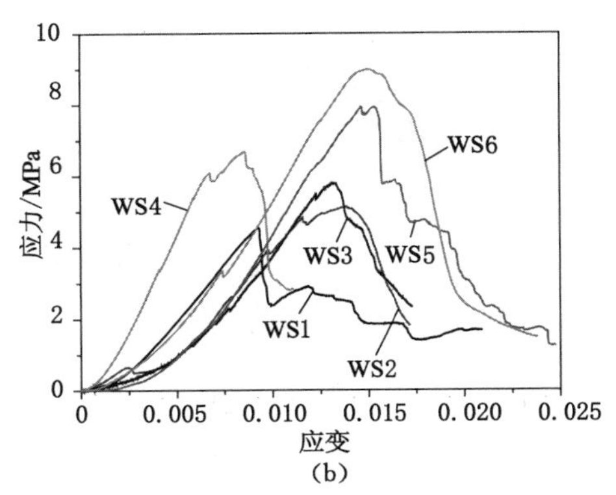

图 3-22　不同含水率和加载速率下煤岩组合体的应力—应变曲线

(a) 不同含水率下的应力—应变曲线；(b) 不同加载速率下的应力—应变曲线

增加，这是因为越大的加载速率使得初始损伤和新裂隙的发育延迟。随着加载速率的增加，岩石的不稳定损伤增加，裂隙发育增强，但是煤岩组合体能够迅速重构，形成一个有序的抵抗并抵消一定的应变能，因此应力增长速率较快，并且应力峰值明显增加。

3.4.2　煤岩组合体裂隙发育扩展规律

由图 3-23 可知，煤岩组合体的全应力—应变曲线很难清楚界定煤岩组合体峰值失效前的四个阶段，即压密阶段、弹性阶段、微裂隙稳定发展阶段、破裂损伤阶段。但是，清楚判断裂隙损伤初始发育阈值以及裂隙损伤压力阈值对于研究弹性模量、确定岩石变形的脆—塑性区间以及岩石力学性质有重要意义；同时，对于地下工程中研究水对岩石的损伤也具有指导意义。

由图 3-23(a)可知，干燥的煤岩组合体 DS2 在裂隙闭合阶段 AB，随着刚度—应力曲线到达线性阶段，此时压密阶段结束进入弹性应变阶段。随着加载的持续进行，刚度达到拐点 C 时弹性阶段结束，此时由于煤岩组合体内部有大的裂隙或者孔洞主刚度减小。CD 为煤岩组合体短暂的二次压密阶段。D 点为煤岩组合体裂隙初始发育位置，到达 D 点后刚度再继续增加，进入稳定破坏阶段。E 点为塑性屈服点，即煤岩组合体由弹性变形到塑性变形的转折点，到达 E 点裂隙稳定破坏结束进入裂隙损伤阶段，该阶段为破裂不断发展的不可逆变形阶段。随着加载进行最后达到峰值强度点 F，本阶段随着加载进行煤岩组合体发出明显响声，裂隙快速发展交叉且相互联合形成宏观断裂面，但煤岩组合体基本保持完整。通过刚度—应力曲线能判断出岩石裂隙破坏峰前的各个阶段。

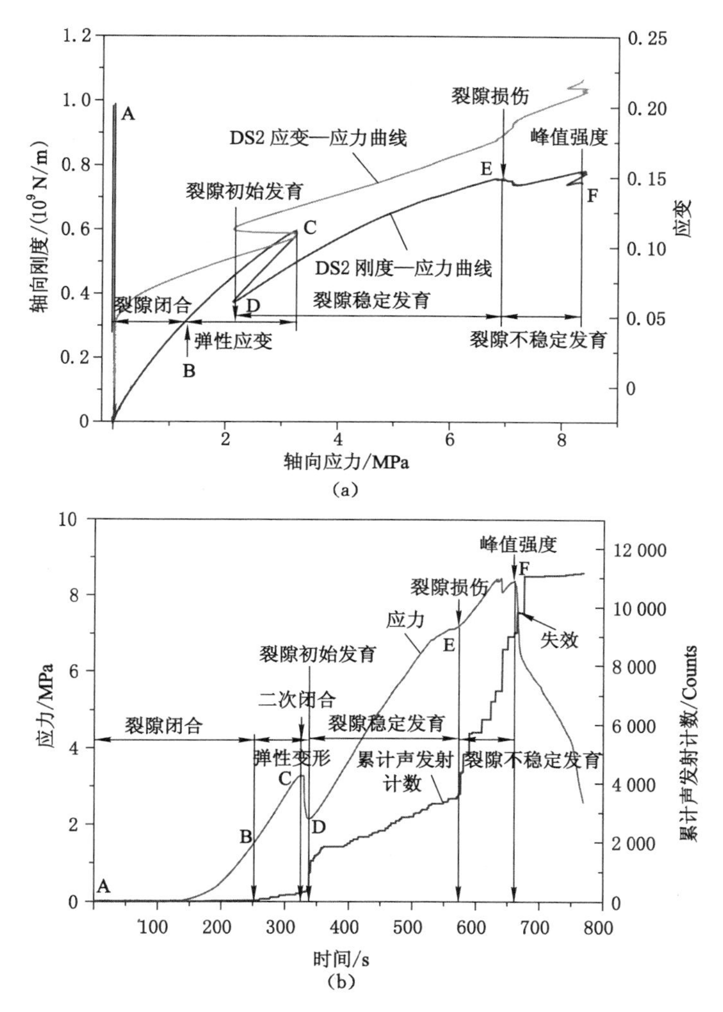

图 3-23 刚度—应力曲线和声发射累计计数曲线

(a) 峰值应变前的刚度—应力曲线;(b) 应力和声发射累计计数与时间关系

由图 3-23(b)可知,应力—时间与时间—累计声发射计数之间变化规律趋于一致,该曲线也能从声发射角度来验证裂隙发展的各个阶段。在压密阶段 AB 阶段声发射累计计数接近零,这是由于该阶段宏观和微观裂隙没有造成任何或者太多的能量释放。BC 段,随着轴向加载的进行,声发射累计计数开始略微增加,这标志着弹性阶段的开始。随着加载的持续,CD 段为裂隙的二次压密阶段,声发射累计计数有快速增加。DE 段声发射累计计数开始接近线性增加,这是裂隙初始稳定发育的开始位置,声发射累计计数斜率的渐渐增大,表明煤样中应变能的释放。E点后，线性阶段结束，曲线进入迅速增加指数增长阶段，该点是裂隙不可逆损伤的起始点，裂隙不稳定发育直到失效点F[156,157]。累计声发射计数曲线也能清楚反映裂隙发育的各个阶段，并且验证刚度—应力曲线对煤样裂隙发育各个阶段描述的准确性。

（1）变加载速率下含水煤岩组合体力学性能

不同加载速率和含水率条件下煤岩组合体峰值强度和峰值应变变化规律见图3-24。

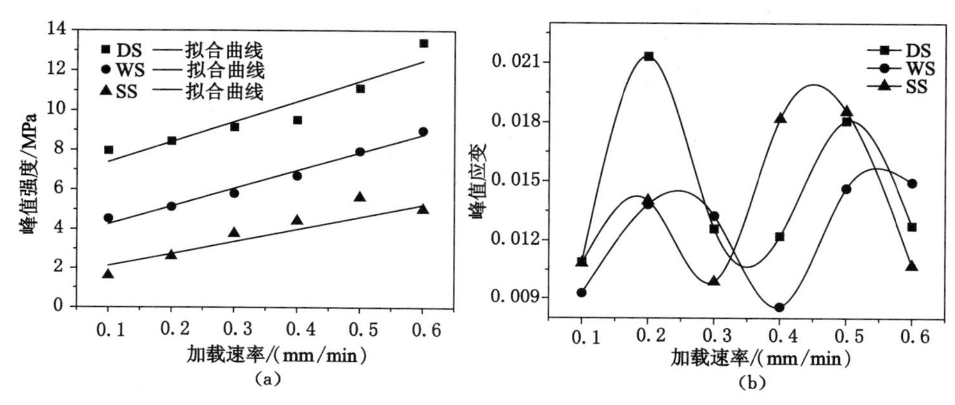

图3-24 不同加载速率和含水率下煤岩组合体峰值强度和峰值应变变化规律

(a) 峰值强度；(b) 峰值应变

从图3-24(a)可以得出，对于不同含水率的煤岩组合体随着加载速率增加峰值强度均呈增大趋势，加载速率较慢时，岩样内初始损伤和微裂纹得到充分的演化和发展，因而强度较低，随着加载速率的增加，微裂纹得不到充分的发展，因而强度提高[158,159]。

在不同加载速率和含水率下的拟合曲线如下：

$$\begin{cases} y_{DS} = 6.37 + 10.18x & R_{DS}^2 = 0.86 \\ y_{WS} = 3.36 + 9.01x & R_{WS}^2 = 0.98 \\ y_{SS} = 1.51 + 6.21x & R_{SS}^2 = 0.87 \end{cases} \tag{3-37}$$

式中，x代表加载速率；y_{DS}，y_{WS}和y_{SS}分别代表不同含水率的煤岩组合体；R_{DS}，R_{WS}和R_{SS}为曲线拟合相关系数。

由拟合公式(3-37)可得干燥煤岩组合体随着加载速率的增加，峰值强度增长最快。这可能是由于干燥试件没有水的弱化损伤，对加载速率更为敏感。饱水状态下，在加载速率为0.6 mm/min时，强度反而降低，可能是煤岩组合体内部存在较大的裂隙使得强度减弱。综合对比三组数据可以发现，同一加载速率下煤岩组合体含水百分比越低其强度越高，而且水对煤岩组合体强度的影响明显大于加载速率的影响。

由图 3-24(b)可知，随着加载速率增加对于不同含水率的煤岩组合体，其峰值应变随着加载速率增加呈现先增加后减小、再增加而后又减小的整体波动趋势。对于饱水组合煤岩体，由于含水率相对高，水对煤岩组合体具有更强的损伤弱化作用，使得峰值应变变化幅度以及峰值应变绝对值明显小于干燥和自然含水的煤岩组合体，而且其改变具有滞后性。

为了更好解释峰值应变的波动性，引入应变计算公式如下：

$$\varepsilon = \frac{\Delta l}{l} = \frac{vt}{l} \tag{3-38}$$

$$\varepsilon' = \frac{v}{l} \tag{3-39}$$

式中，Δl 为煤岩组合体位移；l 为煤岩组合体高度；v 为加载速率；t 为加载时间；ε'为 ε 对时间 t 的微分。

由式(3-38)和式(3-39)可知，在加载速率一定条件下，应变随时间线性变化，应变率是一个常量。随着加载速率增加应变增加，应变率也线性增大。在低速加载下，裂隙有足够时间扩展，随着加载速率增加到0.2 mm/min，依然能有足够时间扩展变形，并且岩石内部随着加载速率增加应变速度加快，故应变增大。随着加载速率的增加，可能导致煤岩组合体内部的组合重构[160,161]，煤岩体重构能抵销部分应变能，使得峰值应变较小。对于大于等于 0.4 mm/min 以上的加载速率而言，应变率较大，对应峰值应变较大。煤岩组合体在外载荷作用下变形，伴随着岩体中孔隙、裂隙的闭合或微裂隙在某些较弱处的形成及原有微裂隙扩展等微观结构变化。这种变化并不都在瞬间完成，也有渐进积累或随时间而发展。在 0.6 mm/min 的加载速率下，岩石失效过于快速，达到峰值强度时间短，已有裂隙来不及扩展，相对应变有所减小。

自然状态钻取的煤岩组合体是各向异性、非均质材料。由于岩块之间含有大量的裂隙、孔隙等，使得裂隙化岩体与岩石在载荷作用下的物理力学特性表现出明显不同的特征。煤岩组合体的弹性阶段并非线弹性阶段，对于非均质材料，其弹性模量的求取方法常见的有三种，包括切线模量、割线模量和平均模量[160,162]。本书采用平均模量来求弹性阶段的弹性模量。假设应力—应变公式为 $\sigma = f(\varepsilon)$，那么最终的弹性模量由下面公式求得：

$$E = \frac{f(\varepsilon_2) - f(\varepsilon_1)}{\varepsilon_2 - \varepsilon_1} \tag{3-40}$$

式中，$f(\varepsilon_1)$，$f(\varepsilon_2)$为弹性阶段的初始点和结束点对应的应力值。

从图 3-25(a)可以得出，总体来看随着含水率的增加弹性模量减小，但煤岩组合体的弹性模量随着加载速率的增大而增大，这是由于岩石在高速率加载时未充分变形而可提高它抗外载荷的能力，使得弹性模量增加。其中，干燥和饱水煤岩组合体的弹性模量增长较快，自然含水的增长相对较慢，尤其需要注意的是在加载速率为 0.6 mm/min 时，自然含水的煤岩组合体弹性模量出现一定的下降。其主要原因在于除了加载速率以外，试件的大小、形状、表面粗糙度、组成物质的微观颗粒以及微裂隙会对弹性模量产生较大影响[163,164]。

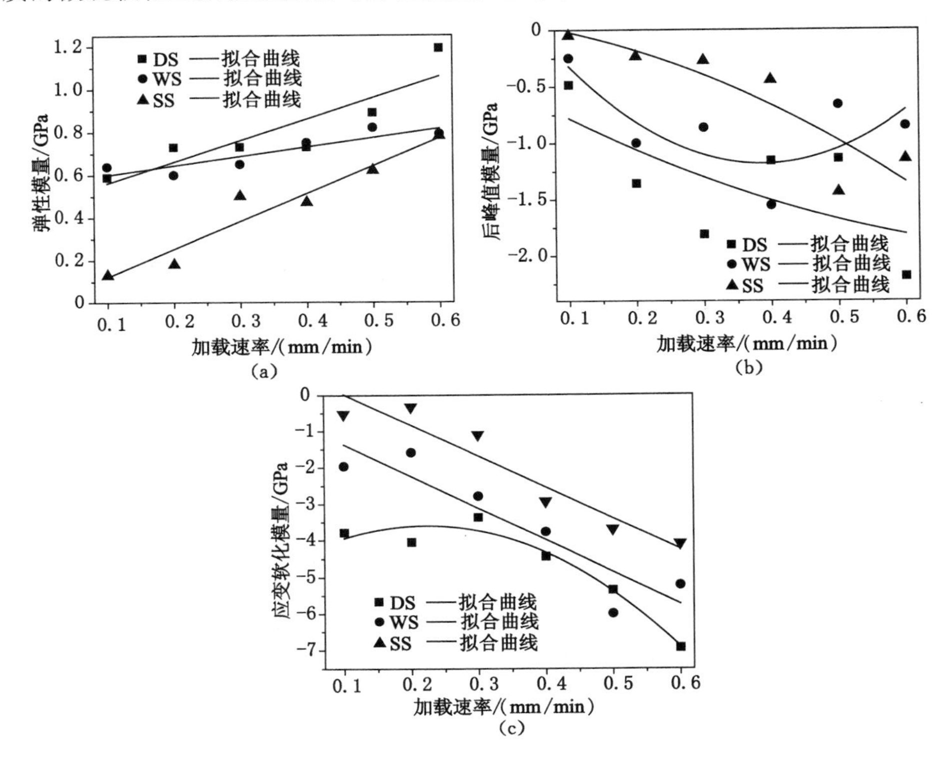

图 3-25　煤岩组合体在不同含水率和加载速率下的弹性模量、后峰值模量和应变软化模量

(a) 弹性模量；(b) 后峰值模量；(c) 应变软化模量

不同含水率的煤岩组合体在不同单轴加载速率下的后峰值模量拟合曲线如图 3-25(b)所示。连接应力—应变曲线的峰值强度点和残余强度点，建立一条直线，其斜率是后峰值割线模量，通常用来表达岩石试样后峰值变形特性。本书对于煤岩组合体的后峰值模量以及后文应变软化系数均默认对应值的绝对值大小。一方面，对于同一加载速率的煤岩组合体，随着含水率的增加，后峰值模量减小明显。其原因是水对岩石颗粒之间的胶结材料也有很强的弱化作用，从而改变颗粒之间的联结状态[165]。甚至水会使岩石水解，并且发生化学反应，使得岩石的峰后

软化减弱。另一方面，对于同一含水率的煤岩组合体，随着加载速率的增加后峰值模量呈现较显著的增大趋势。这是因为在后峰值阶段，由于岩石在高速率加载时未充分发生变形，使得后峰值变形模量增加。尤其是干燥的煤岩组合体，没有水的损伤弱化，随着加载速率增加后峰值模量呈现较好的线性增加趋势。图中也有异常点存在，随着加载速率增大后峰值模量反而减小，可能主要因为不同煤岩组合体的后峰值变形特性受到材料结构尤其是内部缺陷以及结构面和胶结材料的影响。

不同含水率的煤岩组合体在不同加载速率下的应变软化模量拟合曲线如图3-25(c)所示。如同弹性模量一样，应变软化模量是后峰值失效阶段的线性部分斜率，用来表达应变软化性质。应变软化模量反映煤岩组合体脆性失效的程度。与钢材等塑性材料相比，软弱岩石在应力达到峰值强度之后，随着变形的继续增加，其强度迅速降到一个较低的水平，这种由于变形引起的岩石材料性能劣化的现象称为“应变软化”。在加载速率一定情况下，随着含水率的增加煤岩组合体的应变软化系数呈现减小趋势。在含水率一定的情况下，随着加载速率的增加，煤岩组合体的应变软化系数增加。对比图3-25(a)和图3-25(c)发现，同一煤岩组合体试件，后峰值软化模量比弹性模量高出接近一个数量级。说明后峰值阶段应力下降速度远大于弹性阶段应力上升速度。

(2) 加载速率对不同含水煤岩组合体裂隙发育阈值的影响

由图3-26(a)可知，随着煤岩组合体的含水率增加其裂隙闭合阈值减小，随着加载速率的增加煤岩组合体的裂隙压密阈值增加。主要原因是含水率增加对煤岩组合体弱化损伤效果明显，其裂隙闭合阈值和强度都会随着含水增加而减小，但是伴随着加载速率的增加，短时间内裂隙也因为来不及充分闭合而使其裂隙闭合阈值增加。

通过图3-26(b)可知，裂隙初始发育的压力阈值随着含水率增加而减小，随着加载速率的增加而增加。含水率的增加，加大了水对裂隙的弱化、润滑作用，使得裂隙发育阈值减小。而加载速率增大使得裂隙来不及拓展，同时随着闭合压力阈值和弹性模量的增加，使得裂隙初始发育阈值也同步增加。

如图3-26(c)所示，在含水率一定时，随着加载速率的增大，峰值强度不断提高，裂隙的损伤阈值亦在增加。干燥煤岩组合体的裂隙损伤阈值增加速度相对大于含水煤岩组合体的损伤阈值增长速度，主要因为没有水的弱化损伤影响，干燥煤岩组合体对加载速率更为敏感。

由图3-27可知，对应的裂隙闭合阈值占峰值强度的15.22%，裂隙初始发育阈值占峰值强度的32.2%，对应的裂隙损伤阈值占峰值强度的80.98%，并且该比例值与含水率和加载速率没有明显关系。故可通过测量煤岩组合体的单轴抗压强度来粗略估计煤岩组合体的裂隙闭合压力阈值、裂隙初始发育压力阈值和

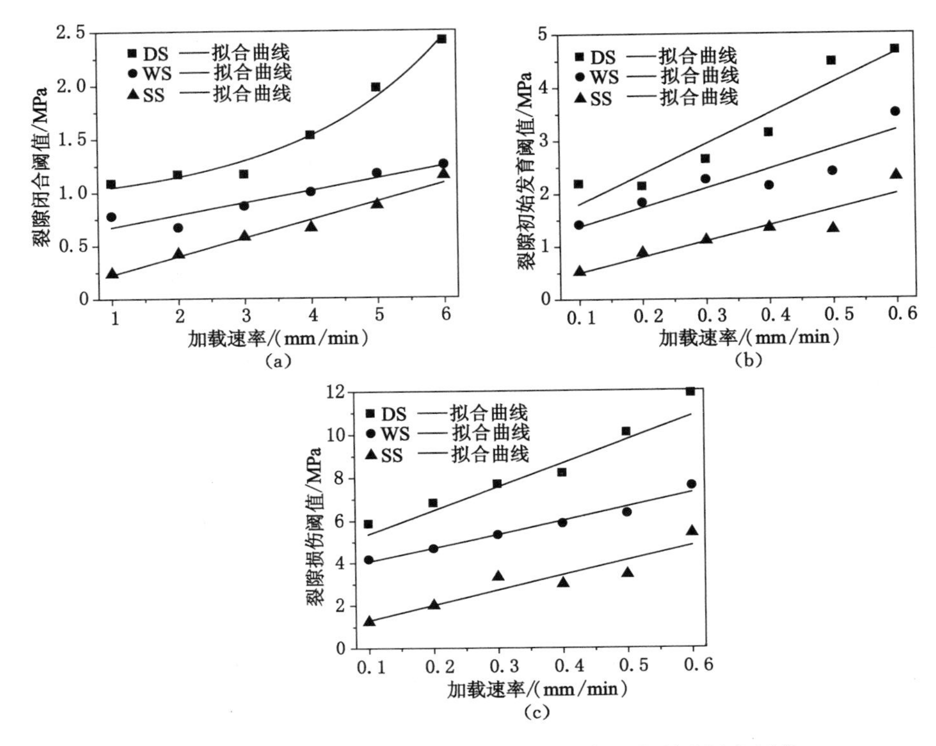

图 3-26 煤岩组合体不同含水率和加载速率下的裂隙闭合阈值、裂隙初始发育阈值和裂隙损伤阈值

(a) 裂隙闭合阈值;(b) 裂隙初始发育阈值;(c) 裂隙损伤阈值

裂隙损伤压力阈值。

3.5 水作用下煤岩样单轴压缩损伤演化方程

煤岩体强度是岩体最主要的力学性质之一,它影响着岩土工程中岩体的稳定性。在研究岩石浸水时间、含水率与抗压强度及力学参数的关系之后,如何才能得到可靠的、起控制性作用的抗压强度参数,是岩土工程设计的一项很重要的工作,也是井下隔水煤柱长期稳定性设计的关键参数。煤样浸水后强度降低主要原因是水与煤岩的相互作用(发生物理和化学作用)改变煤岩本身的力学特性,使煤岩内部产生损伤,进而使其各项物理和力学参数发生改变,造成煤岩在受压后的本构关系发生改变。通过对煤岩的损伤分析,可以建立水作用下的煤岩损伤本构关系来反映煤岩受力变形特征。

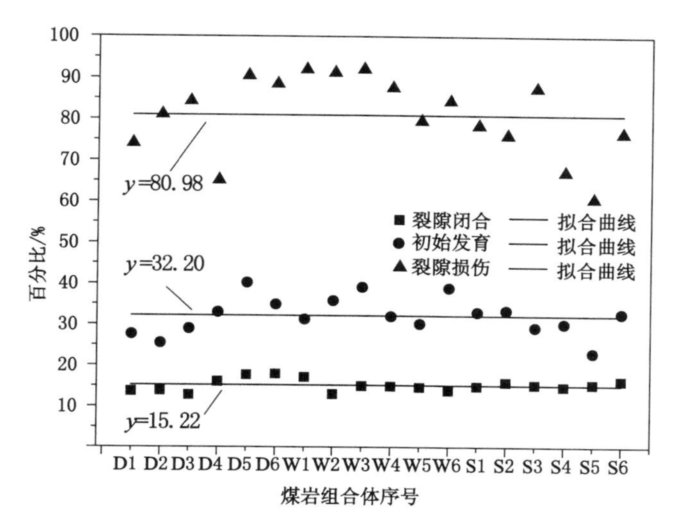

图 3-27　裂隙闭合阈值、初始发育阈值和损伤阈值占峰值强度的百分比

3.5.1　本构模型的建立

为了研究岩土材料的强度和变形关系，一般采用损伤力学手段，目前损伤力学研究方法主要有两种基本思路：一种是从岩石微元强度随机分布事件出发，建立损伤变量和应力、应变的关系，从而建立岩石本构关系来模拟实验结果；另外一种是以实验为基础，假设岩石材料在载荷作用下应力—应变关系与损伤变量存在某种条件关系，再根据假设的模型来模拟实验后所得应力—应变关系，建立损伤本构模型。本书研究水作用下煤样的力学特性，以吸水性实验和力学实验为基础，考虑煤样含水率是由浸水时间来控制的，建立以浸水时间为变量的煤样本构关系，并用它来模拟单轴压缩实验结果及推导考虑浸水时间变化峰值强度随之变化的煤样损伤本构模型。

根据 J. Lemaitre[166] 提出的应变等价性假说可知，受损材料的变形与有效应力之间存在着等价关系，受损材料的应变本构关系与无损材料在形式上是一致的，只需将无损材料应变本构关系中的应力$[\boldsymbol{\sigma}]$替换为有效应力$[\boldsymbol{\sigma}]'$即可。由此可将岩石材料的损伤本构关系表示为：

$$[\boldsymbol{\sigma}]=[\boldsymbol{\sigma}]'(1-D)=[\boldsymbol{H}][\boldsymbol{\varepsilon}](1-[\boldsymbol{D}]) \tag{3-41}$$

式中，$[\boldsymbol{\sigma}]$为应力矩阵；$[\boldsymbol{\sigma}]'$为有效应力矩阵；$[\boldsymbol{H}]$为材料弹性矩阵；$[\boldsymbol{\varepsilon}]$为应变矩阵；$[\boldsymbol{D}]$为损伤变量矩阵。

假设煤样的损伤是各向同性的，当煤样受载荷作用时，宏观裂隙出现之前，局部出现的微裂隙已经影响了它的力学性质。根据连续介质损伤力学理论[167]

可得如下本构关系：

$$\sigma = \sigma'(1-D) = E\varepsilon(1-D) \tag{3-42}$$

3.5.2 煤岩样单轴损伤演化方程

煤样材料内部存在裂隙、孔隙和物质分界面等缺陷，这些缺陷在尺寸、形状及分布上都是随机的，与之紧密相关的煤样材料的强度也是随机变量。煤岩存在尺寸效应，尺度较大的煤岩由于内部缺陷较多，其非线性力学特性显现得也越明显，随着煤岩尺寸的减小其非线性程度也会相对减弱，当煤岩的尺度减小到一定程度时，煤岩力学特性就表现为明显的弹脆性特征。根据统计力学理论和损伤理论，可采用微元强度对煤岩体内部损伤程度加以量化，因煤岩体内部损伤服从随机分布的特点，假设煤岩体微元强度为 Weibull 分布，其概率密度函数可表示[168]为：

$$\varphi(\varepsilon) = \frac{m}{F}\left(\frac{\varepsilon}{F}\right)^{m-1} e^{\left[-\left(\frac{\varepsilon}{F}\right)^m\right]} \tag{3-43}$$

式中，ε 为煤岩应变量；m，F 为煤岩的物理力学性质参数，表征煤岩对外载荷的响应程度。

煤岩损伤是由其局部微元体的不均匀破坏引起的，若将岩石中发生破坏的微元体数 N_ε 占微元体总数 N 的比例定义为岩石统计损伤变量 D，其范围为 0～1，D 反映岩石材料内部的损伤程度，煤岩损伤变量可表示为：

$$D = \frac{N_\varepsilon}{N} = \frac{\int_0^\varepsilon N\varphi(x)\mathrm{d}x}{N} = 1 - e^{\left[-\left(\frac{\varepsilon}{F}\right)^m\right]} \tag{3-44}$$

将式(3-44)带入本构方程式(5-11)可得煤样单轴压缩下轴向应力—应变关系：

$$\sigma = E\varepsilon e^{\left[-\left(\frac{\varepsilon}{F}\right)^m\right]} \tag{3-45}$$

3.5.3 水作用下煤岩样单轴压缩损伤本构模型

损伤统计本构模型中的参数可由单轴压缩实验应力—应变关系曲线的峰值来确定，因峰值点(ε_c，σ_c)处斜率为 0，所以有：

$$\left.\frac{\mathrm{d}\sigma}{\mathrm{d}\varepsilon}\right|_{\varepsilon=\varepsilon_c} = E\left(1 - m\left(\frac{\varepsilon}{F}\right)^m\right)e^{\left[-\left(\frac{\varepsilon}{F}\right)^m\right]} = 0 \tag{3-46}$$

将峰值点坐标带入式(3-45)可得：

$$\sigma_c = E\varepsilon_c e^{\left[-\left(\frac{\varepsilon_c}{F}\right)^m\right]} \tag{3-47}$$

联立式(3-46)和式(3-47)整理得损伤本构模型参数 m，F 可表示为：

$$m = \frac{1}{\ln\left(\frac{E\varepsilon_c}{\sigma_c}\right)} \tag{3-48}$$

$$F = \varepsilon_c \left[\frac{1}{\ln\left(\frac{E\varepsilon_c}{\sigma_c}\right)} \right]^{\frac{1}{\ln\left(\frac{\sigma_c}{E\varepsilon_c}\right)}} \tag{3-49}$$

结合弹性模量与含水率的拟合关系以及含水率与浸水时间的拟合关系可得考虑浸水时间影响的煤岩损伤本构关系，弹性模量与含水率满足以下关系：

$$E = E_0 e^{c\omega} \tag{3-50}$$

含水率与浸水时间的拟合关系为：

$$\omega = a\ln t + b \tag{3-51}$$

将式(3-50)和式(3-51)带入式(3-47)可得考虑浸水时间影响的煤样损伤统计模型：

$$\sigma = E_0 e^{[c(a\ln t+b)]}\varepsilon e^{\left[-\left(\frac{\varepsilon}{\varepsilon_c}\right)^m \frac{1}{m}\right]} \tag{3-52}$$

其中：

$$m = \frac{1}{\ln\left(\frac{E_0 e^{[c(a\ln t+b)]}\varepsilon_c}{\sigma_c}\right)} \tag{3-53}$$

式中，E_0 为拟合曲线上干燥状态的弹性模量，MPa；ε_c 为峰值应变，mm；ω 为含水率，%；t 为浸水时间，s；a,b,c 为拟合参数。

3.5.4 本构模型验证

以 B 组、D 组煤样为例。B 组煤样对应的初始数据为 E_0=1 968 MPa、σ_0=32.27 MPa、a=0.326 1、b=2.553 8、c=−0.141；D 组煤样对应的初始数据为 E_0=1 915 MPa、σ_0=22.47 MPa、a=0.530 3、b=1.671 6、c=−0.174。将初始数据带入式(3-53)并结合表 3-3 和表 3-4 的实验结果可得不同浸水时间下煤样的损伤统计力学参数如表3-12所示。

表 3-12　　不同含水率煤样损伤统计力学参数

组号	浸水时间/h	σ_c/MPa	ε_c	E/GPa	m
B	0	24.55	0.011	1.792	4.556
	5	18.11	0.016	1.416	0.112
	24	12.78	0.019	1.227	0.111
	140	9.86	0.022	1.174	0.109
D	0	17.44	0.012	1.635	8.490
	5	11.08	0.018	1.309	0.108
	24	9.37	0.023	1.158	0.109
	140	6.67	0.025	0.954	0.106

将表 3-12 的参数计算值带入式(3-52)计算出损伤模型对应下的应力—应变关系,可以绘制不同浸水时间条件下的 B、D 两组煤样应力—应变实验曲线和理论曲线的对比关系图,如图 3-28 和图 3-29 所示。

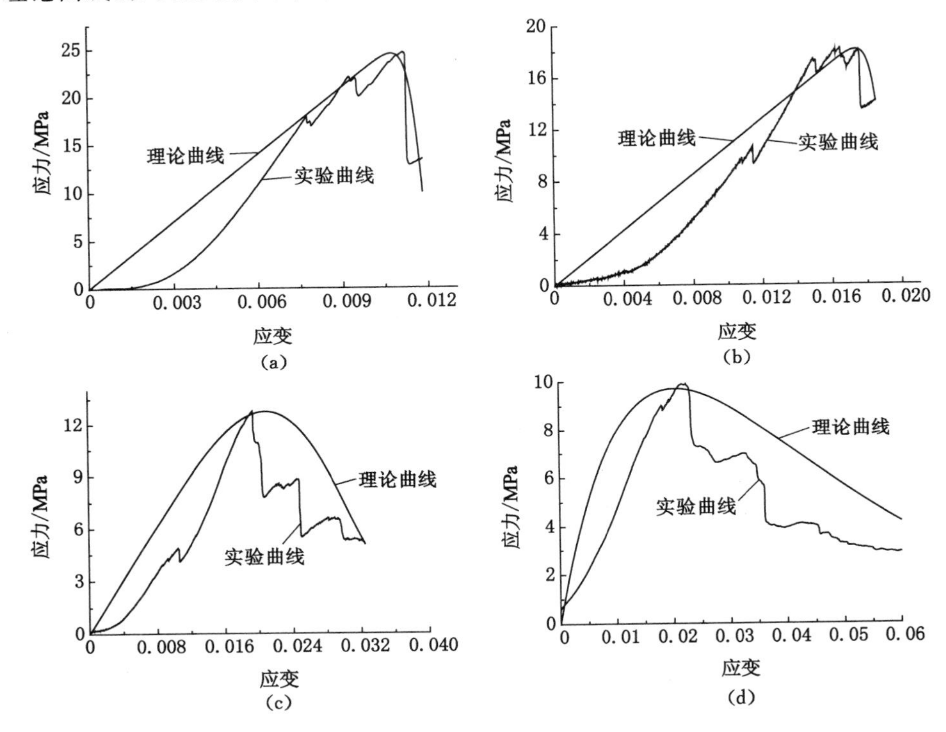

图 3-28 B 组煤样损伤理论曲线与实验曲线比较

(a) 干燥;(b) 浸水 5 h;(c) 浸水 24 h;(d) 浸水 140 h

由表 3-12 可以看出,煤样浸水后 m 值降低,m 值的大小综合反映峰前聚能和峰后释能的能力,m 值越大,均质度越高,脆性越强。由此可知,浸水后煤样峰前聚能和峰后释能的能力减弱,煤样脆性降低,塑性增强。

图 3-28 和图 3-29 分别给出了不同浸水时间条件下的本构模型与实验应力—应变曲线的对比,可以看出理论曲线与实际情况基本吻合,模型能够反映不同浸水状态下的煤样损伤过程。但从图中也可以看出理论曲线和实验曲线存在着一定的偏差,主要表现在两个方面:

① 理论曲线在峰前表现出较好的线弹性关系,不存在压密阶段,且在相同的应变条件下,理论曲线的应力值比实验值偏大。

② 理论曲线峰值应变后的部分曲线不能反映煤样的断裂特点。

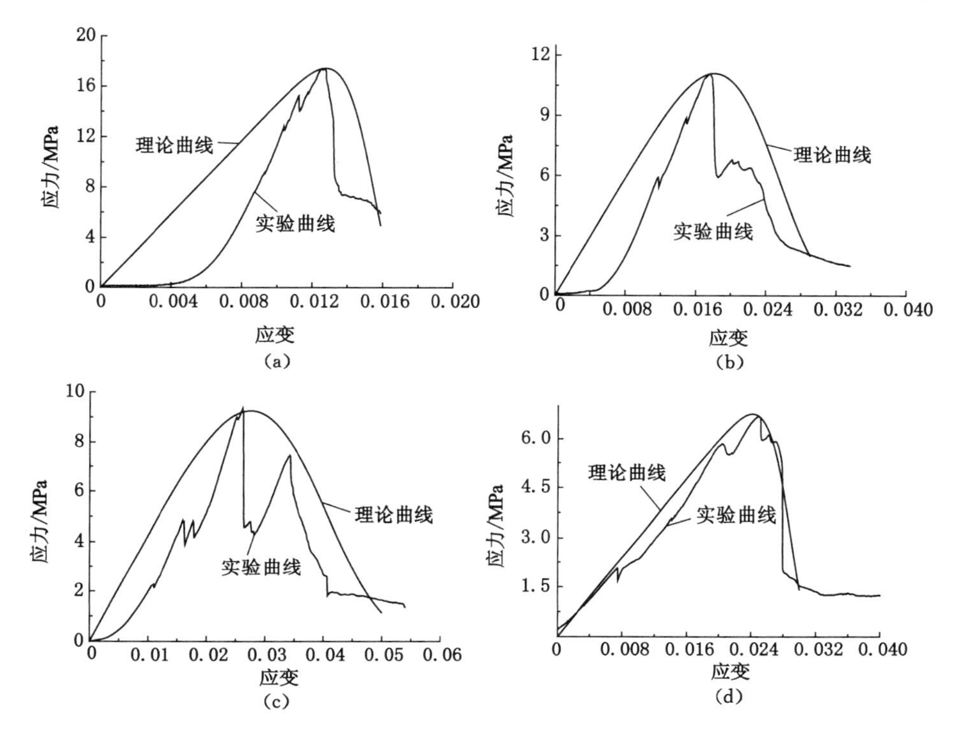

图 3-29 D组煤样损伤理论曲线与实验曲线比较

(a) 干燥;(b) 浸水 5 h;(c) 浸水 24 h;(d) 浸水 140 h

分析产生差异的主要原因在于:

① 数据本身可能存在偏差,因含水率与煤样的峰值强度、峰值应变以及弹性模量的值都是由前面的实验数据拟合得到的。

② 模型是在假设的条件下建立的,与实际存在偏差。且理论模型是一个连续变化的函数,不能反映岩石破坏中的局部过程,因而理论曲线峰值应变后的部分曲线不能反映煤样的断裂特点。

综上所述,造成理论模型与实际曲线存在一定偏差,既有理论模型本身的原因,也有实验方面的原因。因此,要建立更符合煤样实际变形的损伤本构模型,还需对理论模型进行改进以使得更为精确地反映实际损伤演变过程,同时也要提高实验数据的可靠度。

3.5.5 基于弹性模量的煤样损伤方程

在水的作用下,煤岩产生细观裂纹,且随着含水率的增加,宏观力学参数弹性模量逐渐减小,可将弹性模量作为损伤变量表征水对煤岩的损伤。由前述实验结果分析可知，弹性模量与含水率呈负指数函数关系。为了表示煤岩受水作用的损伤效应，设定常温下处于自然状态的干燥岩样的损伤值为 0，并结合 B、D 两组煤样弹性模量与含水率拟合函数，对不同含水率状态下的煤样弹性模量作归一化处理，定义连续性因子 ξ 为：

$$\xi = \frac{E_\omega}{E_0} \tag{3-54}$$

由水导致的煤样损伤规律可表示为：

$$D(\omega) = 1 - \xi \tag{3-55}$$

式中，E_ω 为不同含水率煤样的弹性模量；E_0 为干燥状态下煤样的弹性模量。

由此可得 B、D 两组煤样由含水率导致的损伤方程：

$$D_B(\omega) = 1 - e^{-0.149\omega} \tag{3-56}$$

$$D_D(\omega) = 1 - e^{-0.154\omega} \tag{3-57}$$

对 $D(\omega)$ 求微分可得煤样受水作用的损伤率演化方程：

$$D'(\omega) = 1 - \xi' \tag{3-58}$$

于是可得 B、D 两组煤样受水作用的损伤率演化方程：

$$D_B{}'(\omega) = 0.149e^{-0.149\omega} \tag{3-59}$$

$$D_D{}'(\omega) = 0.154e^{-0.154\omega} \tag{3-60}$$

式中，D_B，$D_B{}'$，D_D，$D_D{}'$ 分别表示 B 组、D 组煤样损伤及损伤率。

由式(3-57)、式(3-58)及式(3-59)、式(3-60)可以绘制 B、D 两组煤样受水作用的损伤变化曲线，如图 3-30 所示。

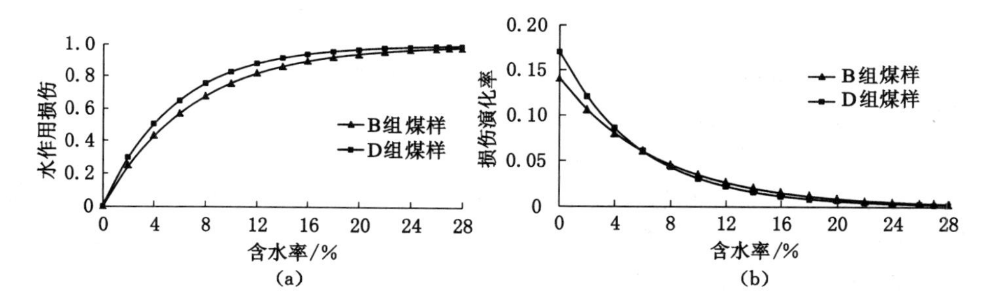

图 3-30 煤样水作用下损伤变化曲线

(a) 损伤与含水率关系；(b) 损伤演化率与含水率关系

由图 3-30 可知：

① 煤样水作用损伤随着含水率的增加而不断上升，含水率较低时上升较快，最后逐渐趋于缓慢，当含水率趋于无穷大时损伤值达到 1。同时，在相同含水率条件下 D 组煤样的损伤始终大于 B 组煤样。

② 煤样水作用损伤演化率随着含水率的增加不断减少，在含水率较低时，煤样损伤率较大，说明吸水初期水的作用对煤样力学性质的影响较大。随着含水率的增加，损伤变化越来越小。在相同含水率状态下，D组煤样损伤变化率也大于B组煤样，说明相同含水率下D组煤样力学性质受水的影响较B组煤样敏感。

4 水作用下类岩试样变形破坏特征实验研究

岩石本身是由粒径不一的矿物颗粒按照一定的方式结合而成的，因此，矿物颗粒的性质也必然会影响岩石的力学性质。S. K. Singh[169]研究发现砂岩的单轴抗压强度和疲劳强度与粒径均呈反比，且随着粒径的增加，岩石的疲劳强度呈直线下降，而其单轴抗压强度下降速度更快。卫宏等[170]研究了大同燕子山煤层顶板岩石粒度分布的分形特征及其与岩石强度的关系，发现岩石的粒度分布是影响其强度的重要因素，并分析了分形维数对岩石强度的影响。樊光明等[171]研究发现：① 粒度是控制岩石流变性质的重要因素之一，粒度越粗，岩石黏度越高；② 粒状矿物含量与基质的比值越低，粒度对岩石流变性质的影响就越小，反之则越大；③ 岩石的粒度差异对韧性剪切带的发育程度有着重要影响，粒度越细，韧性剪切带中有限应变越大。A. M. Grabiec 等[172]研究了骨粒类型和大小对高强度水泥强度的影响，得到了最经济且高强度的水泥骨粒粒径值。M. Haftani 等[173]研究了石灰岩粒径对其单轴抗压强度的影响，均得到了与 S. K. Singh 类似的结果。F. Saidi 等[174]研究了不同粒径分布条件下弱胶结颗粒岩石的力学性质，E. Eberhardt 等学者[175]分析了粒径对岩石裂隙生成和传播的应力阈值的影响，亦有学者研究了不同粒径条件下花岗岩质岩石的热膨胀性质。

目前，国内外专门针对岩石粒径对其力学性质、破坏过程及破坏形式影响的研究工作相对较少，S. K. Singh[169]所做实验也仅仅考虑了三种不同粒径，且研究内容基本集中于某一类特定岩石，不具有普遍规律，因而在现场应用及推广有相当的局限性。

4.1 类岩试样吸水性实验

为了掌握试样含水率随吸水时间的变化规律，进而选择合适的浸水时间以准备所需的含水率试样，为研究水作用下类岩样单轴压缩及声发射特征奠定基础，不同粒径试样含水率随吸水时间的变化规律见图 4-1。不同粒径试样吸水性实验结果见表 4-1。

表 4-1 试样吸水性实验结果

浸水时间/h	试样含水率/%				平均含水率/%	试样含水率/%				平均含水率/%
	A1	A2	A3	A4		B1	B2	B3	B4	
0	0	0	0	0	0	0	0	0	0	0
1	0.27	0.26	0.26	0.27	0.26	0.20	0.27	0.20	0.20	0.22
4	0.54	0.58	0.71	0.67	0.62	0.65	0.66	0.74	0.67	0.68
8	0.95	1.21	1.28	1.01	1.11	1.24	1.26	1.54	1.53	1.39
18	1.90	2.94	2.88	2.22	2.49	3.14	2.78	3.42	3.27	3.15
30	3.11	4.86	4.55	3.50	4.01	4.51	4.23	5.16	5.93	4.96
42	4.61	6.91	5.83	5.12	5.62	6.34	5.89	7.03	9.13	7.10
56	5.96	8.31	8.78	5.99	7.26	7.71	7.01	8.17	10.33	8.31
72	8.47	8.95	10.06	8.01	8.87	9.54	8.33	9.38	10.47	9.43
90	8.74	9.27	10.26	9.29	9.39	10.39	8.99	10.25	10.60	10.06
115	8.94	9.46	10.51	9.49	9.60	10.52	9.19	10.45	10.73	10.22
140	9.01	9.40	10.51	9.56	9.62	10.65	9.33	10.52	10.93	10.36
165	9.08	9.59	10.64	9.63	9.73	10.71	9.39	10.52	10.93	10.39
浸水时间/h	试样含水率/%				平均含水率/%	试样含水率/%				平均含水率/%
	C1	C2	C3	C4		D1	D2	D3	D4	
0	0	0	0	0	0	0	0	0	0	0
1	0.27	0.26	0.34	0.27	0.28	0.35	0.35	0.56	0.32	0.39
4	0.73	0.91	0.67	0.82	0.78	0.77	1.24	1.11	0.96	1.02
8	1.59	1.82	1.35	1.57	1.58	1.68	2.28	2.01	2.05	2.01
18	3.52	3.89	2.70	3.27	3.35	3.42	5.12	4.44	3.85	4.21
30	5.51	5.39	4.38	4.71	5.00	5.38	7.19	6.88	5.51	6.24
42	7.70	6.94	7.35	5.93	6.98	7.68	10.10	9.72	7.95	8.86
56	9.76	8.18	10.38	6.96	8.82	9.50	12.17	11.74	9.74	10.79
72	10.69	9.60	12.07	8.39	10.19	10.68	13.21	13.06	12.37	12.33
90	11.69	10.64	12.21	9.62	11.04	12.22	14.45	14.44	13.01	13.53
115	12.15	10.90	12.41	11.19	11.66	14.66	15.84	14.79	13.21	14.62
140	12.28	11.10	12.54	11.94	11.97	15.08	16.18	15.21	13.33	14.95
165	12.42	11.10	12.61	12.01	12.03	15.36	16.25	15.35	13.40	15.09

A、B、C、D 四组试样的最大平均含水率分别为 9.73%、10.39%、12.03%、15.09%。表 4-2 为试样平均粒径及最大含水率对应表。由表 4-1 可知，试样近饱和含水率随着粒径的增加而降低。

表 4-2　　　　试样平均粒径及最大含水率对应表

	A	B	C	D
平均粒径/mm	1.807	1.309	0.799	0.445
最大含水率/%	9.73	10.39	12.03	15.09

由图 4-1 可知，四组岩石试样含水率随吸水时间的变化规律表现出类似的特点，且试样含水率与浸水时间满足特定的函数关系。A、B、C、D 四组试样含水率与吸水时间的拟合函数见式(4-1)至式(4-4)。试样含水率随吸水时间的变化规律大致可分为三个阶段：含水率快速增长阶段、含水率缓慢增长阶段、含水率恒定阶段。四组不同粒径试样含水率随时间变化规律均表现为：在吸水初期的 0～55 h 内，试样吸水率增加最快且增速较为稳定；在吸水中期，即 55～114 h，试样含水率持续增加，但增速逐渐放缓；114 h 后，试样吸水进入第Ⅲ阶段，此时试样含水率已基本保持不变，达到近似饱和状态。为了研究相同含水率条件下粒径对试样力学性质的影响，同时考虑到 A 组试样的最大含水率仅为9.73%，本次实验所选取的四种岩石含水率为 0,3%,6%和 9%。根据含水率随吸水时间的变化曲线及其拟合函数[式(4-1)至式(4-4)]可确定单轴压缩不同含水率试样吸水时间点，如表 4-3 所示。

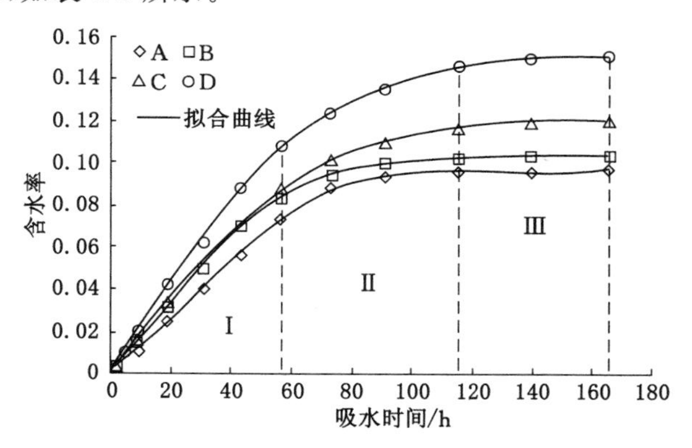

图 4-1　试样含水率随吸水时间变化规律

Ⅰ——含水率快速增长阶段；Ⅱ——含水率缓慢增长阶段；Ⅲ——含水率恒定阶段

$$\omega_A = 10^{-6}t^3 - 0.001t^2 + 0.1801t - 0.2227 \quad R^2 = 0.994 \qquad (4\text{-}1)$$

$$\omega_B = 4\times10^{-6}t^3 - 0.0016t^2 + 0.2296t - 0.2852 \quad R^2 = 0.998 \tag{4-2}$$

$$\omega_C = 2\times10^{-6}t^3 - 0.0012t^2 + 0.2168t - 0.119 \quad R^2 = 0.998 \tag{4-3}$$

$$\omega_D = 3\times10^{-6}t^3 - 0.0015t^2 + 0.2644t - 0.0531 \quad R^2 = 0.999 \tag{4-4}$$

式中，ω_A，ω_B，ω_C，ω_D 分别表示 A、B、C、D 四组试样的含水率；t 为吸水时间，h；R 为拟合相关系数。

表 4-3　　　　试样吸水时间点

	A			B			C			D		
含水率/%	3	6	9	3	6	9	3	6	9	3	6	9
时间/h	20.1	45.5	75.3	16.0	35.3	65.3	15.7	34.4	60.0	12.4	26.7	44.5

通过试样吸水性实验得到的四组不同粒径试样含水率随吸水时间的变化规律发现，试样的最大吸水率及吸水速度随着粒径的增加而降低。所获得试样含水率与吸水时间的拟合函数为得到所需含水率试样提供了方便与依据，从而为进一步探究水对不同粒径岩石力学性质的影响研究奠定了基础。

4.2　水对不同粒径类岩试样力学性质的影响

4.2.1　不同含水率试样全应力—应变曲线

单轴压缩下试样的全应力—应变曲线反映试样受力后的力学特性，其中包括弹性模量、峰值强度、峰值应变等力学参数。为了研究不同粒径条件下含水率对试样力学性质的影响，将 A、B、C、D 四组试样根据其含水率的不同划分为四组，其中 A1、A2、A3、A4 一组，以此类推。根据实验结果，图 4-2 给出了四组不同含水率试样的应力—应变关系曲线。

由图 4-2 可以看出，含水率对不同粒径岩石的整个变形破坏过程产生的影响具有较为一致的特征。其中，四种不同粒径条件下干燥试样的强度均最大，含水率越大的试样峰值强度越高，而峰值应变却越低。峰值强度的降低可能是由于水与试样内部的亲水物质发生物理化学作用，使得颗粒间的黏结力下降，此外，水也充当了类似于润滑剂的作用，进一步弱化颗粒间黏结力。峰值应变的上升也主要由两方面的原因造成：一方面是岩石中的水削弱其弹性模量，另一方面是含水率的增长使得岩石裂隙闭合压密变形阶段的应变率增大，线弹性阶段的应变量逐渐减小。应力—应变曲线另一个值得注意的特点是，随着含水率的增加，应力—应变曲线由峰前过渡至峰后阶段的曲率半径也逐渐增大，说明水对试

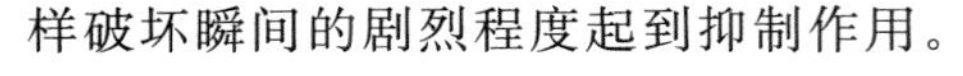

样破坏瞬间的剧烈程度起到抑制作用。

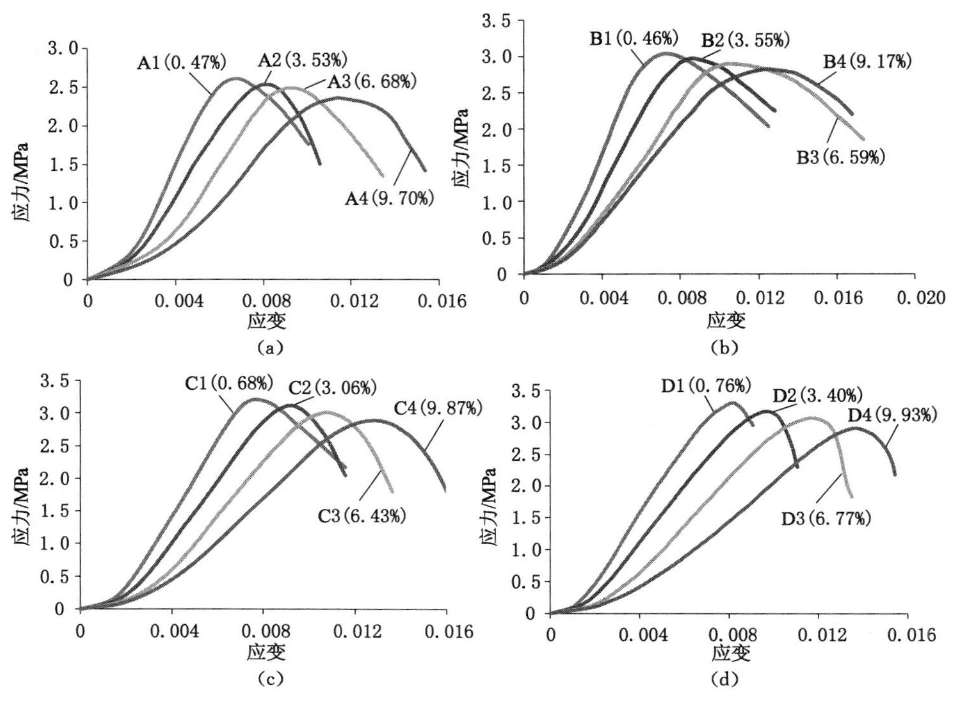

图 4-2　不同含水率试样应力—应变关系曲线

(a) A 组试样(粒径 1.807 mm);(b) B 组试样(粒径 1.309 mm);

(c) C 组试样(粒径 0.799 mm);(d) D 组试样(粒径 0.445 mm)

4.2.2　水对不同粒径岩石弱化规律

岩石的抗压强度、弹性模量、峰值应变等是表征岩石力学性质的重要参数,是岩石力学与工程设计分析的重要依据。岩石抗压强度,即应力—应变曲线峰值反映岩石的强度特征。弹性模量是指岩石在弹性变形阶段,反映其应力与应变关系的比例系数。取应力值位于 1.5±0.4 MPa 范围内的应变数据,直线的方程可由最小二乘法计算,岩石的弹性模量即表现为该斜线的斜率。岩石应力—应变曲线峰值位置对应的应变值即为峰值应变,其值是由岩石弹性模量及裂隙压密阶段应变值共同决定的,其值越小,说明岩石弹性模量越大,裂隙压密阶段应变值越小。A、B、C、D 四组试样的弹性模量、单轴抗压强度、峰值应变如表 4-4 所示。表 4-5 列出了含水试样各力学参数与干燥试样的比值及粒径较大试样各力学参数与最小粒径试样的比值。

表 4-4 试样力学参数

编号	抗压强度/MPa	峰值应变	弹性模量/MPa	含水率/%	平均粒径/mm
A1	2.60	0.006 80	659.55	0.47	1.807
A2	2.54	0.008 17	510.64	3.53	1.807
A3	2.46	0.009 56	451.35	6.68	1.807
A4	2.37	0.011 43	348.73	9.7	1.807
B1	3.03	0.007 30	615.08	0.46	1.309
B2	2.98	0.008 64	549.37	3.55	1.309
B3	2.90	0.010 48	358.10	6.59	1.309
B4	2.82	0.012 45	337.23	9.17	1.309
C1	3.21	0.007 65	562.49	0.68	0.799
C2	3.12	0.009 15	469.24	3.06	0.799
C3	3.01	0.010 77	439.82	6.43	0.799
C4	2.88	0.012 83	342.64	9.87	0.799
D1	3.31	0.008 14	587.03	0.76	0.445
D2	3.18	0.010 20	448.67	3.4	0.445
D3	3.06	0.011 71	397.38	6.77	0.445
D4	2.91	0.014 20	289.27	9.93	0.445

表 4-5 含水试样力学参数与对应干燥试样比值

编号	单轴抗压强度	峰值应变	弹性模量	不同含水率	单轴抗压强度	峰值应变	弹性模量
A1	1.00	1.00	1.00	A1	0.79	0.84	1.12
A2	0.98	1.20	0.77	B1	0.92	0.90	1.05
A3	0.95	1.41	0.68	C1	0.97	0.94	0.96
A4	0.91	1.68	0.53	D1	1.00	1.00	1.00
B1	1.00	1.00	1.00	A2	0.80	0.80	1.14
B2	0.98	1.18	0.89	B2	0.94	0.85	1.22
B3	0.96	1.44	0.58	C2	0.98	0.90	1.05
B4	0.93	1.71	0.55	D2	1.00	1.00	1.00
C1	1.00	1.00	1.00	A3	0.80	0.82	1.14
C2	0.97	1.20	0.83	B3	0.95	0.89	0.90
C3	0.94	1.41	0.78	C3	0.98	0.92	1.11

续表 4-5

编号	单轴抗压强度	峰值应变	弹性模量	不同含水率	单轴抗压强度	峰值应变	弹性模量
C4	0.90	1.68	0.61	D3	1.00	1.00	1.00
D1	1.00	1.00	1.00	A4	0.81	0.80	1.21
D2	0.96	1.25	0.76	B4	0.97	0.88	1.17
D3	0.92	1.44	0.68	C4	0.99	0.90	1.18
D4	0.88	1.74	0.49	D4	1.00	1.00	1.00

图 4-3 至图 4-5 为四组不同粒径试样的弹性模量、单轴抗压强度及峰值应变随含水率的变化曲线和拟合曲线。

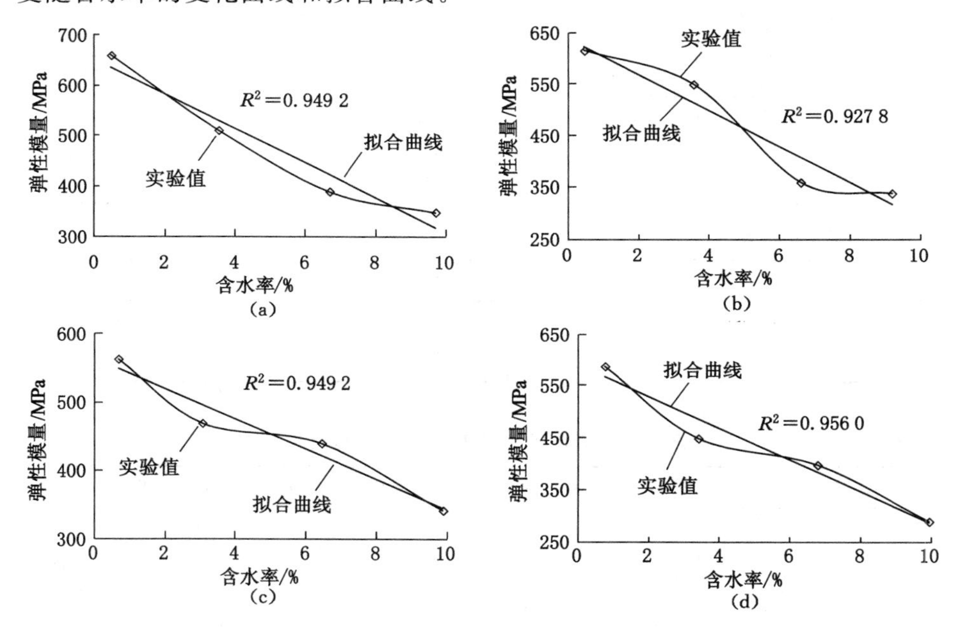

图 4-3　试样弹性模量与含水率关系曲线

(a) A 组试样(粒径 1.807 mm);(b) B 组试样(粒径 1.309 mm);

(c) C 组试样(粒径 0.799 mm);(d) D 组试样(粒径 0.445 mm)

由图 4-3 结合表 4-4 可知,四组不同粒径试样的弹性模量与含水率均满足负线性关系,即式(4-5)。其中,A 组试样弹性模量共下降 47.13%,B 组试样共下降 45.18%,C 组试样共下降 39.09%,D 组试样共下降 50.72%。造成这一现象的原因主要是试样吸水后塑性增强、脆性减弱。

$$E = E_0 - a\omega \tag{4-5}$$

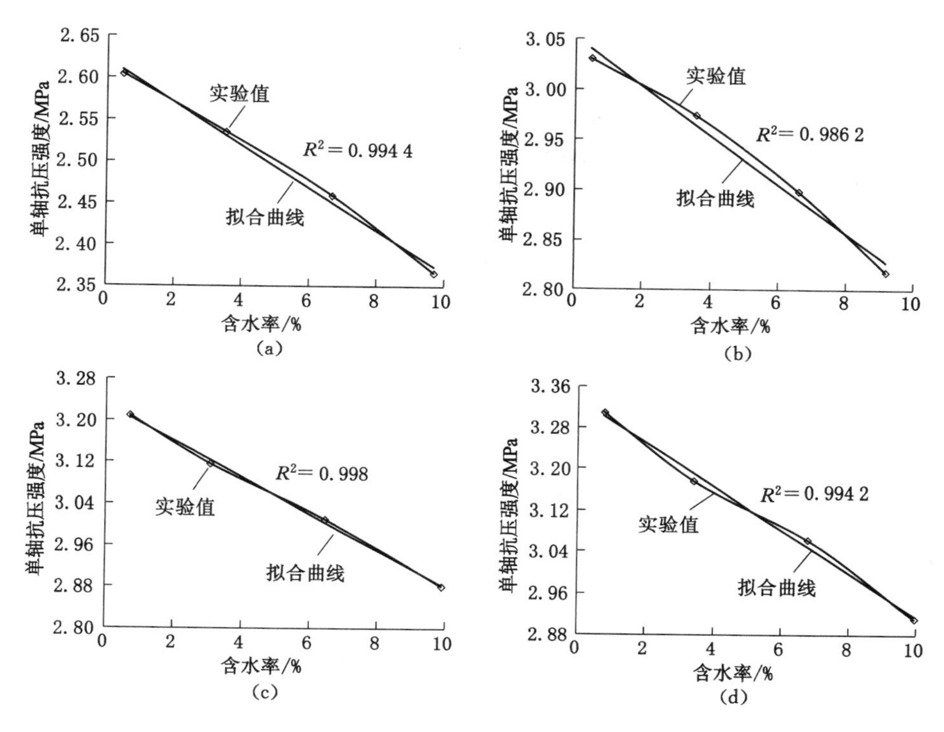

图 4-4　试样单轴抗压强度与含水率关系曲线

(a) A 组试样(粒径 1.807 mm);(b) B 组试样(粒径 1.309 mm);

(c) C 组试样(粒径 0.799 mm);(d) D 组试样(粒径 0.445 mm)

式中,E 为试样弹性模量,MPa;ω 为试样含水率,%;E_0,a 为常数。

表 4-6 列出了四组不同含水率试样的 E_0,a 系数。

由图 4-4 和表 4-4 可知,四组不同粒径试样的单轴抗压强度与含水率同样满足负线性关系式(4-6)。A 组试样单轴抗压强度由 2.60 MPa 下降到 2.37 MPa,降低约 8.85%;B 组试样由 3.03 MPa 下降到 2.82 MPa,降低约 6.93%;C 组试样由 3.21 MPa 下降到 2.88 MPa,降低约 10.28%;D 组试样由 3.31 MPa 下降到 2.91 MPa,降低约 12.08%。水对试样单轴抗压强度造成的削弱作用一方面可以归结为水对试样内部某些物质的物理化学作用,使试样组成颗粒间的黏结力减小,另一方面可归结为水在试样受压破坏过程中充当了类似润滑剂的作用,使颗粒接触面的摩擦系数降低,这两者因素交互作用使试样强度降低。

$$\sigma = \sigma_0 - b\omega \tag{4-6}$$

式中,σ 为试样单轴抗压强度,MPa;ω 为试样含水率,%;σ_0,b 为常数。

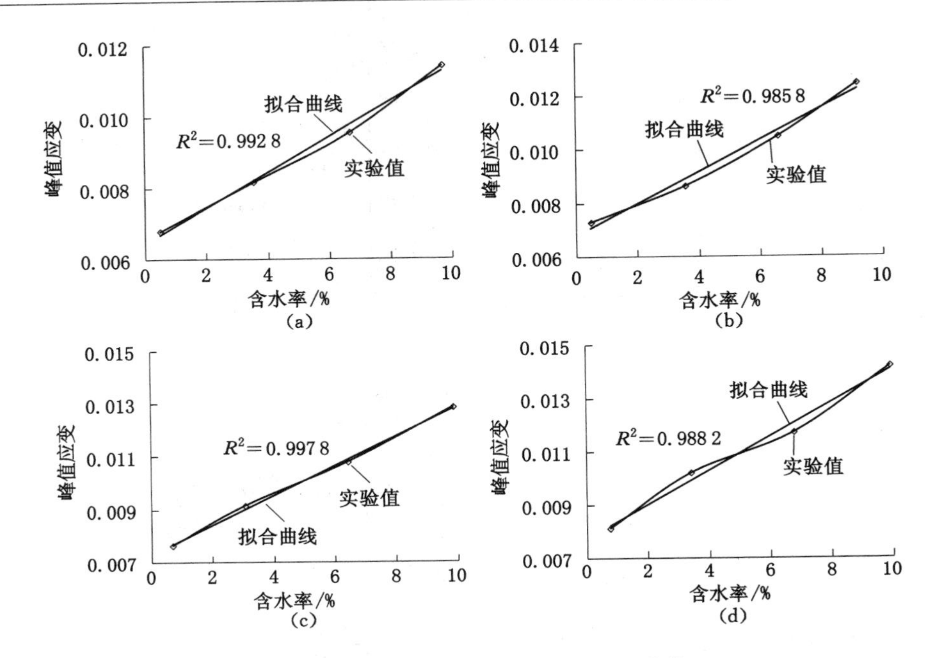

图 4-5 试样峰值应变与含水率关系曲线

(a) A 组试样(粒径 1.807 mm);(b) B 组试样(粒径 1.309 mm);
(c) C 组试样(粒径 0.799 mm);(d) D 组试样(粒径 0.445 mm)

表 4-6 **弹性模量与含水率关系系数值**

系数	组号			
	A	B	C	D
E_0	651.3	639.66	563.84	588.57
a	34.21	35.35	22.01	30.29

表 4-7 列出了四组不同含水率试样的 σ_0,b 系数。

表 4-7 **单轴抗压强度与含水率关系系数值**

系数	组号			
	A	B	C	D
σ_0	2.622	3.051 3	3.231 1	3.335 1
b	0.025 6	0.024 4	0.035 2	0.042 1

由表 4-4 结合图 4-5 不难发现，四组不同粒径试样的峰值应变与含水率基本满足正线性关系式(4-7)。A、B、C、D 四组试样峰值应变分别增长68.09%、70.55%、67.71%和 74.45%。其中，峰值应变主要由三部分组成，包括试样裂隙闭合压密阶段应变、试样弹性变形阶段应变及试样屈服后至峰值强度阶段应变。随着含水率的增加，试样裂隙闭合压密阶段的应变量增加，弹性模量降低，峰前过渡至峰后阶段曲率半径增大；而弹性模量的降低和峰前过渡至峰后阶段曲率半径的增大又引起试样弹性变形及屈服后至峰值强度阶段应变量的增加，这些因素均导致峰值应变的增大。引起这些现象的根本原因主要是试样中的水使其塑性增强、脆性减弱，并最终对试样破坏剧烈程度起到抑制作用。

$$\xi = \xi_0 - c\omega \tag{4-7}$$

式中，ξ 为试样峰值应变，为无量纲参数；ω 为试样含水率，%；ξ_0，c 为常数。

表 4-8 列出了四组不同含水率试样的 ξ_0，c 系数。

表 4-8　　峰值应变与含水率关系系数值

系数	组号			
	A	B	C	D
ξ_0	0.006 5	0.006 8	0.007 3	0.007 7
c	0.000 5	0.000 6	0.000 6	0.000 6

为了研究不同粒径试样弹性模量、单轴抗压强度及峰值应变对含水率的敏感性，图 4-6 分别绘制了 a、b、c 值与粒径之间的关系曲线。

由图 4-6 可知，a 值与试样粒径之间并未发现明显的变化规律，不同粒径试样的弹性模量对含水率的敏感性并未表现出明显的特征，粒径越大，敏感性似乎有略微增大的趋势。随着粒径的增加，b 值先呈近似线性下降，说明随着粒径的增加，含水率对试样单轴抗压强度的影响程度逐渐减弱，当粒径增长到约 1.4 mm 时，b 值保持相对稳定，表明此时含水率对试样单轴抗压强度的影响程度已逐渐保持稳定。粒径的增大对 c 值的影响并不明显，其值稳定在 0.000 6 左右，说明含水率对不同粒径试样峰值应变的影响一直保持在相对稳定的水平，粒径对敏感性的影响较小。

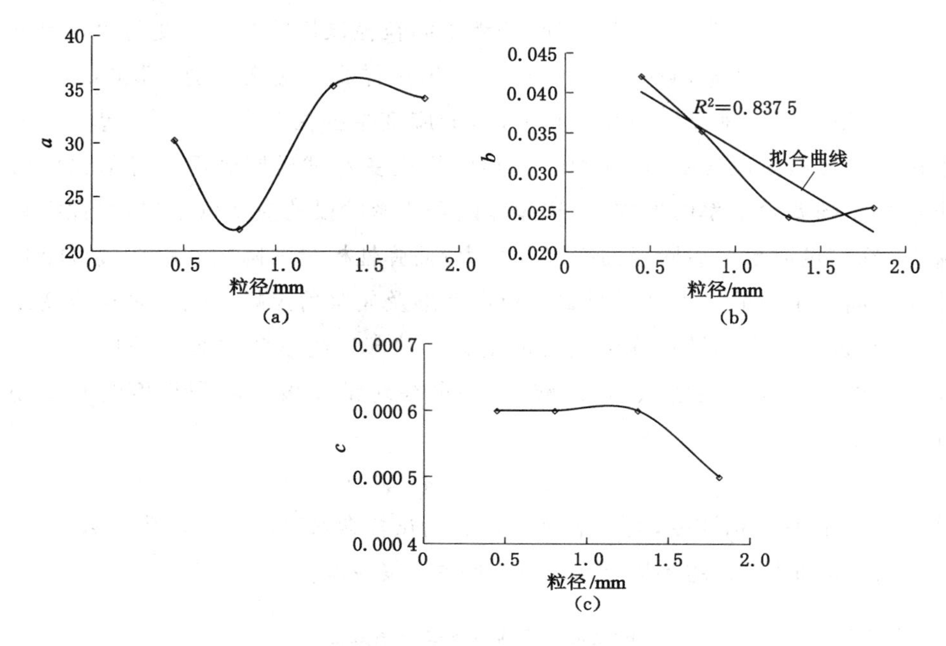

图 4-6 各参数与粒径的关系

(a) 系数 a;(b) 系数 b;(c) 系数 c

4.3 粒径对不同含水率类岩试样力学性质的影响

4.3.1 不同粒径试样全应力—应变曲线

为了研究不同含水率条件下粒径对试样力学性质的影响,将 A、B、C、D 四组试样根据其粒径的不同划分为四组,其中 A1、B1、C1、D1 一组,以此类推。根据实验结果,图 4-7 绘制了四组不同粒径试样的应力—应变关系曲线。

由图 4-7 可以看出,粒径对不同含水率试样应力—应变曲线的影响同样具有相似性。四组应力—应变曲线中,粒径最小的试样,即 D 组试样,峰值强度最高。随着粒径的增大,峰值强度逐渐降低。这可能是由于组成试样的颗粒数量造成的,在相同的体积下,粒径与颗粒数量呈反比,试样粒径越小,其所包含颗粒就越多,对其产生破坏时所需克服的颗粒间黏结力就越大。此外,相对大粒径试样而言,粒径小的试样具有更高的颗粒致密程度,当有颗粒发生破坏能错动空间也就更小,因而更不易发生破坏。峰值应变与粒径的关系与峰值强度类似,粒径越小,峰值应变越大,这主要是粒径较小试样强度较大且弹性模量较小的共同结果。就弹性模量而言,随着粒径增大,试样的弹性模量略微有所上升,说明粒径

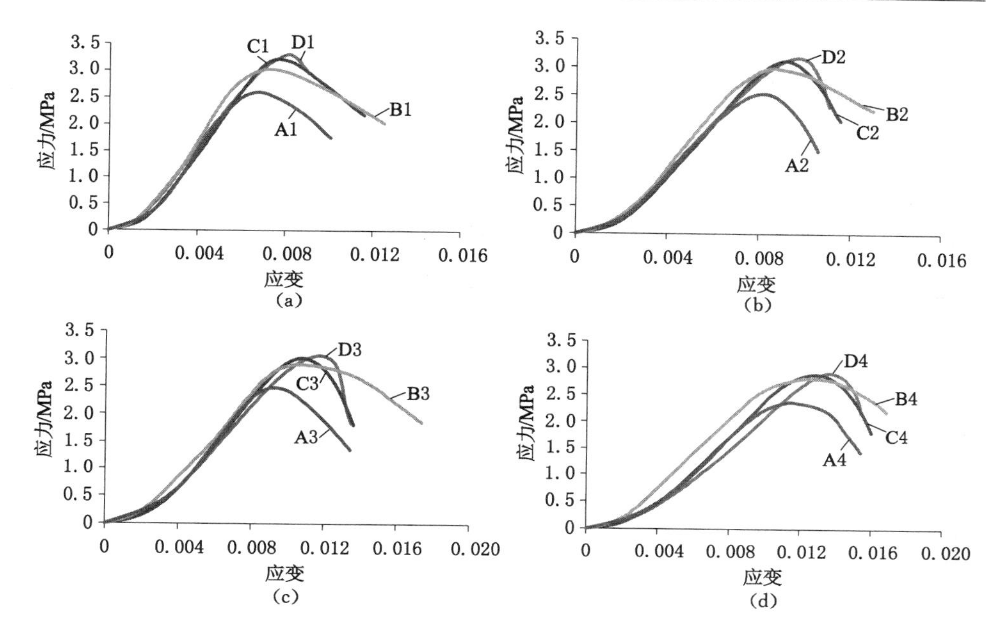

图 4-7 粒径与不同含水率试样应力—应变关系曲线

(a) Ⅰ组试样(含水率约 0);(b) Ⅱ组试样(含水率约 3%);
(c) Ⅲ组试样(含水率约 6%);(d) Ⅳ组试样(含水率约 9%)

增大从一定程度上可提高试样的脆性。尽管如此,粒径的增大却削弱试样破坏瞬间的剧烈程度,具体表现在随着粒径的增加,试样屈服至峰后阶段的应力—应变曲线曲率半径的增大。试样破坏瞬间的剧烈程度主要取决于试样单轴压缩过程中所积聚的弹性能,由应力—应变曲线可知粒径小的试样所积聚的弹性能较高,因而破坏也越剧烈。

4.3.2 弹性模量、单轴抗压强度及峰值应变变化规律

为了研究不同含水率条件下粒径对试样力学性质的影响,本书同样选取了四组不同含水率试样的弹性模量、单轴抗压强度及峰值应变共三个参数,分别研究它们与粒径的关系,具体如图 4-8 至图 4-12 所示。

如图 4-8 所示,四组不同含水率试样的弹性模量与其粒径基本满足近似正线性相关关系,即式(3-8)。在相同的粒径增量下,Ⅰ、Ⅱ、Ⅲ、Ⅳ组试样弹性模量分别提高12.35%、13.81%、13.58%和 20.55%,最大弹性模量分别为659.55 MPa、510.64 MPa、451.35 MPa 和 348.73 MPa。弹性模量的增大主要是由于试样粒径增大的同时增强了试样的脆性,使试样的应变率降低。

$$E = E' + \alpha\lambda \tag{4-8}$$

式中，E 为试样弹性模量，MPa；λ 为试样粒径，mm；E'，α 为常数。

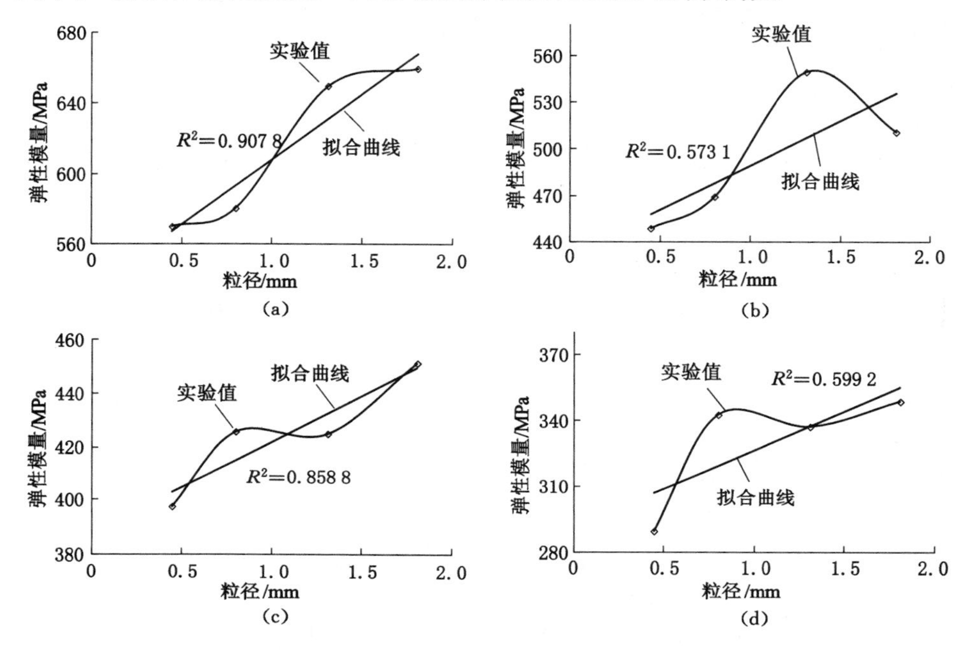

图 4-8 试样弹性模量与粒径关系曲线

(a) Ⅰ组试样（含水率约 0）；(b) Ⅱ组试样（含水率约 3%）；

(c) Ⅲ组试样（含水率约 6%）；(d) Ⅳ组试样（含水率约 9%）

表 4-9 列出了四组不同粒径试样的 E'，α 系数。

表 4-9　　弹性模量与粒径关系系数值

系数	组号			
	Ⅰ	Ⅱ	Ⅲ	Ⅳ
E'	534.24	432.43	387.46	290.9
α	73.978	56.929	34.318	35.387

从图 4-9 可以发现不同含水率试样的单轴抗压强度与粒径呈反比例关系，具体关系见式(4-9)。当试样粒径由 0.445 mm 上升到 1.807 mm 时，Ⅰ、Ⅱ、Ⅲ、Ⅳ四组试样单轴抗压强度分别下降 21.45%、20.13%、19.61%和18.56%，达到 2.60 MPa、2.54 MPa、2.46 MPa、2.37 MPa。在相同的试样体积下，颗粒粒径越小，数量就越多，破坏试样所需破坏的颗粒间黏结力就越大。除此之外，小粒

径的试样颗粒致密程度远高于大粒径试样，当试样内部有颗粒发生破坏时，其能发生错动位移的空间也远小于大粒径试样，破坏因而也就越难发生。

$$\sigma=\frac{\beta}{\lambda+\mu}+\eta \tag{4-9}$$

式中，σ 为单轴抗压强度，MPa；λ 为试样粒径，mm；β,μ,η 为常数。

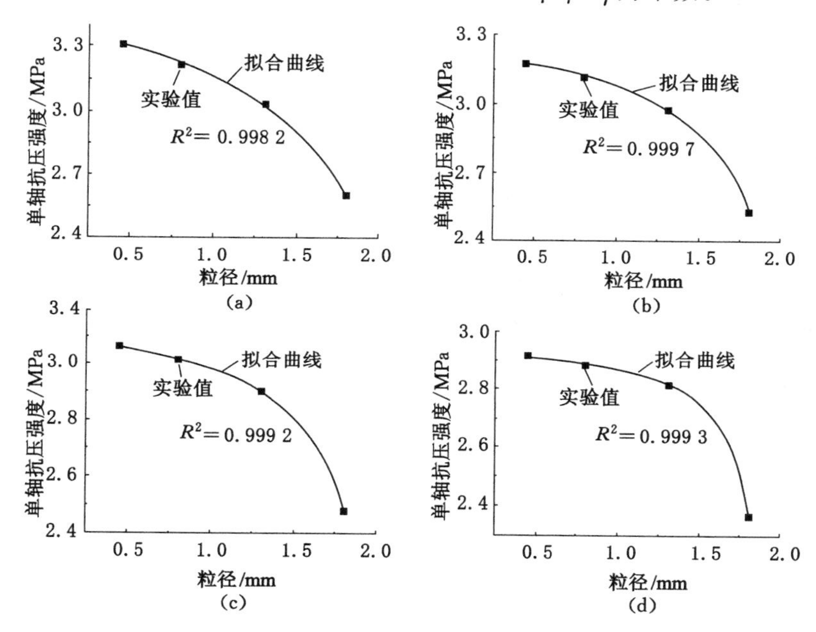

图 4-9 试样单轴抗压强度与粒径关系曲线

(a) Ⅰ组试样(含水率约 0)；(b) Ⅱ组试样(含水率约 3%)；
(c) Ⅲ组试样(含水率约 6%)；(d) Ⅳ组试样(含水率约 9%)

表 4-10 列出了四组不同粒径试样的 β,μ,η 系数。

表 4-10 单轴抗压强度与粒径关系系数值

系数	组号			
	Ⅰ	Ⅱ	Ⅲ	Ⅳ
β	0.930 54	0.421 69	0.293 68	0.111 63
μ	−2.635 6	−2.293 99	−2.199 47	−1.988 5
η	3.727 85	3.401 71	3.227 13	2.981 16

由图 4-10 可知，四组不同含水率试样的峰值应变与其粒径满足负线性相关

关系,关系式见式(4-10)。其中,Ⅰ、Ⅱ、Ⅲ、Ⅳ组试样峰值应变分别降低16.46%、19.90%、18.36%和19.51%,峰值应变最小的A组试样的峰值应变仅为0.006 80、0.008 17、0.009 56和0.011 43。因此,峰值强度的大小在很大程度上决定峰值应变的大小,D组试样峰值强度最高,随着粒径的增加,峰值强度逐渐降低,而且粒径越小的试样弹性模量也同样越小,引起单位应变所需的应力值也就越大,两者因素共同影响决定峰值强度随粒径的增大而减小的趋势。

$$\xi = \xi' - \gamma\lambda \tag{4-10}$$

式中,ξ为试样峰值应变,为无量纲参数;λ为试样粒径,mm;ξ',γ为常数。

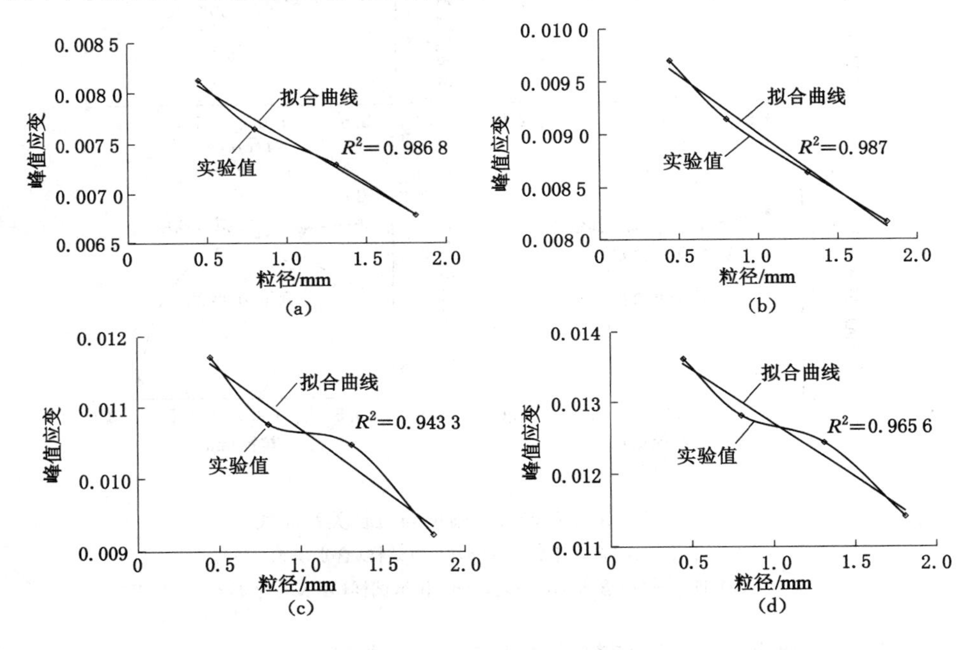

图 4-10 试样峰值应变与粒径关系曲线

(a) Ⅰ组试样(含水率约0);(b) Ⅱ组试样(含水率约3%);

(c) Ⅲ组试样(含水率约6%);(d) Ⅳ组试样(含水率约9%)

表4-11列出了四组不同含水率试样的ξ',γ系数。

表 4-11 峰值应变与粒径关系系数值

系数	组号			
	Ⅰ	Ⅱ	Ⅲ	Ⅳ
ξ'	0.008 5	0.010 1	0.012 4	0.014 2
γ	0.000 9	0.001 1	0.001 7	0.001 5

为了研究不同含水率试样弹性模量、单轴抗压强度及峰值应变对其粒径的敏感性，分别绘制了 α，β，γ 值随粒径的变化曲线，其中，单轴抗压强度和粒径关系式中的 μ 和 η 仅决定曲线沿 X，Y 轴的移动，对曲线形态并无影响，因此未加入讨论范围。具体关系如图 4-11 所示。

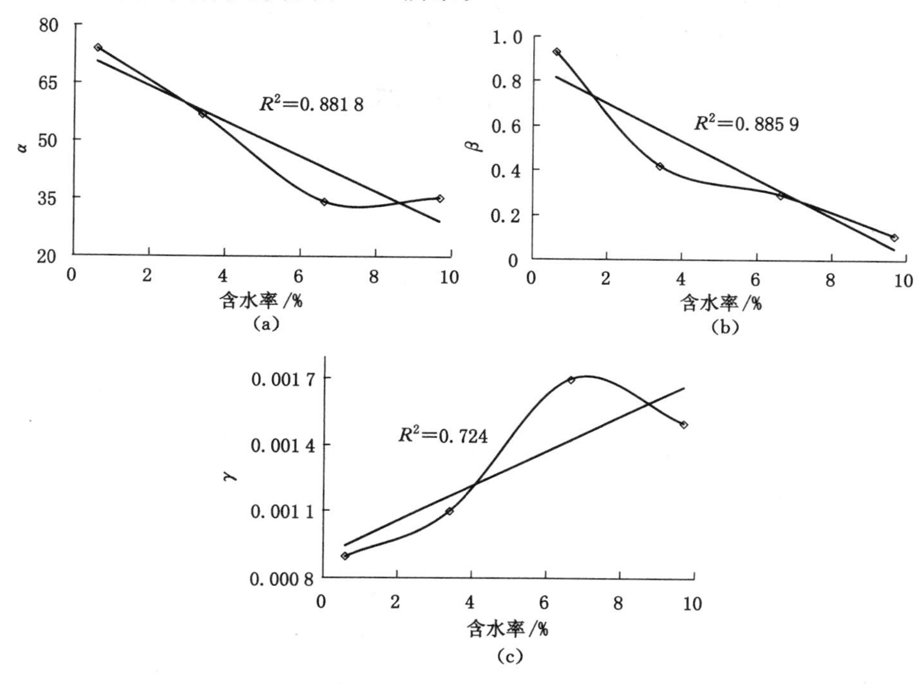

图 4-11　各参数与含水率的关系

(a) 参数 α；(b) 参数 β；(c) 参数 γ

从图 4-11 可以看出，参数 α，β，γ 的值和含水率均呈近似线性相关关系，其中，α，β 与含水率负线性相关，而 γ 和含水率正线性相关。α 值的降低说明随着含水率的上升，试样弹性模量对其粒径的敏感度逐渐减弱。同样，γ 的递增说明含水率越高的试样的峰值应变对其粒径的敏感度也越大。虽然 β 也与含水率呈负线性相关，但 β 区别于 α 和 γ 在于试样的峰值强度和粒径的反比关系。β 值的大小与曲线的曲率半径呈正比。在相同的粒径增量下，β 值较大的曲线的峰值强度下降较为均匀；而 β 值较小的曲线起初下降比较缓慢，当粒径继续增大时，试样峰值强度迅速降低。

5 水作用下煤岩样损伤的声发射特征研究

5.1 声发射参数

当岩石受力变形时，其内部原生裂隙和缺陷扩展，新生微破裂不断孕育、萌生、演化、扩展甚至发生断裂，岩石内部贮存的能量以弹性波的形式向外传播，形成声发射信号。通过岩石的声发射信号分析岩石内部状态的变化、反演岩石的破坏机制的方法称为声发射技术。

由于声发射信号具有随机性和各向异性等特点，且信号在传播、收集过程中易受影响，所以选择合理的声发射信号处理方法具有较为重要的意义。目前，声发射信号处理方法主要包括波形分析方法和参数分析方法两大类。

波形分析方法是指通过频谱分析和时频分析等方法分析声发射信号的时域波形特征，进而判断声源的损伤状况。

参数分析方法是指用多个简化波形的基本参数或特征参数表示声发射信号的特征，然后采用合理的理论或适当的数学方法进行分析处理。参数分析方法自 20 世纪 50 年代以来得到广泛的应用，且几乎所有的声发射检测标准对声发射源的判断均采用参数分析方法。

图 5-1 给出了声发射信号简化波形和常用基本参数。

声发射特征参数分别从不同角度表征实验中产生的声发射信号以及整个加载过程中岩样内部的变化过程，常见的声发射参数的含义和用途如表 5-1 所示。

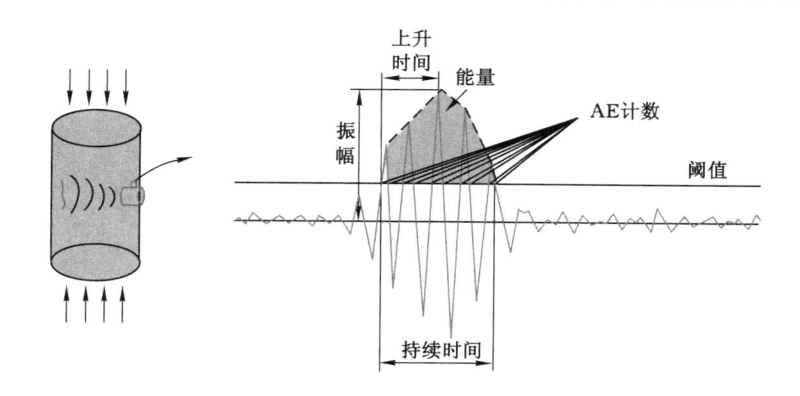

图 5-1　声发射信号简化波形和基本参数

表 5-1　　声发射信号参数表

参数	含义	特点与用途
AE 计数	越过门槛信号的振荡次数,可分为计数和累计计数	信号处理简便,适于两类信号,能粗略反映信号强度和频度
振幅	事件信号波形的最大振幅值,通常用 dB 表示	不受门槛的影响,直接决定事件的可测性,用于波源的类型鉴别,强度及衰减的测量
上升时间	事件信号第一次越过门槛至最大幅值所经历的时间间隔	可用于机电噪声的鉴别
能量	时间信号检波包络线下的面积	反映事件的相对能量或强度
事件	由一个或者几个波击鉴别所得出的声发射事件的个数	反映声发射事件的总能量和频度,用于声发射源的活动性和定位集中度评价
持续时间	事件信号第一次越过阈值到最后将至阈值期间所经历的时间间隔	和振铃计数相似,但常被用于鉴别特殊波源的类型和噪声

5.2　含水砂岩声发射特征分析

5.2.1　声发射计数特征

由于 AE 计数的变化与材料的位错运动、夹杂物以及第二相粒子的剥离和断裂及裂纹扩展所释放的应变能呈比例,故本书采用 AE 计数和累计 AE 计数描述不同含水率条件下泥质粉砂岩的损伤特性。

声发射计数是常用的声发射表征参数，可以反映岩样由于内部裂纹形成、扩展过程中所释放出的能量。声发射计数的高低表示岩样在外部载荷作用下内部损伤程度的大小。泥质粉砂岩单轴压缩条件下声发射计数随时间的变化规律曲线，如图 5-2 所示。

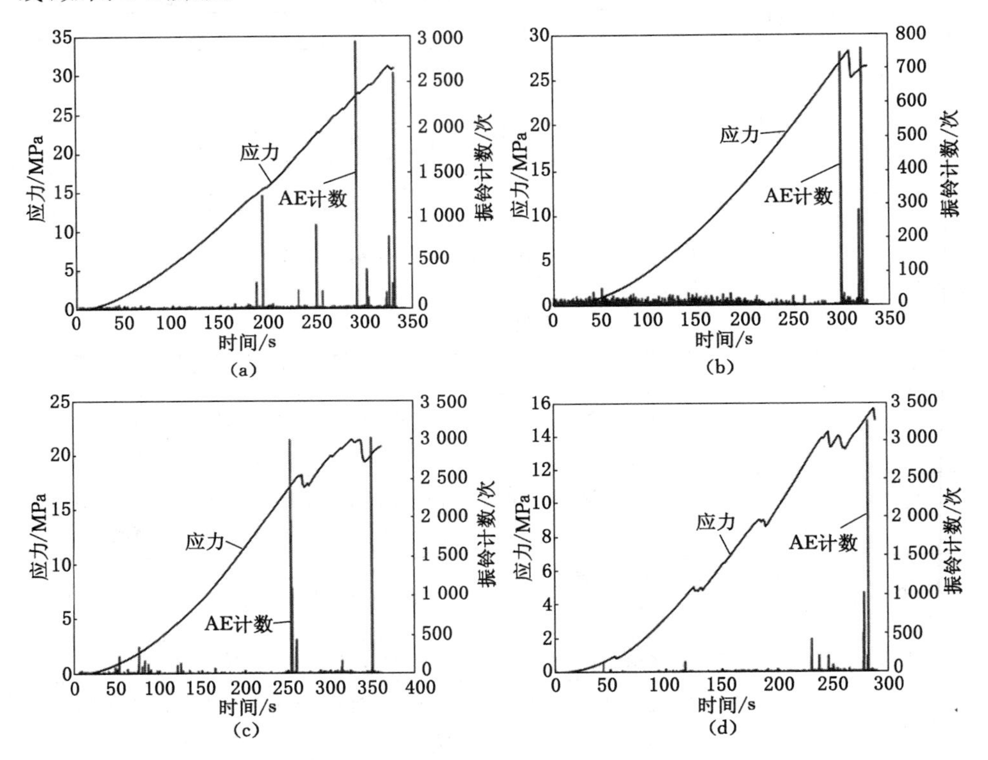

图 5-2　岩石不同含水率下应力、AE 计数与时间关系曲线

(a) 含水率 0；(b) 含水率 0.8%；

(c) 含水率 1.6%；(d) 饱和含水率

由图 5-2 可知，不同含水率泥质粉砂岩试样在变形破坏过程中的声发射计数具有以下规律：

① 在全部泥质粉砂岩单轴压缩过程中均有声发射信号产生，声发射计数最大值均出现在应力峰值附近。但是，不同的含水率岩样在实验结果上也存在着不同之处。

② 干燥岩样在加载初期声发射信号较少、幅值较低且比较稳定，说明实验没有局部受压不均匀引起的部分坍塌或者表面崩落。随着岩样逐渐压密，声发射计数略微减少；进入弹性阶段，声发射计数有所增加，在弹性阶段的波动点出

现声发射计数的突增现象；应力峰值附近出现较频繁和较高的AE计数，与试样破坏基本一致。

③ 含水率0.8%的岩样在加载初期表现为高频率、低幅值的声发射计数现象，与含水率为0的略有不同，这与岩样自身的不均匀性等因素相关；在线弹性阶段，声发射计数逐渐趋于平静；当接近应力峰值时，出现极高的声发射计数，随后岩样发生失稳破坏。

④ 含水率1.6%的泥质粉砂岩试样在加载初期同样表现为高频率、低幅值的声发射计数现象，进入弹性阶段后，声发射现象基本消失；当试件发生应力变化时，声发射现象会伴随发生明显的计数突增现象。

⑤ 饱和含水率岩样在应力降附近出现声发射计数幅值的突增现象，与非饱和含水率岩样的表现相同；由于含水率的增加，试样的应力降附近的突增现象与非饱和含水率岩样相比强度降低，这与水作用后岩样的强度和失稳破坏的剧烈程度降低有关。

⑥ 不同含水率条件下的岩样在单轴压缩过程中均出现声发射计数先突然增大然后呈现一定时间的平静期现象。这说明岩样内部的裂纹形成一定的扩展、贯通之后并不随着应力、应变的增加直接进行更为剧烈的扩展破坏，而是需要一段时间内积蓄一定的能量才能继续扩展，即泥质粉砂岩内部发生微小破裂之后，在完全失稳破坏之前需要达到一个新的平衡，只有当满足新的平衡之后，裂纹的扩展才会继续，最后在应力峰值附近出现较高的声发射计数，说明新的平衡被破坏，岩样内部产生大量裂纹并可以通过试件表面观察到裂纹的快速扩展、贯通现象。

图5-3和图5-4分别为不同含水率泥质粉砂岩累计AE计数—时间与累计AE计数对数—时间关系曲线。因所选岩石是从各含水率条件下的各岩样选出的典型岩样，它们基本能够反映各个含水率条件下岩样在加载过程中的声发射累计AE计数随时间的变化规律。

根据实验所得累计AE计数—时间曲线和累计AE计数对数—时间曲线特征，可以概括地将泥质粉砂岩的单轴压缩过程分为两种类型。

① 迸裂型。迸裂型主要表现为含水率0.8%和含水率1.6%的泥质粉砂岩试样。此类型的累计AE计数—时间曲线表现为在极短时间内以近似垂直的曲线增加，经过短暂的圆滑过渡区表现为近似水平的增长，在试件即将破坏失稳之前会出现小幅度的增长；而累计AE计数对数—时间曲线在岩石破坏失稳之前均表现为上凸的弧形线特征，在接近试件破坏时，声发射计数已近似垂线的方式迅速增长。

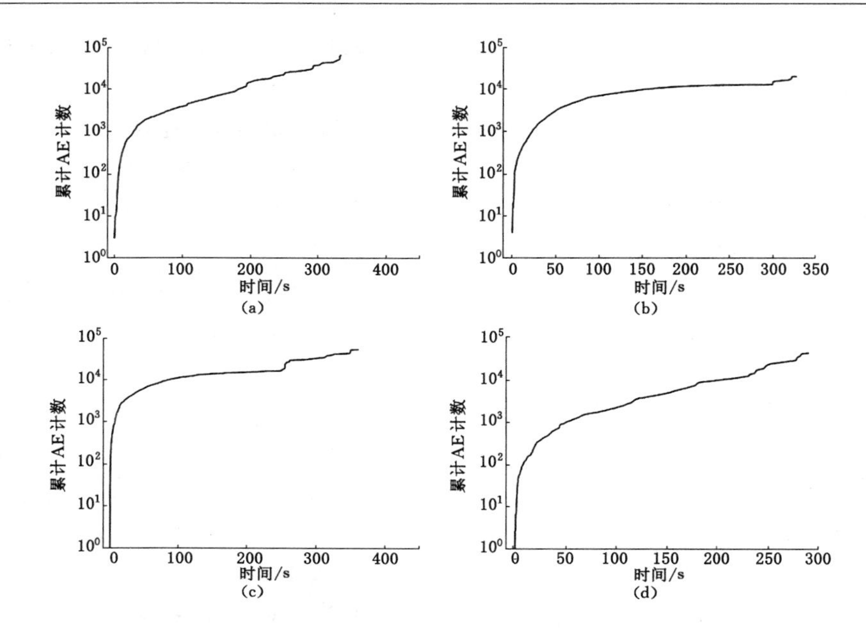

图 5-3　不同含水率岩石累计 AE 计数—时间曲线

(a) 含水率 0;(b) 含水率 0.8%;(c) 含水率 1.6%;(d) 饱和含水率

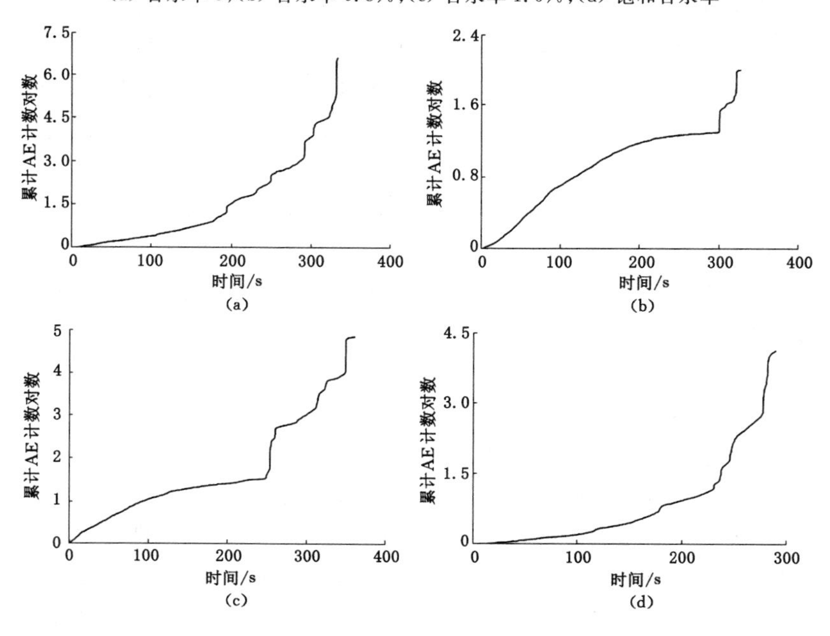

图 5-4　不同含水率岩石累计 AE 计数对数—时间曲线

(a) 含水率 0;(b) 含水率 0.8%;(c) 含水率 1.6%;(d) 饱和含水率

② 稳定型。稳定型主要表现在干燥试样和饱和含水率试样。此类型的累计 AE 计数—时间曲线表现为短时间内声发射计数快速增加，经过圆滑过渡区则以较为稳定的速度增加，直至试件发生破坏；而累计 AE 计数对数—时间曲线整体上呈现为上凹的弧形线特征，初期累计声发射计数增速较小，随着时间的推移，速度不断增加，在接近试件破坏时，声发射计数快速增长，表现为近似垂直增加的趋势。尽管干燥条件下的试样与饱和含水率均为稳定型，但两者又存在一定的不同，主要体现在干燥条件下的累计声发射计数增速明显高于饱和含水率试样，且两者最终的累计声发射计数较大，这与不同含水率条件下的声发射剧烈程度有关。在本次实验过程中岩样浸水过程没有改变试件的原始结构，岩样受水作用的影响，水分子进入试样颗粒间隙削弱了颗粒之间的联结，晶体颗粒强度及晶体颗粒之间的黏结力降低，使岩样在破裂过程中所需要的能量减少，表现为含水率的增加，岩样声发射活性降低。

5.2.2 声发射 *RA* 值和 *b* 值特征

T. Shiotani 等通过岩石弯曲与剪切实验，认为可以通过声发射 *RA* 值（上升时间/幅度）（示意见图 5-5）判定岩石的破坏机制：脆性岩石在破坏时产生的裂纹主要分为张拉裂纹和剪切裂纹，较低 *RA* 值对应剪切裂纹，而较高 *RA* 值对应张拉裂纹[176,177]。

（1）声发射 *RA* 值

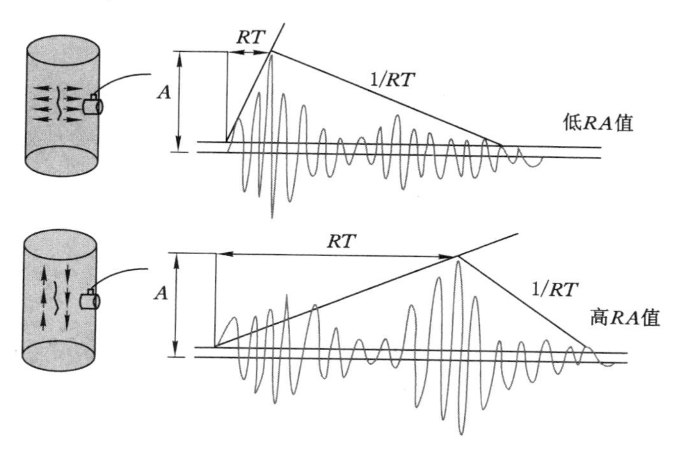

图 5-5 *RA* 值示意图

不同含水率岩样声发射 *RA* 值时程曲线如图 5-6 所示。

不同含水状态下的声发射 *RA* 值具有如下特征：

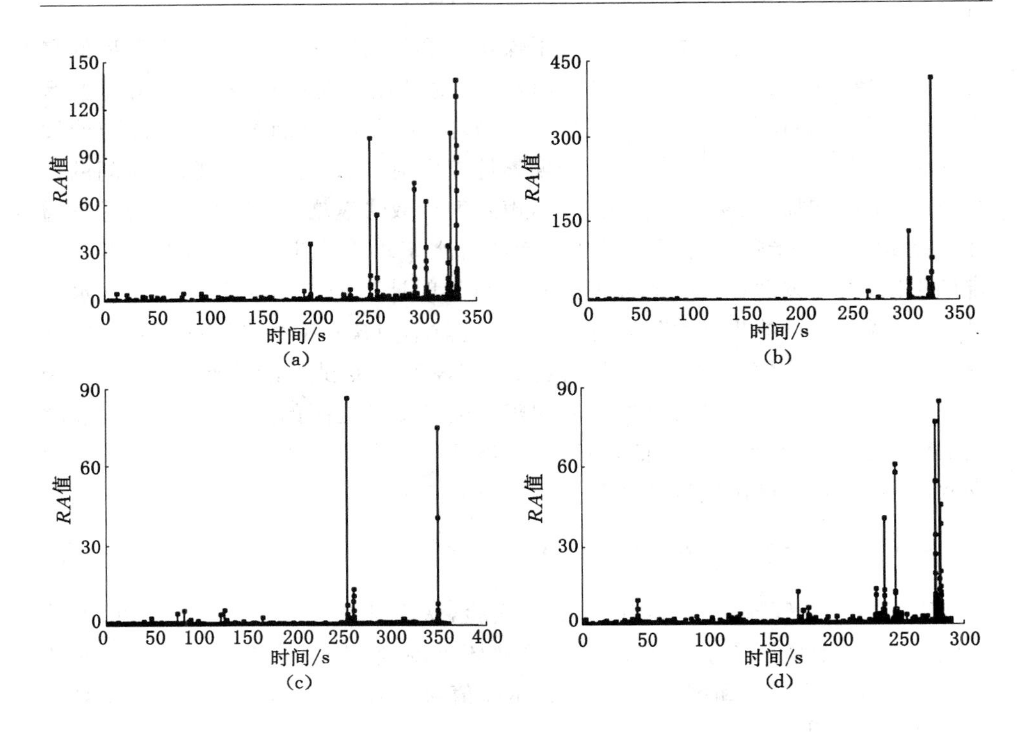

图 5-6　不同含水率岩样声发射 *RA* 值时程曲线

(a) 含水率 0;(b) 含水率 0.8%;

(c) 含水率 1.6%;(d) 饱和含水率

① 干燥状态岩样呈现的 *RA* 变化规律与声发射计数的变化具有较高的一致性。在 200 s 之前的声发射 *RA* 值非常低,且变化微小,曲线接近水平直线,表明泥质粉砂岩试样内部裂纹基本是剪切裂纹,岩石内部主要发生原生缺陷及新生微破裂的扩展。随着应力的增加,微裂隙扩展速度加快,形成较大的拉伸裂纹,这与 200 s 之后 *RA* 值频繁升高,并在最终应力峰值附近呈现最高值相一致。

② 含水率为 0.8%的泥质粉砂岩试样的 *RA* 值时程曲线整体表现比较平静,活跃程度明显低于干燥岩样状态。在相当长时间内 *RA* 值非常低,且缺少变化,只在应力峰值附近表现出较高的 *RA* 值。

③ 含水率为 1.6%的试样 *RA* 值变化频繁,呈现出很高的活跃度,但幅值相对前面两种状态下的岩样较低,这说明岩样内部不断进行微破裂的萌生、扩展,不断形成新的拉伸破坏裂纹,最终导致试样整体失稳破坏。

④ 饱水状态下的泥质粉砂岩 *RA* 值时程曲线变化规律与其自身的声发射

计数变化规律一致性较高，在应力峰值附近出现较高 RA 值，前期积累的微小的剪切破坏交汇、贯通，最终形成较大的拉伸裂纹导致岩样失稳破坏。

（2）声发射 b 值

b 值是表征地震的震级和频度之间关系的参数。目前，对 b 值的研究已经不再局限于地震学范围，可以把岩石受力破坏过程中的声发射事件看成地震活动或者微震，研究在不同加载条件下岩石变形破坏过程中所产生的声发射 b 值变化规律，用来揭示岩石在失稳破坏前出现的特征，并将其作为预测岩体动态灾害的依据[178,179]。随着时间变化的 b 值，反映出在不同时间段岩石内部承受的平均强度及平均应力的变化，同时也反映岩石内部微裂纹的尺度扩展情况[180]。

G-R 关系式是分形幂律的典型例子，它与地震或微震活动的分维值密切相关，即：

$$\lg N = a - bM \tag{5-1}$$

式中，M 为地震震级；N 为 $M + \Delta M$ 范围内地震次数；a 为地震活动程度常数；b 为地震学中的 b 值。在声发射 b 值的计算过程中，通常可将声发射振幅除以 20（M_L）来代替地震震级 M[181]，即：

$$M_L = A/20 \tag{5-2}$$

式中，M_L 为声发射震级；A 为声发射振幅，dB。

图 5-7 给出了干燥岩样在应力水平（σ/σ_{max}）为 0.1 时的声发射震级—频度关系曲线。

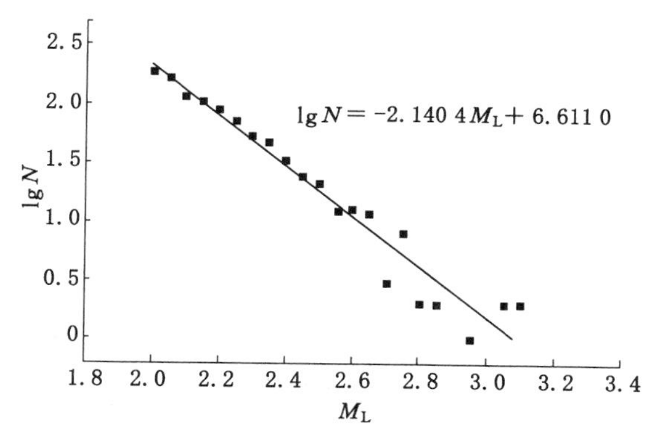

图 5-7　声发射震级—频度曲线

从图 5-7 可以看出，干燥岩样在 0.1 的应力水平条件下的声发射震级—频度具有较好的线性关系。通过拟合曲线可获得此应力水平下的 b 值为 2.140 4。

在 b 值计算过程中，取震级间隔 ΔM_L 为 0.5 dB 进行计算，得到不同含水率

岩样 b 值在不同应力水平下的变化规律，如图 5-8 所示。

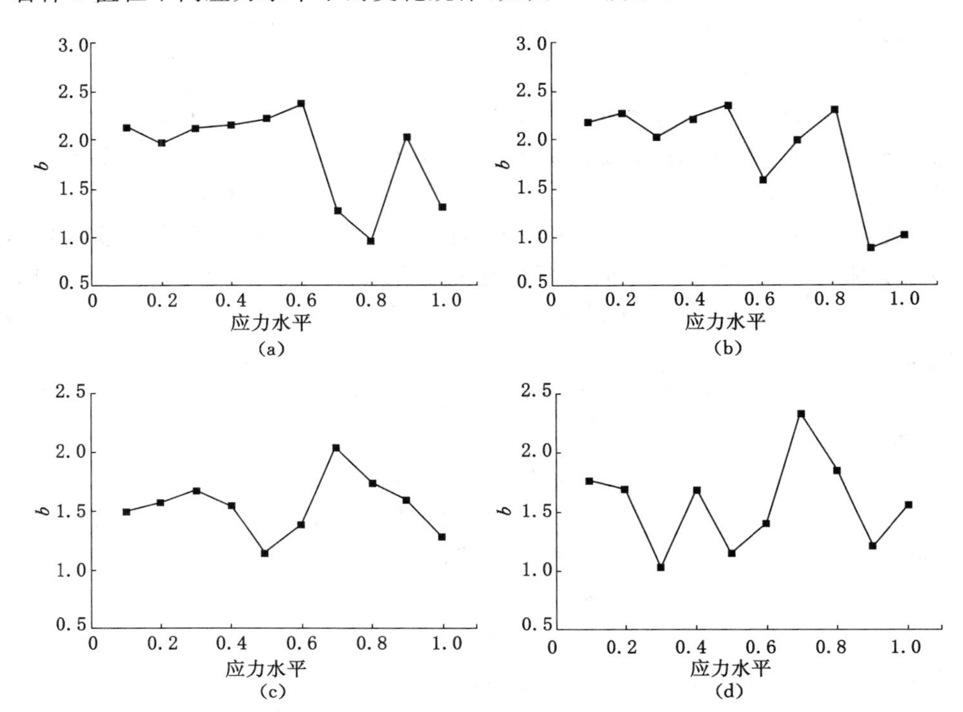

图 5-8　不同应力水平 b 值变化曲线

(a) 含水率 0；(b) 含水率 0.8%；

(c) 含水率 1.6%；(b) 饱和含水率

声发射 b 值的变化特征可以反映材料内部微裂纹的演化特征[176]：b 值增大意味着声发射小事件所占比例增加，以小尺度微破裂为主；b 值不变说明大小 AE 的分布不变，不同尺度的微破裂状态（即微破裂尺度分布）比较恒定；b 值减小，意味着大事件的比例增加，大尺度微破裂增多；b 值在小幅度范围内逐渐变化反映微破裂状态是缓慢变化的，代表岩石试件内部进行着渐进式稳定扩展破坏过程；b 值在大幅度范围内突然跃迁意味着微破裂状态的突然变化，代表一种突发式失稳扩展。

不同含水率岩样 b 值随应力的变化具有以下规律：

① 干燥岩样在加载后 b 值先降低后持续增加但整体表现为小范围内波动，表明试件内部进行着微破裂的缓慢稳定扩展过程；应力水平达到 0.6 时，b 值快速跌落，表明此岩样内部大尺度裂纹增加，呈现失稳扩展状态；试件在接近破坏

峰值时，b 值先增加后降低，即岩样内部在之前大的裂纹扩展过程中不断伴随小尺度裂隙的产生，小尺度裂隙不断扩展、汇聚，逐渐形成大尺度裂隙，最终导致泥质粉砂岩试样的破坏。

② 含水率为 0.8%的试样在 0～0.5 应力水平范围内 b 值呈现小范围内上下波动，与干燥试样前期过程相同，但表现为 b 值波动应力水平范围减小；前期小尺度裂隙的稳定扩展，最终汇聚成为大尺度裂隙导致 0.5～0.6 应力水平之间出现 b 值跌落现象；由于试件并未完全破坏，在原大裂隙附近先伴生众多小裂隙，通过小裂隙的汇聚，沟通已有的大尺度裂隙，所以该试件在后期表现为 b 值先增加后迅速降低的结果。

③ 含水率为 1.6%的试样加载初期 b 值增加，试件内部表现为小尺度裂纹所占比例增加；在 0.3～1.0 应力水平内 b 值先大幅度降低后增加至最高值，最后持续降低接近最低值，这意味着岩样内部生成的小裂隙扩展为大尺度裂隙，因在大裂隙附近扩展微小裂纹，试件内部裂隙不断发育扩展，最终在 b 值曲线上表现为降低过程，试件则出现失稳破坏。

④ 饱和含水率试样 b 值曲线表现为大起大落，表明岩样在水作用下内部结构变化，如吸水黏土矿物膨胀增加岩样内部裂隙，原黏土矿物所填充的部分缺陷因泥化、水化显现，导致岩样内部形成小不一、杂乱无章的微裂隙；在不同应力水平下，微裂隙扩展形成大尺度裂隙，进而产生大量伴生裂隙，试件内部反复经过此过程，最后导致试件破坏。

⑤ 从不同含水率岩样的 b 值变化可以发现，含水率的增加导致试件 b 值的波动应力水平区间逐渐增加，b 值变化更加明显和频繁，这些变化均与水—岩作用导致岩样内部损伤增加有关。

5.3　含水煤样声发射特征

目前的研究成果缺乏含水煤样力学破坏的声发射特征的研究。本节开展实验室不同含水率煤样单轴压缩下的声发射特征实验，以期为水作用下煤样强度损伤特征研究及相关工程建设提供有益参考。

声发射特征参数分别从不同角度表征实验中产生的单信号以及整个实验过程，常用信号特征参数的含义和用途如表 5-2 所示。

本实验记录了声发射计数、能量计数、幅值、平均频率、RMS、持续时间、上升时间、信号强度等相关参数，以此来反映煤样受载作用后的内部破裂情况。

表 5-2　　声发射信号参数表

参　数	含　　义	特点与用途
事件计数	由一个或几个波击鉴别所得声发射事件的个数	反映声发射事件的总量和频度，用于源的活动性和定位集中度评价
撞击计数	一通道上一声发射信号的探测与测量和所测的波击个数	反映声发射活动的总量和频度，常用于声发射活动性评价
振铃计数	越过门槛信号的振荡次数，可分为总计数和计数率	信号处理简便，适于两类信号，能粗略反映信号强度和频度
幅度	事件信号波形的最大振幅值，通常用dB表示	不受门槛的影响，直接决定事件的可测性，用于波源的类型鉴别，强度及衰减的测量
能量	事件信号检波包络线下的面积	反映事件的相对能量或强度

5.3.1　含水煤样单轴声发射特性

为研究水作用下的煤体强度弱化特征，进行了不同含水率煤样单轴压缩作用下的破裂实验，并进行了声发射测试。实验以声发射振铃计数、能量来对受载煤样的声学特性进行描述，这些参数均可形成独立的声发射时间序列。

(1) 不同含水率煤样计数率特性

声发射计数是指声发射信号超过设定门槛值的声发射脉冲数。声发射计数率表征单位时间内声发射参数的数量，表明煤样由于内部裂纹形成、扩展所释放出的能量。声发射计数率越高，煤样内部损伤越严重。根据实验采集的声发射信号数据，得出不同含水率煤样声发射参数统计表见表 5-3，相应的统计直方图如图 5-9 所示。将各含水率下煤样单轴压缩声发射计数随加载时间变化规律与对应的加载应力—应变曲线进行拟合，可得出加载煤样破坏各个阶段对应的声发射计数率特征，拟合曲线如图 5-10 和图 5-11 所示。

由图 5-10 及表 5-3 可以得出 B 组煤样不同含水状态下单轴压缩声发射特征如下：

① 干燥煤样在加载初期的压密阶段出现少量的声发射信号且无大幅度的变化，此阶段原生裂纹逐渐被压实闭合，载荷尚未达到内部颗粒破坏峰值，产生新的裂纹较少；在弹性阶段初期声发射计数率有所增加但信号比较平稳，仅在 30 s 左右产生一次声发射计数率峰值，之后随着载荷增加，声发射计数

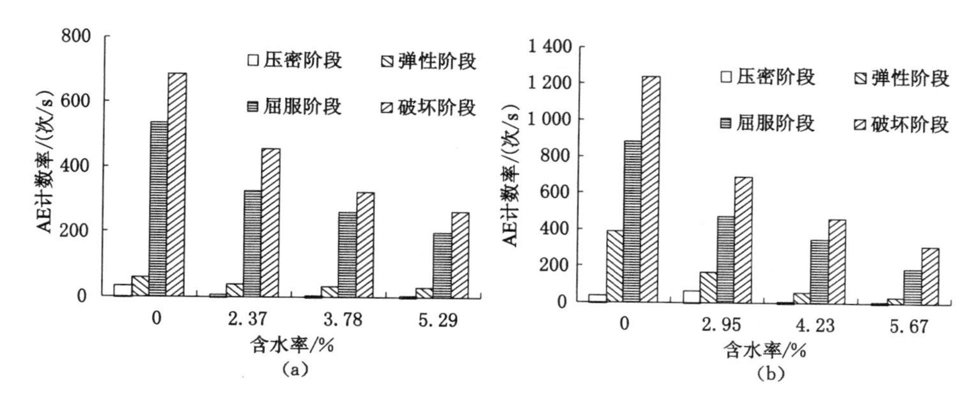

图 5-9 不同含水率煤样加载各阶段 AE 平均计数率统计直方图

(a) B 组煤样;(b) D 组煤样

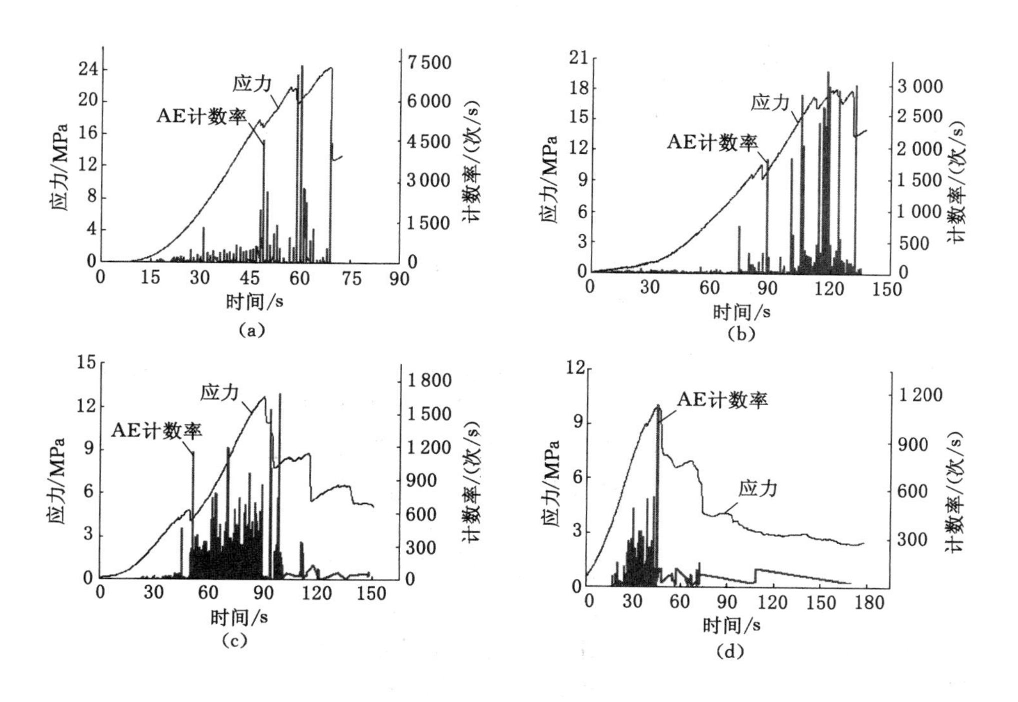

图 5-10 B 组煤样不同含水率下应力、振铃计数率随时间变化关系

(a) 干燥;(b) 浸水 5 h(含水率 2.37%);

(c) 浸水 24 h(含水率 3.78%);(d) 饱水(含水率 5.29%)

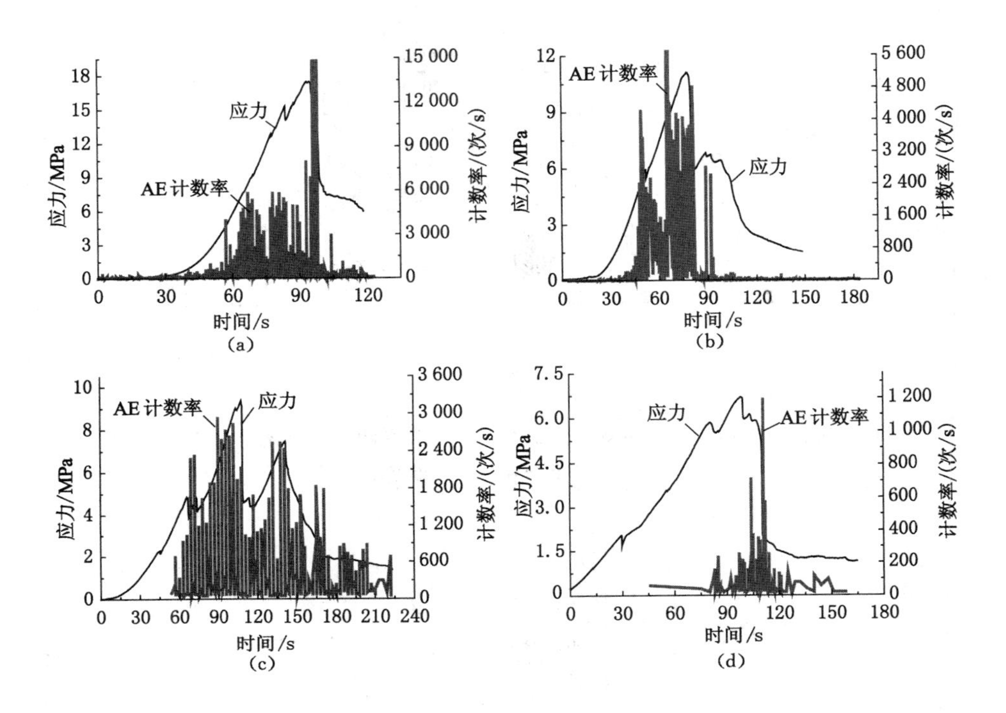

图 5-11　D组煤样不同含水率下应力、振铃计数率随时间变化关系

(a) 干燥；(b) 浸水 5 h(含水率 2.95%)；

(c) 浸水 24 h(含水率 4.23%)；(d) 饱水(含水率 5.67%)

率也随之增大，在 50 s 左右，载荷达到峰值载荷的 67%时进入声发射活跃期；进入塑性阶段后声发射信号明显增大，声发射计数率为弹性阶段的 3～5 倍，当载荷达到峰值载荷 85%时声发射计数率达到最大，峰值过后声发射计数率下降；进入破坏阶段，煤样强度迅速降低，声发射计数率随之降低，仅有少量声发射信号产生。

② 含水率为 2.37%的煤样在加载初期几乎没有声发射信号产生，主要原因可能是煤样浸水后，由于水对煤样软化作用，使煤样产生蠕变趋向，以至于浸水煤样变形破坏的激烈程度比干燥状态煤样相对减弱；持续 30～40 s 后开始产生少量声发射信号，并随着载荷的增加，声发射信号不断增加，在 80～120 s 内出现多次声发射高潮；120 s 前后出现声发射计数率峰值区，煤样进入塑性阶段，煤样内部裂纹不断扩展贯通，短时间出现大量声发射事件；之后进入破坏阶段，声发射计数率也随之降低，但在 130 s 及 145 s 时仍有几次声发射计数率峰值出现。

表 5-3 不同含水率煤样单轴压缩声发射计数率统计表

状态	B组 AE平均计数率/(次/s)				D组 AE平均计数率/(次/s)			
	0	2.37%	3.78%	5.29%	0	2.95%	4.23%	5.67%
压密阶段	35	7	5	3	40	64	8	2
弹性阶段	56	38	32	27	385	165	56	26
屈服阶段	534	325	258	196	880	468	345	182
破坏阶段	685	456	321	263	1 235	686	456	306

③ 含水率为3.78%的煤样在压密阶段初期几乎没有产生声发射信号；20 s后有少量声发射信号产生；50 s后随着载荷增加声发射计数率明显增加，60～90 s间声发射活动非常活跃，进入声发射计数率峰值区，声发射活动活跃；约90%峰值强度时声发射计数率达到最大；峰值过后声发射计数率减少，应力出现三次突降，煤样压缩进入破坏阶段。

④ 饱水煤样与非饱水含水煤样声发射特征基本相似，初始压密阶段声发射信号较少；进入弹性阶段声发射信号增加较快，应力峰值附近声发射计数率达到最大值；峰值后声发射信号较少，但仍产生几次小的声发射计数率峰值。

总体看来，不同含水率煤样声发射平均计数率明显低于干燥状态煤样。

由图5-11及表5-3可以得出D组煤样不同含水状态下单轴压缩声发射特征如下：

① 干燥煤样加载初期声发射信号较少且比较稳定，说明试样没有局部受压不均匀引起的部分坍塌或表面崩落，随煤样压密均匀，基本很少有声发射事件产生；50 s开始进入弹性阶段，声发射计数率明显增加，整个弹性阶段声发射信号基本稳定，没有大的计数率出现，70～90 s出现峰值前的声发射活动活跃期，预示煤样即将失稳破坏；在100 s时达到应力峰值且此时对应声发射计数率的最大值；随后声发射率开始下降进入声发射衰减期，仅有少量声发射信号产生。

② 含水率为2.95%的煤样同样在加载初期压密阶段结束持续30 s的时间内几乎没有声发射信号产生；弹性阶段声发射活动较为活跃，在50%峰值载荷处出现一个大的声发射计数率峰值；塑性阶段声发射活动更为剧烈，60～80 s间有多次声发射高潮，75%峰值载荷时声发射计数率达到最大，在载荷达到80%峰值强度时为声发射计数率的活跃期，煤样内部裂纹贯通；峰值期持续30～40 s后进入破坏阶段，之后声发射计数率减少，在90 s出现两次声发射计数率峰值，这与煤样浸水软化有关。

③ 含水率为4.23%的煤样在初始加载的前60 s内没有声发射信号产生，

可能由于水的软化作用较为显著，导致其变形破坏程度较小；之后经历短暂的弹性阶段在 70 s 左右进入塑性阶段，声发射活动较为剧烈，在 60%峰值强度时达到声发射计数率的最大值，达到峰值强度后声发射计数率降低，随后又出现应力增加，可能由于受力不均匀，也可能因为煤样塑性较强，应力二次降低后，声发射事件随之减少，由于煤样浸水软化作用，峰值过后的破坏阶段仍有多次计数率峰值出现。

④ 饱水煤样应力、声发射计数率曲线由于声发射所采用的时间计数与应力—应变采用的时间计数不同，加上数据采集时间控制不一致造成曲线的拟合效果出现偏差；但总体来看，D 组饱水煤样声发射特征规律与 B 组煤样基本一致。

(2) 不同含水率煤样能率特性

不管是声发射能率还是计数率都能很好地反映煤样加载过程中的受力特征，都可以作为研究煤样破坏过程的参数，声发射的能率特性反映某时间点的声发射能量，可以反映出煤样加载破裂的剧烈程度。根据实验结果绘制声发射能率与应力—时间曲线图，如图 5-12 和图 5-13 所示。

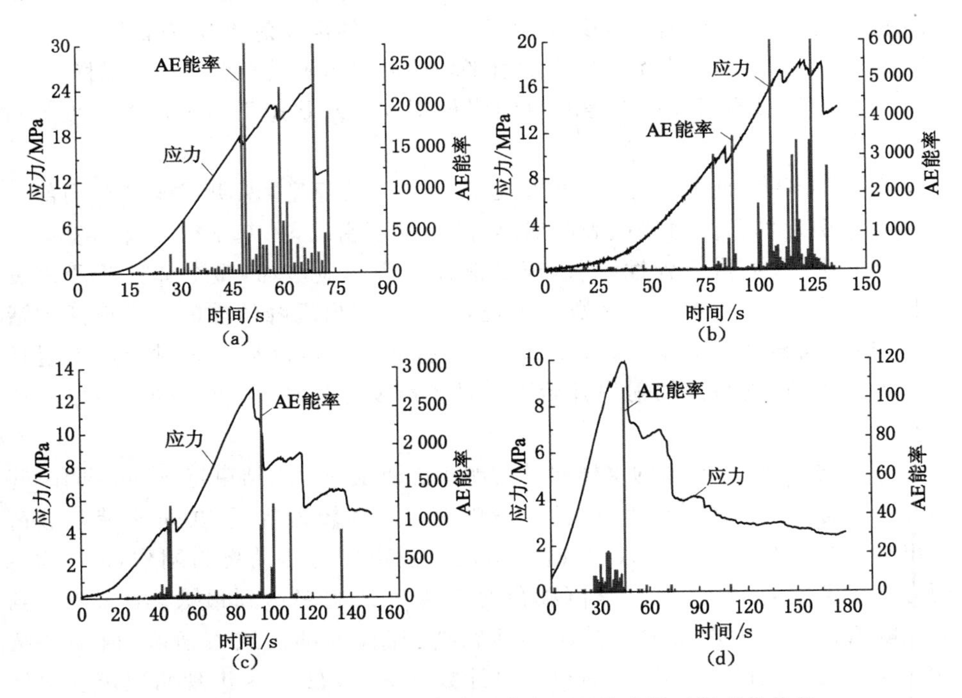

图 5-12　B 组煤样不同含水率下应力、AE 能率随时间变化关系

(a) 干燥；(b) 浸水 5 h(含水率 2.37%)；(c) 浸水 24 h(含水率 3.78%)；(d) 饱水(含水率 5.29%)

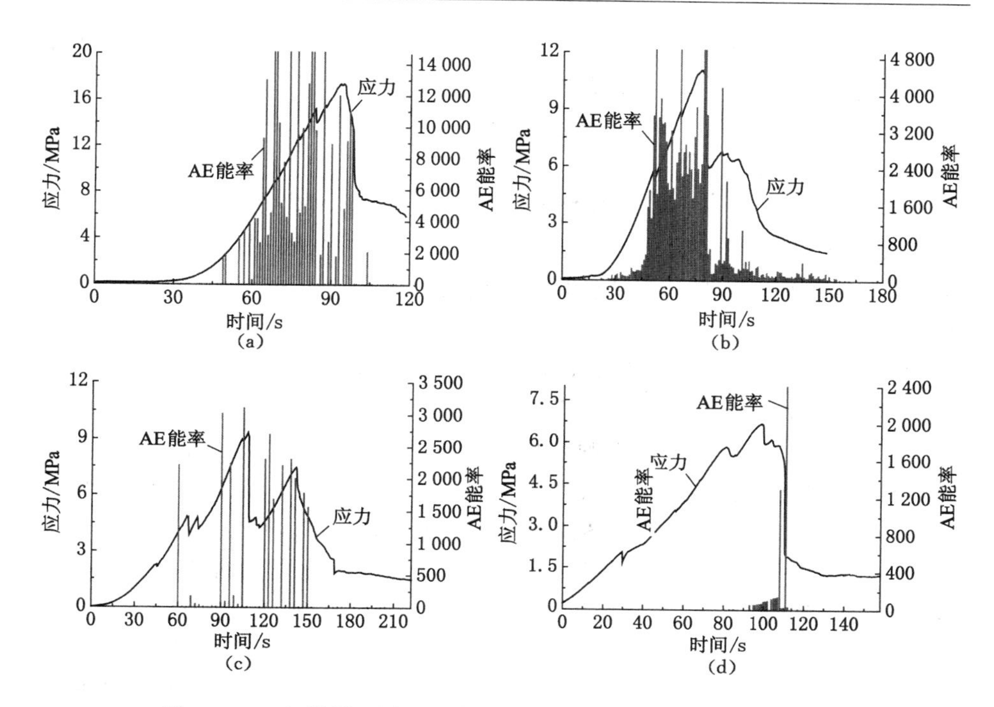

图 5-13 D组煤样不同含水率下应力、AE能率随时间变化关系

(a) 干燥;(b) 浸水 5 h(含水率 2.95%);

(c) 浸水 24 h(含水率 4.23%);(d) 饱水(含水率 5.67%)

由图 5-12 可以看出 B 组煤样声发射能率、应力与时间关系如下:

① 干燥煤样声发射能率与计数率曲线的发展规律基本一致。加载初期经历一个 30 s 的平静期,30 s 之后能率开始逐渐增大,在峰值强度的 75%、85%时出现两次能率极大值;从应力—时间关系可以看出这两处对应两次应力降导致出现两次大的破裂事件释放大量能量;峰值载荷处也对应一个比较高的能率峰值,峰值强度过后能率降低,大能率事件较少。

② 含水率为 2.37%的煤样加载初期经历一段较长的平静期,整个压密阶段以及弹性阶段的初期都没有能率峰值出现,仅有少量小能率事件;75 s 后能率开始增大,在峰值载荷的 67%、94%处出现几次大能率事件,说明此时破裂释放大量能量,开始产生大的裂纹;破裂阶段以后声发射能率较低,没有大能率事件出现。相比干燥煤样含水率 2.95%的煤样大能率事件相对较少,平均能率相对较低,能率的最大值也仅为干燥煤样的四分之一,这与浸水煤样强度弱化有关。

③ 含水率为 3.78%的煤样能率曲线与声发射计数率曲线也基本吻合。加载初期几乎没有声发射信号,40 s 后能率开始逐渐上升,50 s 时即 35%峰值载

荷时出现一次应力降，对应一个能率峰值，这与煤样浸水导致其内聚力和内摩擦角的降低有关；整个弹性阶段没有能率峰值出现，小能率事件较多，应力峰值后30 s再次出现能率峰值，出现声发射滞后表明浸水导致煤样内摩擦系数降低，脆性降低，塑性增强。

④ 饱水煤样能率与声发射曲线图相吻合。整个加载过程能率较低，小能率事件较多，峰值前几乎没有大的能率峰值出现，仅在峰值载荷附近出现一次能率最大值；整个加载过程中大能率事件、能率最大值和平均能率相比干燥和含水率较低时均下降很多。

由图5-13可以看出D组煤样声发射能率、应力与时间关系如下：

① 干燥煤样能率与声发射曲线也比较吻合。加载初期没有声发射信号，50 s以后能率有所上升，整个弹塑性阶段声发射能量均很高，出现很多能率峰值，这说明D组煤样破坏能量突然集中释放，这与实验时煤样破坏产生巨大的声响相吻合；峰值载荷过后破坏阶段声发射事件的能率较低。

② 含水率为2.95%的煤样以及含水率为4.23%的煤样能率与声发射曲线均较吻合。整个加载过程能率变化趋势与干燥煤样很接近，加载过程中大能率事件较多，且多集中在峰值载荷前，这主要与D组煤样的破坏方式有关；峰值后30 s出现应力增加和能率峰值与浸水后的破坏形式有关，D组煤样浸水后塑性有所增强。

③ 饱水煤样能率与声发射曲线一致。峰值前只有少量低能率的声发射事件，这可能与浸水强度弱化相关，同时能率的最大值滞后峰值载荷30 s出现也说明浸水导致煤样内摩擦系数降低，脆性降低，塑性增强。

与B组煤样相同，饱水煤样在整个加载过程中大能率事件、能率最大值和平均能率相比干燥和含水率较低时均下降很多。

(3) 不同含水状态下声发射累计振铃计数、累计能量对比分析

根据实验结果绘制不同含水率的B组、D组两组煤样声发射累计振铃计数以及累计能量随时间变化的关系曲线，如图5-14和图5-15所示。

由图5-14和图5-15可知，B、D两组煤样累计计数随时间变化规律基本一致，随着含水率的增加，累计计数减少，同时也产生明显的声发射滞后现象。本实验煤样处理过程中采用加湿浸水的方法，浸水过程没有改变煤样的原始结构，水进入煤体内削弱煤样颗粒间联结力，煤样晶体颗粒的强度和颗粒黏结力均降低，煤样破裂时所需要的能量减少，所以随着含水率的增加，煤样单轴压缩声发射活动减弱，声发射累计计数减少，累计能量降低，由此说明水对煤样的声发射特征有明显影响。另外，实验过程中不同含水率煤样破坏时产生的声响没有干燥煤样强烈，即破裂瞬间释放的能量相对较少，表现在累计能量随含水率的增加也逐渐减少。

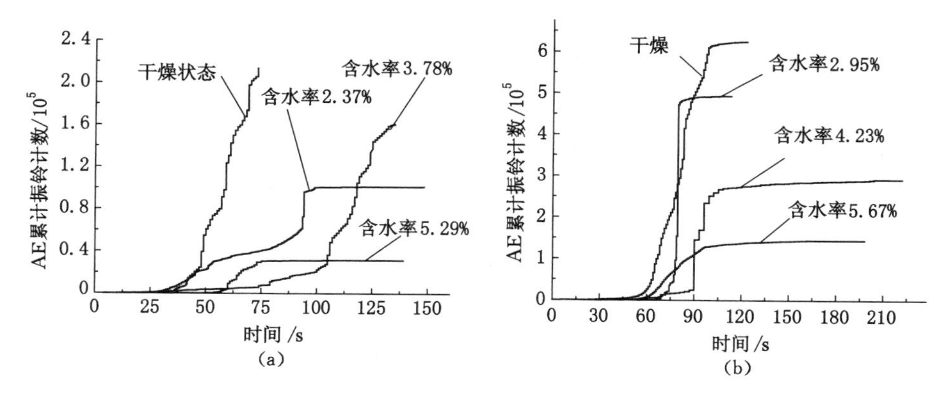

图 5-14　不同含水率煤样 AE 累计计数关系曲线

(a) B组煤样；(b) D组煤样

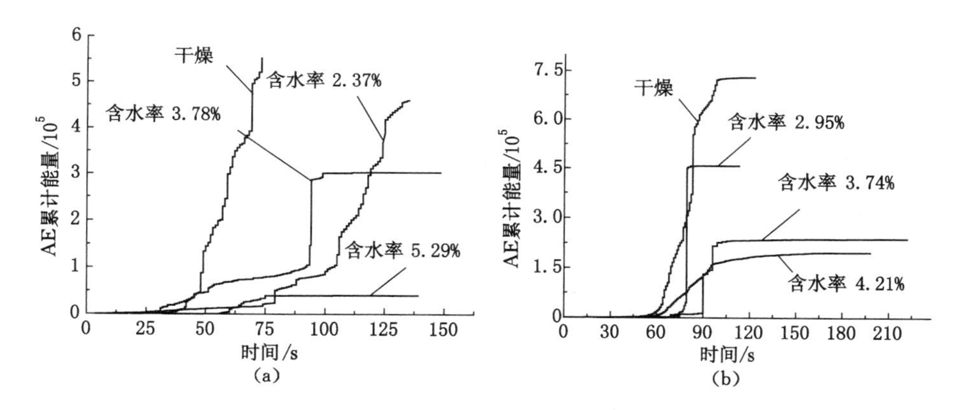

图 5-15　不同含水率煤样 AE 累计能量关系曲线

(a) B组煤样；(b) D组煤样

从声发射的计数率特性、能率特性以及累计计数和累计能量特性几个方面分析含水率对煤样声发射特征的影响，可得出以下结论：

① 从B组、D组煤样单轴压缩情况下声发射实验结果可以看出全部试样单轴压缩受压破坏过程中均有声发射信号产生，声发射计数、能量的最大值均出现在应力峰值附近的短时间内，且声发射信号特性参数随时间的变化趋势与煤样单轴压缩的应力—应变具有很好的一致性。

② 全部煤样单轴压缩声发射都经历了平静期、过渡期、活跃期和衰减期，但是干燥煤样与不同含水率煤样的声发射特征也有很多不同之处，在初始压密阶段，不同含水率煤样几乎没有声发射信号产生，而干燥煤样有少量声发射信号产生，原因是煤样浸水软化塑性增强且有蠕变趋势使得软化煤样变形破坏程度降

低。弹性阶段由于干燥煤样相对不同含水率煤样变形较大,声发射计数率持续时间相对较长。塑性阶段干燥煤样和不同含水率煤样声发射计数率均增大,平均为弹性阶段的 2～3 倍。破坏阶段以后声发射都经历下降区,但是当含水率较高时,由于应力—应变曲线在峰后表现出一定的塑性特点,峰后出现应力降幅,相应声发射曲线在峰值后也呈现出一些突增现象,从振铃计数图上看声发射活动的峰值相应较多。

③ 随着含水率的增加,试样在整个加载过程中大能率事件、能率最大值和平均能率相比干燥状态均下降,其中 B、D 两组干燥煤样的平均能率为饱水煤样平均能率的 20.8 倍和 5.8 倍。说明含水煤样没有干燥状态煤样压缩破坏时的变形程度剧烈,破裂瞬间产生的能量较少,且含水率越高,这种趋势越明显。相比之下,B 组、D 组两组煤样能率特征也有差异,D 组煤样加载过程中高能率事件较多,且多集中在峰值载荷前产生,说明 D 组煤样破坏强度大,变形剧烈,产生的瞬间能量较多。

5.3.2 含水煤样单轴压缩损伤声发射参数表征

C. R. Heiple 等应用声发射技术对材料损伤及断裂过程进行长期研究后,认为振铃计数是描述声发射信号特征的多个参数中能够较好地反映材料性能变化的特征参量之一,因为它与材料中位错的运动、夹杂物及第二相粒子的剥离和断裂及裂纹扩展所释放的应变能成比例[182]。因此,本小节选用振铃计数和累计振铃计数对不同含水率煤样的单轴压缩损伤特性进行描述,以期更好地反映不同含水率煤样的变形破坏特征。

由于煤样微裂隙的演化是一种随机变化,可以将煤样裂隙演化过程看成非平衡统计过程,并认为微元的强度分布服从 Weibull 分布,其分布密度函数为:

$$\varphi(F)=\frac{m}{F_0}\left(\frac{F}{F_0}\right)^{m-1}\mathrm{e}^{-\left(\frac{F}{F_0}\right)^m} \tag{5-3}$$

式中,$\varphi(F)$ 为煤样试件加载过程中试样微元损伤的一种度量;F 为微元的 Weibull 分布随机分布变量;F_0 为表示岩石宏观平均强度的 Weibull 分布参数;m 为反映岩石脆性的 Weibull 分布参数。

损伤参量 D 是煤样损伤程度的度量,而损伤程度受各微元所包含的缺陷量的影响,这些缺陷直接影响着微元的强度,损伤参量 D 与微元破坏的概率密度的关系如下:

$$\frac{\mathrm{d}D}{\mathrm{d}F}=\varphi(F) \tag{5-4}$$

进一步可得：

$$D = \int_0^F \varphi(F)\mathrm{d}F = 1 - \mathrm{e}^{-\left(\frac{F}{F_0}\right)^m} \tag{5-5}$$

由等效应变假设知，岩石类材料的损伤本构方程为：

$$\sigma = E_0\varepsilon(1 - D) \tag{5-6}$$

煤样受到外载荷作用后会产生能量积聚，积累的应变能以弹性波的形式向外释放，产生声发射现象。从本质上看，声发射活动规律是一种统计规律，它必然与煤样内部损伤统计分布规律相一致。若整个截面全破坏时的声发射累计为Ω_m，则煤样单轴受压过程声发射累计可表示为：

$$\Omega = \Omega_m\int_0^F \varphi(x)\mathrm{d}x \tag{5-7}$$

将式(5-3)带入式(5-7)并积分可得

$$\frac{\Omega}{\Omega_m} = 1 - \mathrm{e}^{-\left(\frac{F}{F_0}\right)^m} \tag{5-8}$$

联立式(5-5)和式(5-8)可得：

$$\frac{\Omega}{\Omega_m} = D \tag{5-9}$$

煤样单轴压缩达到峰值应力后，开始产生大量宏观裂隙，随载荷增加裂隙进一步扩展，结合式(5-7)可知在煤样单轴压缩开始前没有声发射活动，此时损伤值为0，单轴压缩实验完成后声发射活动停止，此时损伤值为1。根据实验记录的声发射数据，结合式(5-9)基于"归一化"累计声发射振铃计数的损伤变量，绘制B、D两组煤样不同含水率状态下的应力、损伤与时间关系曲线，如图5-16和图5-17所示。

从图5-16和图5-17可以看出，在初始压密阶段，煤样内部的原生裂隙、孔隙逐渐被压密，此阶段几乎没有损伤演变，损伤变量为0；在弹性阶段损伤变量有一定幅度的增加，当应力达到峰值应力的30%～50%时，损伤开始加剧，直到达到峰值应力煤样破裂损伤值持续增加，因此应力门槛值为峰值强度的30%～50%。应力达到门槛值后，由于外载荷的作用，煤样内部裂隙迅速扩展，声发射活动频繁，随着裂纹不断贯穿汇合，最终形成宏观破断，此时煤样声发射活动最为活跃，声发射计数增加，损伤值也持续增加。

从两图不同含水率损伤演化曲线还可以看出，干燥煤样损伤曲线表现为增加部分比较急促，而随着含水率的增加损伤曲线增长趋于缓慢。主要原因是随含水率的增加，由于水的软化作用，煤样塑性增强。

从图5-16和图5-17以声发射计数为损伤变量的不同含水率煤样单轴压缩损伤随时间演化曲线总体来看可以分为凹凸两个部分曲线。以t_s作为曲线转

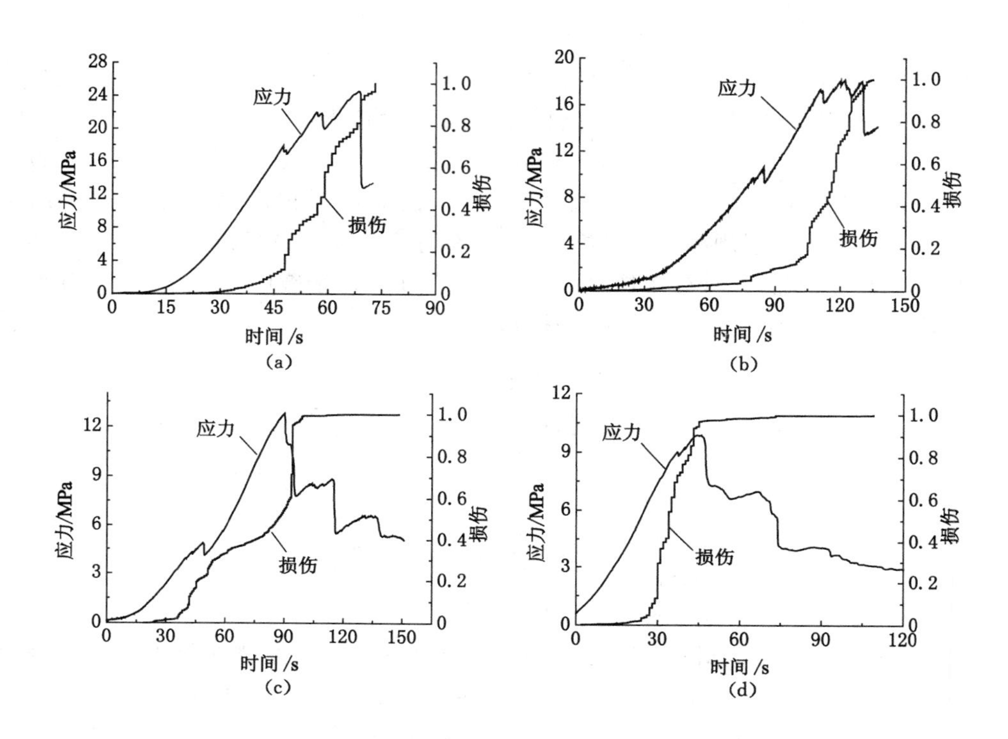

图 5-16　B组不同含水率煤样应力、损伤随时间演化曲线

(a) 干燥；(b) 浸水 5 h(含水率 2.37%)；

(c) 浸水 24 h(含水率 3.78%)；(d) 饱水(含水率 5.29%)

折点，当加载时间 $t<t_s$ 时，损伤曲线近似为凹函数；当加载时间 $t>t_s$ 时，损伤曲线近似为凸函数。理论上说曲线转折点 t_s 也应该是达到峰值强度的时间点，但是由于实验过程中煤样单轴压缩伺服机的时间计数和声发射仪的时间计数是分别独立的两个计数，所以导致一些偏差。以加载时间为损伤变量，可得不同含水率煤样分段曲线损伤模型见式(5-10)：

$$D=\begin{cases} a\left(\dfrac{t}{t_s}\right)^b & (0\leqslant t\leqslant t_s) \\ 1-c\left(\dfrac{t}{t_s}\right)^d & (t>t_s) \end{cases} \tag{5-10}$$

式中，a,c,b,d 为材料参数，其中，$a+c=1$。

由式(5-10)结合实验结果进行数值拟合，可以检验损伤变量随加载时间演化实验值与理论值相关关系，拟合曲线如图 5-18 和图 5-19 所示。

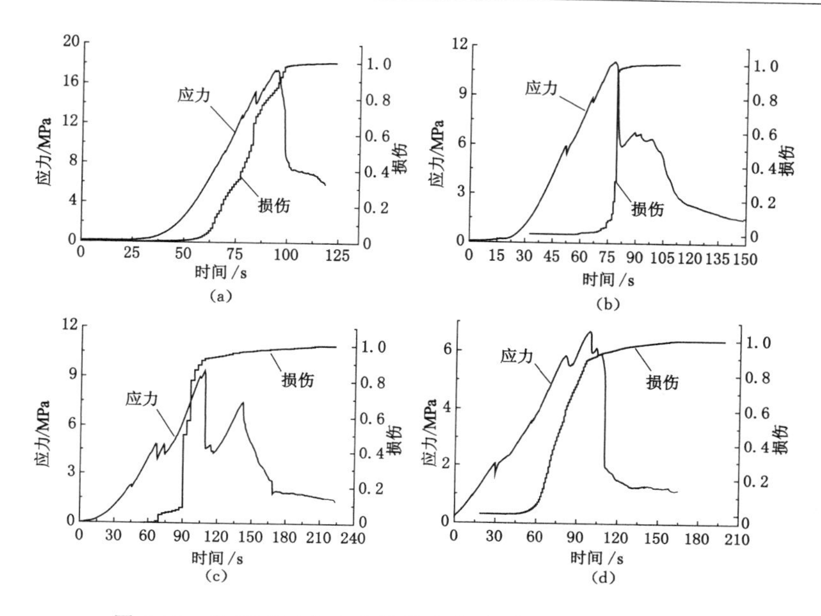

图 5-17 D组不同含水率煤样应力、损伤随时间演化曲线

(a) 干燥;(b) 浸水 5 h(含水率 2.95%);(c) 浸水 24 h(含水率 4.23%);(d) 饱水(含水率 5.67%)

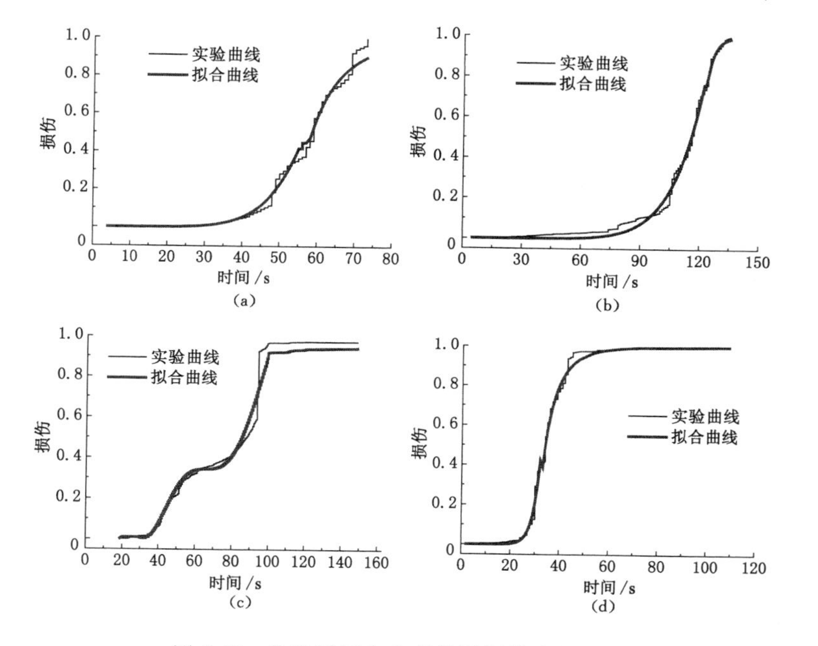

图 5-18 B组不同含水率煤样损伤演化曲线

(a) 干燥;(b) 浸水 5 h(含水率 2.37%);(c) 浸水 24 h(含水率 3.78%);(d) 饱水(含水率 5.29%)

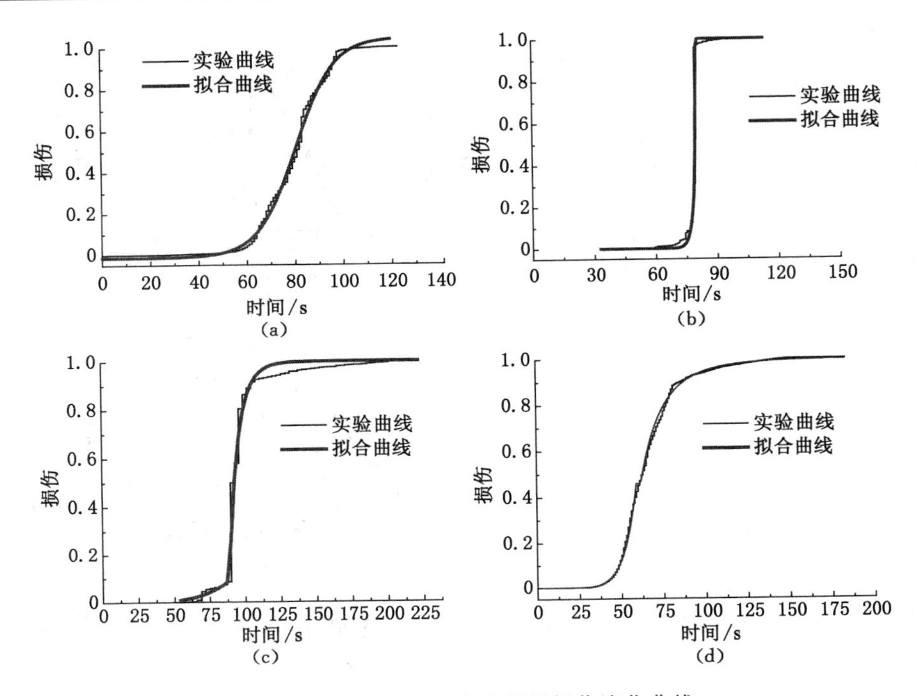

图 5-19 D组不同含水率煤样损伤演化曲线

(a) 干燥;(b) 浸水 5 h(含水率 2.95%);(c) 浸水 24 h(含水率 4.23%);(d) 饱水(含水率 5.67%)

根据两组煤样在不同含水率状态下损伤演化曲线的拟合结果,可以得出与之相对应的损伤模型参数如表 5-4 所示。

表 5-4 含水煤样单轴压缩损伤模型参数表

组 号	含水率/%	a	t_s/s	b	c	d	相关系数 R
B	0	0.434	55	6.378	0.566	−7.241	0.996
	2.37	0.793	123	7.664	0.207	−34.543	0.997
	3.78	0.618	94	5.871	0.382	−70.364	0.934
	5.29	0.436	32	10.69	0.564	−5.960	0.993
D	0	0.588	83	6.020	0.412	−9.100	0.986
	2.95	0.258	79	4.473	0.742	−29.259	0.989
	4.23	0.266	90	4.794	0.734	−13.421	0.977
	5.67	0.457	59	7.858	0.543	−4.813	0.999

将表 5-4 中的对应参数带入式(5-10)可以得到不同含水率状态下煤样单轴

压缩损伤模型，将式(5-10)带入式(5-6)可以得到不同含水率状态下煤样损伤本构方程见式(5-11)：

$$\sigma=\begin{cases}E_0\varepsilon\left(1-a\left(\dfrac{t}{t_s}\right)^b\right) & (0\leqslant t\leqslant t_s)\\ E_0c\varepsilon\left(\dfrac{t}{t_s}\right)^d & (t>t_s)\end{cases}\tag{5-11}$$

5.4 反复浸水煤样强度损伤及声发射特征

井下隔水煤柱由于水位的不断变化或反复多次浸水，会导致隔水煤柱煤体不断进行着吸水—失水—吸水的循环过程，该过程中煤样不断地吸失水分，由于水对煤样的作用不是完全可逆的，这种作用是否会对煤体的强度产生影响，也是决定隔水煤柱稳定性的关键因素之一，因此有必要进行反复浸水状态下煤样力学性质实验研究。本节主要结合庞庄煤矿 9# 煤层、梅花井矿 10# 煤层煤样进行反复四次浸水情况下的单轴压缩及声发射特征实验，分析浸水次数对煤样力学性质及声发射特征的影响，并比较两个不同区域煤样在相同浸水次数情况下其力学性质及声发射特性变化规律的差异性。

5.4.1 不同浸水次数煤样声发射特征

为研究反复浸水作用下的煤体强度弱化特征，进行了不同浸水次数煤样单轴压缩作用下的破裂实验，并进行了声发射测试。实验以声发射振铃计数、能量来对煤样在受力作用下的声学特性进行描述。

(1) 不同浸水次数煤样声发射计数率特性

根据实验采集的声发射信号数据，得出不同浸水次数煤样声发射参数统计表及统计直方图如表 5-5 和图 5-20 所示。将各个含水率下煤样单轴压缩声发射计数随加载时间变化规律与加载应力—应变曲线进行拟合可得出加载煤样破坏各个阶段对应的声发射计数率特征，拟合曲线如图 5-21 和图 5-22 所示。

表 5-5　不同浸水次数煤样单轴压缩声发射计数率统计表

状态	A 组 AE 平均计数率/(次/s)				C 组 AE 平均计数率/(次/s)				
	干燥	1 次浸水	2 次浸水	3 次浸水	干燥	1 次浸水	2 次浸水	3 次浸水	4 次浸水
压密阶段	41	8	19	11	26	7	6	8	9
弹性阶段	52	28	38	27	78	48	52	46	54
屈服阶段	425	209	186	178	556	383	346	324	317
破坏阶段	532	318	294	258	684	482	453	428	415

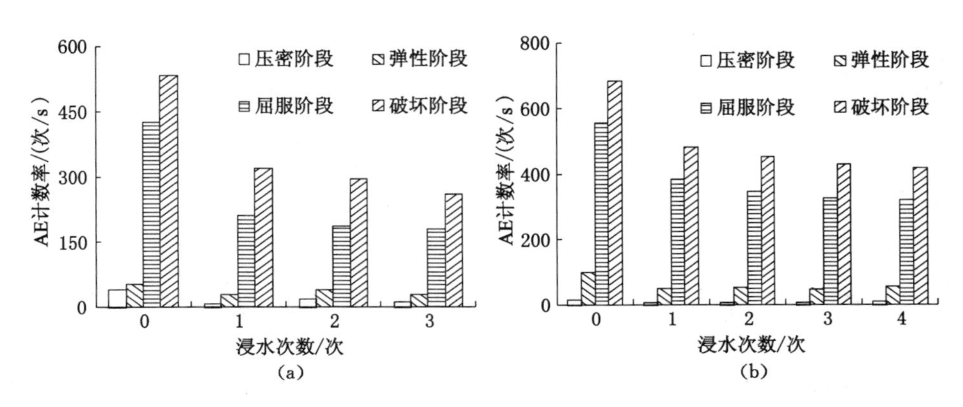

图 5-20 不同浸水次数煤样加载各阶段 AE 平均计数率统计直方图

(a) A 组煤样;(b) C 组煤样

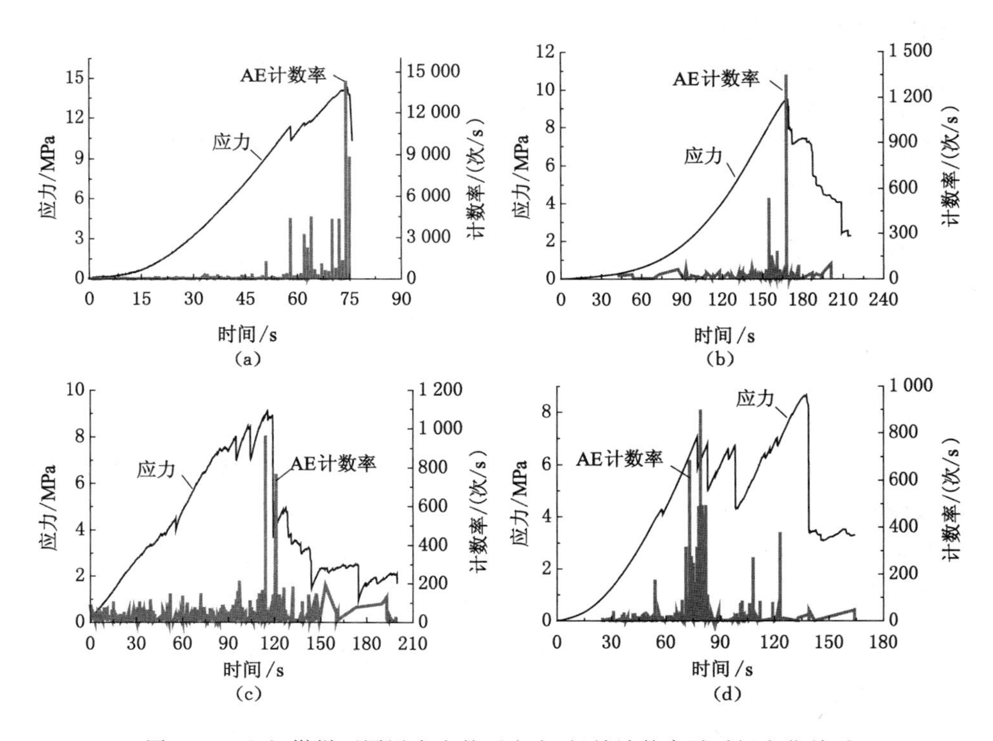

图 5-21 A 组煤样不同浸水次数下应力、振铃计数率随时间变化关系

(a) 干燥;(b) 1 次浸水;(c) 2 次浸水;(d) 3 次浸水

由表 5-5 并结合图 5-20、图 5-21 可以看出 A 组煤样在不同浸水次数状态下的单轴压缩声发射计数率特征如下:

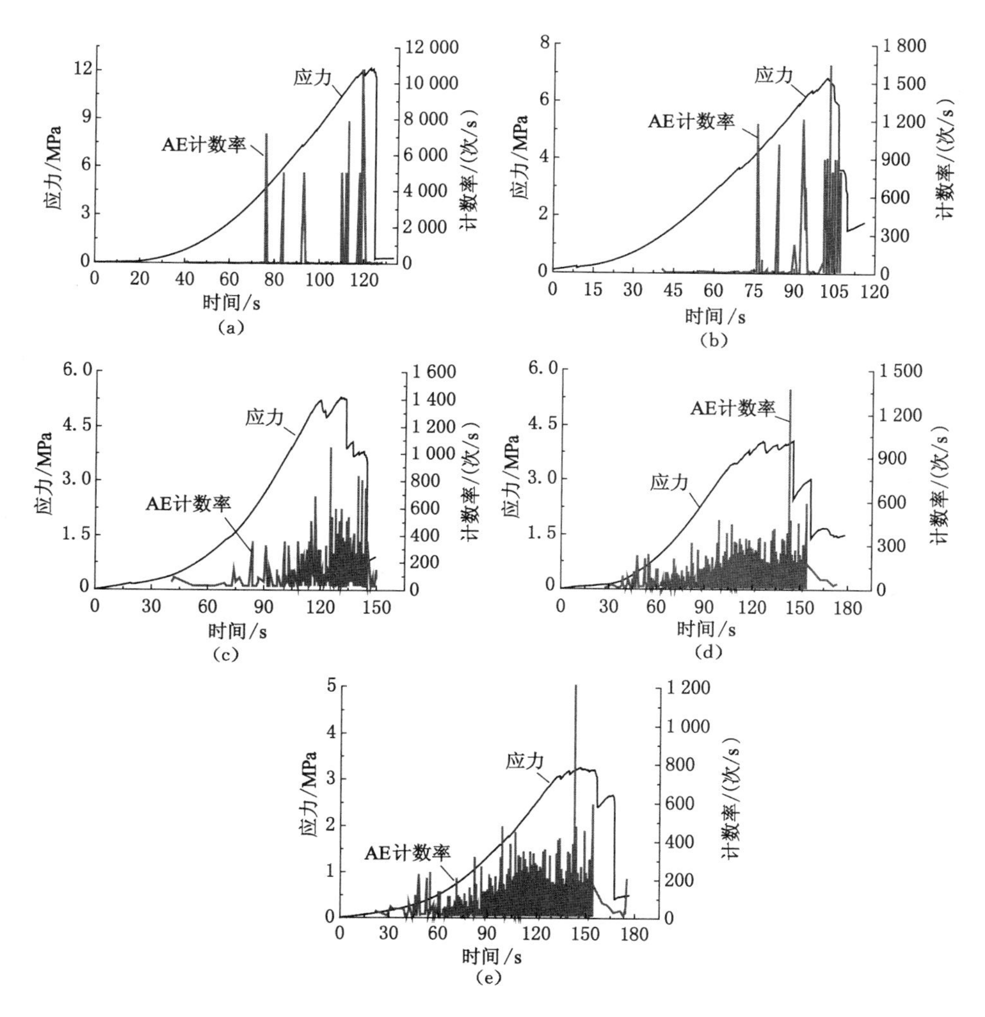

图 5-22 C组煤样不同浸水次数下应力、振铃计数率随时间变化关系

(a) 干燥;(b) 1次浸水;(c) 2次浸水;(d) 3次浸水;(e) 4次浸水

① 干燥煤样在加载初期有少量声发射信号,且没有大幅度的变化;弹性阶段声发射信号也很稳定,直至60 s达到80%峰值载荷时应力—时间曲线出现一次压力降,对应声发射信号开始增强,此时煤样破裂加剧;塑性阶段对应声发射活动较活跃,直至达到峰值强度时声发射计数率出现最大值,随后降低,说明煤样裂纹已破坏贯通。

② 煤样一次浸水后,在加载初期压密阶段几乎没有声发射信号产生;弹性阶段声发射计数率开始增加,比较平稳,只在150 s出现一次计数率的峰

值，此时有较大的裂隙。在峰值载荷附近裂隙贯通产生主破裂，达到计数率的最大值。

③ 二次浸水煤样加载初期出现稳定的声发射信号，这是局部受力不均匀引起的部分坍塌或表面崩落所致；峰值载荷前的弹塑性阶段声发射计数率有所增加，出现多次计数率峰值，这与煤样浸水后摩擦系数和内聚力降低有关；在 125 s 对应峰值载荷的 90％出现一次计数率峰值点，相对干燥煤样出现计数率最大值的时间滞后 50 s 说明多次浸水增强了煤体的塑性。

④ 三次浸水后煤样在加载初期几乎没有声发射信号；30 s 后声发射计数率开始上升，60 s 时出现一次计数率峰值，说明此应力值附近多处微裂纹闭合，激发声发射信号产生；77％峰值强度时出现明显的跃动，出现多个计数率的峰值，出现较大的裂隙，这与浸水后煤样强度弱化有关；随后出现多次压力降，出现多个计数率峰值，但没有达到之前的高度，说明裂纹已贯通，主破裂产生。

由表 5-5 并结合图 5-20、图 5-22 可以看出 C 组煤样在不同浸水次数状态下的单轴压缩声发射计数率特征如下：

① 干燥煤样从开始加载到 75 s 没有明显的声发射信号产生，因为 C 组煤样原生裂隙较多，初始加载阶段压密期间产生少量声发射事件，75 s 以后出现多次持续时间很短的声发射计数率峰值，说明产生裂纹后很快被压实，随后再次产生裂纹被压实，直至达到峰值强度压缩破坏；1 次浸水煤样相对干燥煤样平均计数率降低。

② 浸水 2、3、4 次后煤样声发射特征基本相似，在峰值前声发射活动比较活跃，产生多个声发射峰值，这与煤样浸水后摩擦系数和内聚力降低有关。应力峰值以及声发射峰值出现的时间相对干燥煤样平均滞后 30 s 说明浸水后煤样塑性增强，但随着浸水次数增加声发射平均计数率、计数率峰值均下降不大，说明浸水一定次数后浸水次数对声发射特征影响趋于稳定。

(2) 不同浸水次数煤样声发射能率特性

由图 5-23 可以看出 A 组煤样在不同浸水次数状态下单轴压缩声发射能率特征如下：

① 干燥煤样能率与声发射计数率曲线基本一致。在加载初期 60 s 内能率较低，小能率事件较多，说明 60 s 内没有大的裂隙产生而释放较多能量。60 s 时出现一次能率峰值，此时出现大的破裂事件释放大量能量。60～75 s 间出现多次能率峰值，说明此阶段产生裂纹较多，裂纹逐渐贯通，在达到峰值强度时出现能率最大值，此时出现主破裂释放能量最多，随后煤样破坏，无声发射事件产生。

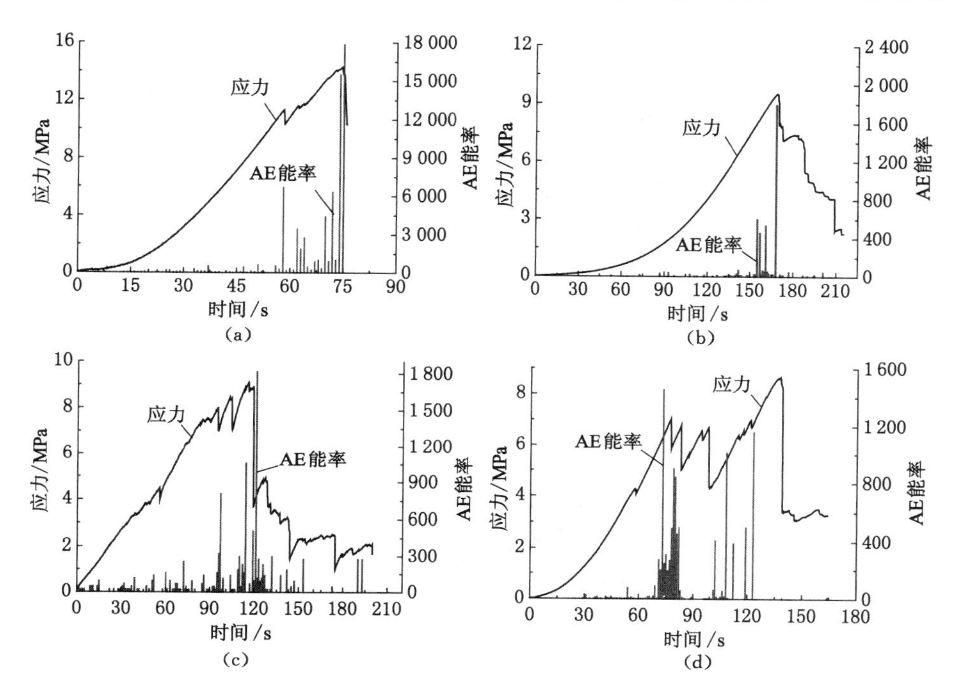

图 5-23 A 组煤样不同浸水次数下应力、AE 能率随时间变化关系

(a) 干燥；(b) 1 次浸水；(c) 2 次浸水；(d) 3 次浸水

② 一次浸水煤样能率与声发射计数率曲线相吻合。整个加载过程声发射能率低，峰值前小能率事件较多，150 s 时出现声发射能率峰值，此时出现大的裂隙，峰值强度时对应声发射能率最大值，出现主破裂裂纹。相比干燥煤样，一次浸水煤样声发射能率明显降低。

③ 二次浸水煤样能率与声发射计数率曲线相一致。加载前期声发射能率较小，没有大的裂纹产生，90 s 进入塑性阶段，声发射能率有所上升为之前弹性阶段的 3～5 倍，此阶段裂纹不断扩展，直至 120 s 产生能率最大值，表示裂纹贯通，产生破裂。同时，能率最大值滞后峰值强度产生也说明浸水使煤样弱化，塑性增加。

④ 三次浸水煤样能率与声发射计数率曲线基本吻合。加载初期没有声发射产生，在 70～120 s 间声发射活跃，且持续出现多个声发射能率峰值，能量在峰值前集中释放，峰值强度前煤样已经破坏，这与煤样浸水强度弱化有关。

由图 5-24 可以看出 C 组煤样在不同浸水次数状态下的单轴压缩声发射能率特征如下：

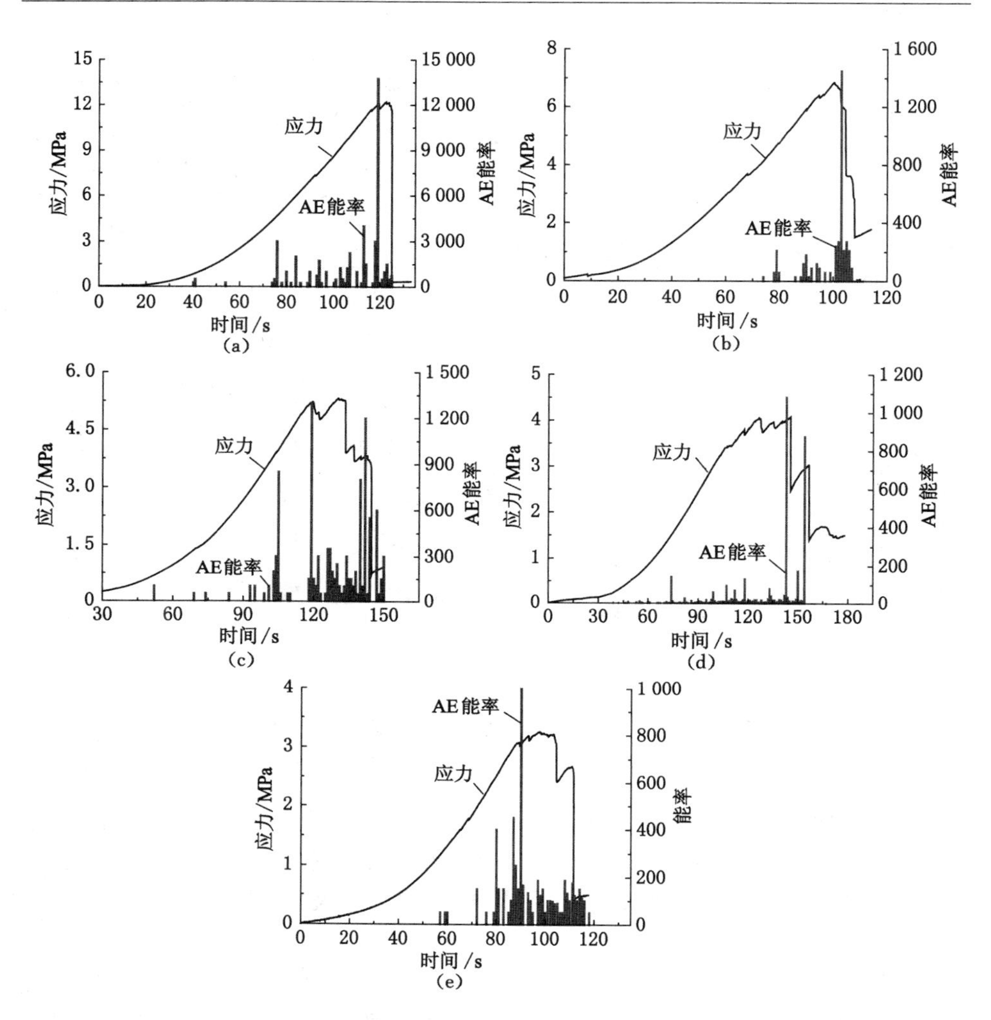

图 5-24 C组煤样不同浸水次数下应力、AE能率随时间变化关系

(a) 干燥;(b) 1次浸水;(c) 2次浸水;(d) 3次浸水;(e) 4次浸水

① 干燥煤样能率与声发射计数率曲线基本一致。加载初期压密阶段能率较低,80 s后能率开始增加,弹性阶段声发射能率比较稳定,出现较低的能率峰值,煤样有小的裂纹产生,直到120 s达到96%峰值强度时出现能率的最大值,此时对应大的破裂事件,干燥煤样脆性较大,破裂发出大的声响,释放大量能量。

② 一次浸水煤样声发射能率与声发射计数率变化规律相吻合。在压密阶段基本没有高能率事件产生,在80 s以后能率开始增加,增加后基本保持稳定,

仅在峰值强度附近出现一次能率峰值，之后能率降低，说明峰值强度前没有出现大的破裂，达到应力峰值时煤样破坏，释放大量能量。

③ 二次、三次、四次浸水煤样声发射能率变化规律基本一致，声发射能率最大值出现在峰值载荷之前，说明煤样遇水强度弱化，三组煤样能率最大值和能率均值相差不大，说明浸水次数超过两次以后随着浸水次数的增加，其对煤样力学性质的影响趋于稳定。

(3) 不同含水状态下声发射累计振铃计数、累计能量对比分析

根据实验结果绘制不同浸水次数的 A 组、C 组两组煤样声发射累计振铃计数以及累计能量随时间变化的关系曲线如图 5-25 和图 5-26 所示。

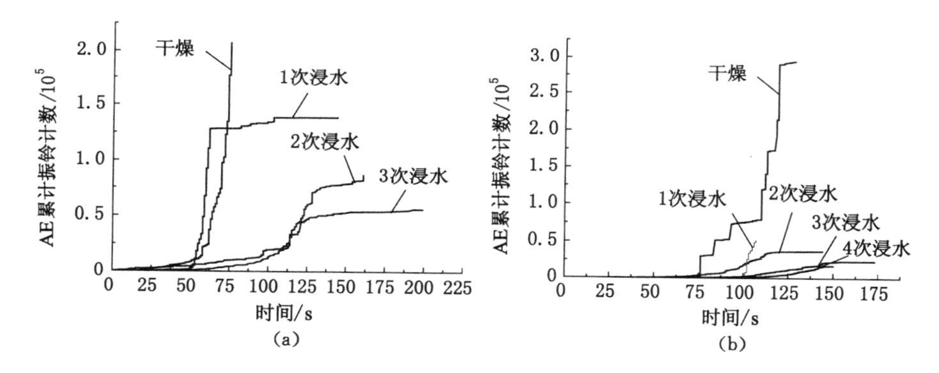

图 5-25 不同浸水次数煤样 AE 累计振铃计数关系曲线

(a) A 组煤样；(b) C 组煤样

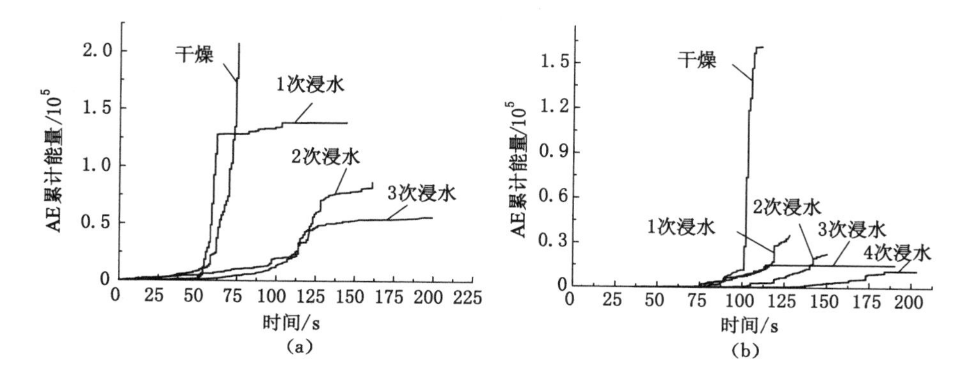

图 5-26 不同浸水次数煤样 AE 累计能量关系曲线

(a) A 组煤样；(b) C 组煤样

由图 5-25 和图 5-26 可以得出，煤样浸水后使煤样单轴压缩声发射累计计数和累计能量均减小，同时还产生声发射现象滞后，这主要与水作用下煤体内部颗粒间摩擦系数和颗粒晶体间的联结力的减弱有关。从两图还可以看出，随着浸水次数的增加，声发射累计计数和能量的曲线都表现出增加趋势由陡峭变平缓的特点。在浸水次数较多时尤其 3 次浸水以后，不同浸水次数累计计数和累计能量随时间变化规律基本相同，且累计计数与累计能量的值也相差不大，说明浸水次数对煤体的影响在浸水次数较少时比较明显，随着浸水次数增加，反复浸水次数对煤样强度的影响相对较小。

以上从声发射的计数率特性、能率特性以及累计计数和累计能量特性几个方面分析了浸水次数对煤样声发射特征的影响，可得出以下结论：

① 从 A 组、C 组不同浸水次数煤样单轴压缩情况下声发射实验结果可以看出，全部试样单轴压缩受压破坏过程中均有声发射信号产生，声发射计数、能率的最大值均出现在应力峰值附近的短时间内，且声发射信号特性参数随时间的变化趋势与煤样单轴压缩的应力—应变具有很好的一致性。

② 浸水后煤样在加载初始压密阶段和干燥煤样均只有少量声发射事件。干燥煤样平均声发射计数率为不同浸水次数状态下煤样的 2～5 倍，主要是煤样浸水软化后变形破坏激烈程度减弱；弹性阶段不同浸水次数煤样和干燥煤样声发射计数率比较稳定，声发射平均计数率相差不大；塑性阶段以后干燥煤样和浸水煤样声发射计数率均明显增加，煤样平均计数率是弹性阶段的 5～8 倍；破坏阶段煤样声发射计数率达到峰值，可以看到煤样微破裂甚至崩裂的发生。

③ 浸水后煤样相对干燥煤样大能率声发射事件较少，A、C 组干燥煤样声发射平均能率分别为 1 次浸水煤样的 7.5 倍和 9.3 倍，A 组 1 次浸水煤样声发射能率为 3 次浸水煤样的 1.5 倍，C 组 1 次浸水煤样声发射能率为 4 次浸水煤样的 1.6 倍。说明浸水后煤样变形破坏剧烈程度降低，峰值前聚能与峰值后释能能力降低，随着浸水次数增加，降幅逐渐减小。

5.4.2 不同浸水次数煤样损伤声发射参数表征

振铃计数是描述声发射信号特征的多个参数中能够较好地反映材料性能变化的特征参量。本小节选用振铃计数和累计振铃计数对不同含水率煤样的单轴压缩损伤特性进行描述，以期更好地反映不同浸水次数煤样的变形破坏特征。

煤样单轴压缩达到峰值应力后，开始产生大量宏观裂隙，随载荷增加裂隙进一步扩展，在煤样单轴压缩开始前没有声发射活动，此时损伤值为 0，单轴压缩实验完成后声发射活动停止，此时损伤值为 1。根据实验记录的声发射数据，基于“归一化”累计声发射振铃计数的损伤变量，绘制 A、C 两组煤样不同浸水次数状态下的损伤演化规律，如图 5-27 和图 5-28 所示。

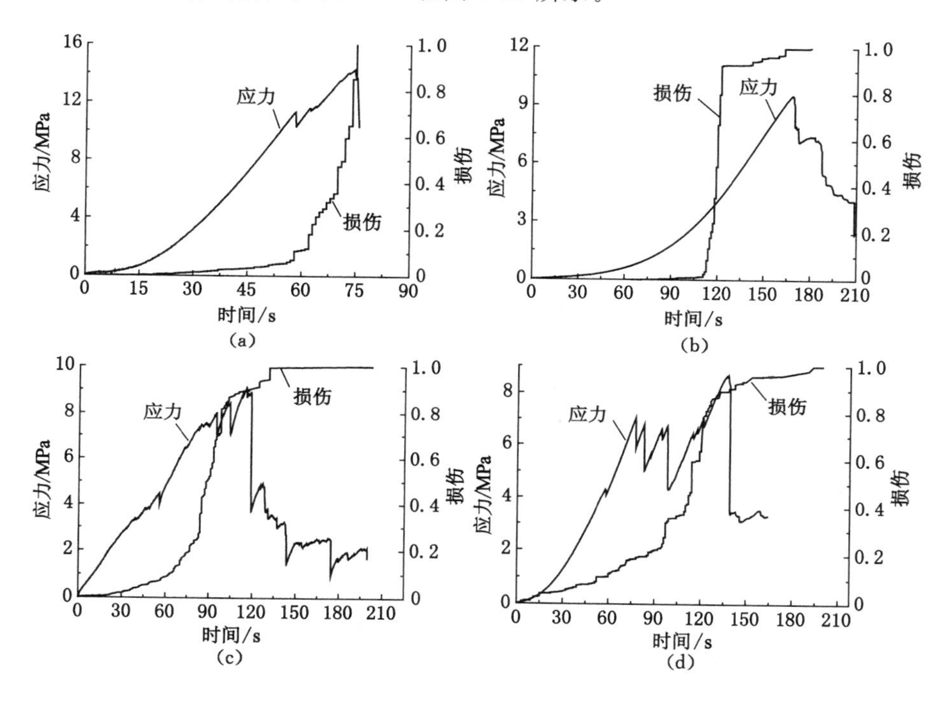

图 5-27 A 组煤样不同浸水次数下应力、损伤随时间变化关系
(a) 干燥；(b) 1 次浸水；(c) 2 次浸水；(d) 3 次浸水

从图 5-27 和图 5-28 可以看出，反复浸水煤样与不同含水率煤样加载损伤类似，在初始压密阶段几乎没有损伤演变，损伤变量为 0；弹性阶段损伤变量有一定幅度的增加，当应力达到峰值的 20%～30%时损伤开始加剧，直到达到峰值应力煤样破裂损伤值持续增加，将 20%～30%峰值应力定为门槛值。应力达到门槛值后，由于外载荷的作用，煤样内部裂隙迅速扩展，声发射活动频繁，随着裂纹不断贯穿汇合，最终形成宏观破断，此时煤样声发射活动最为活跃，声发射计数增加，损伤值也持续增加。干燥煤样损伤曲线表现为增加部分比较急促，而随着浸水次数的增加损伤曲线增长趋于缓慢，主要因水的软化作用使煤样塑性增强。但是随着浸水次数增加变化趋势基本一致，说明多次浸水后浸水次数对煤样加载损伤影响不显著。

从图 5-27 和图 5-28 还可以看出，以声发射计数为损伤变量的反复浸水煤样

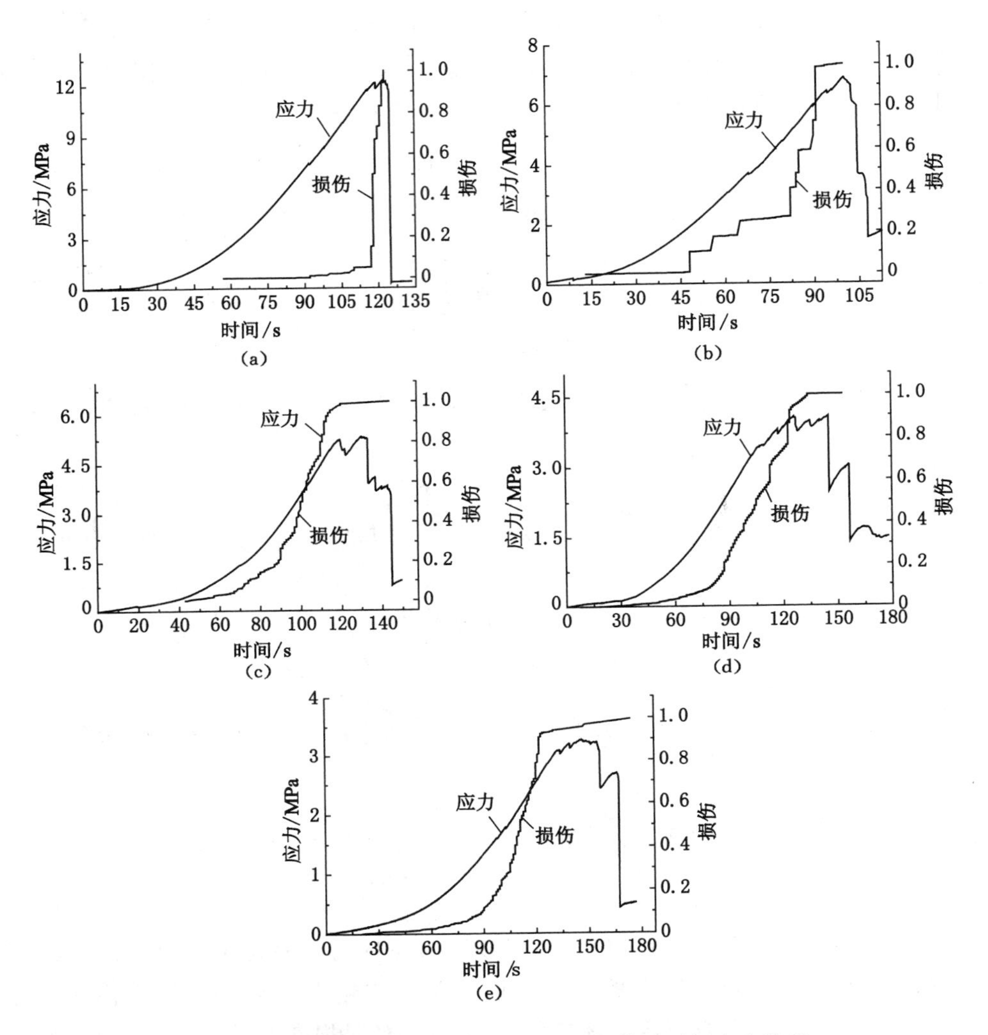

图 5-28 C 组煤样不同浸水次数下应力、损伤随时间变化关系

(a) 干燥;(b) 1 次浸水;

(c) 2 次浸水;(d) 3 次浸水;(e) 4 次浸水

单轴压缩损伤随时间演化曲线总体可以分为凹凸两个部分曲线。以 t_s 作为曲线转折点,以加载时间为损伤变量,可得反复浸水煤样分段曲线损伤模型为:

$$D=\begin{cases} a\left(\dfrac{t}{t_s}\right)^b & (0 \leqslant t \leqslant t_s) \\ 1-c\left(\dfrac{t}{t_s}\right)^d & (t > t_s) \end{cases} \tag{5-12}$$

式中，a，c，b，d 为材料参数，其中，$a+c=1$。

由式(5-12)结合实验结果进行数值拟合，可以检验损伤变量随时间演化实验值与理论值相关关系，拟合曲线如图 5-29 和图 5-30 所示。

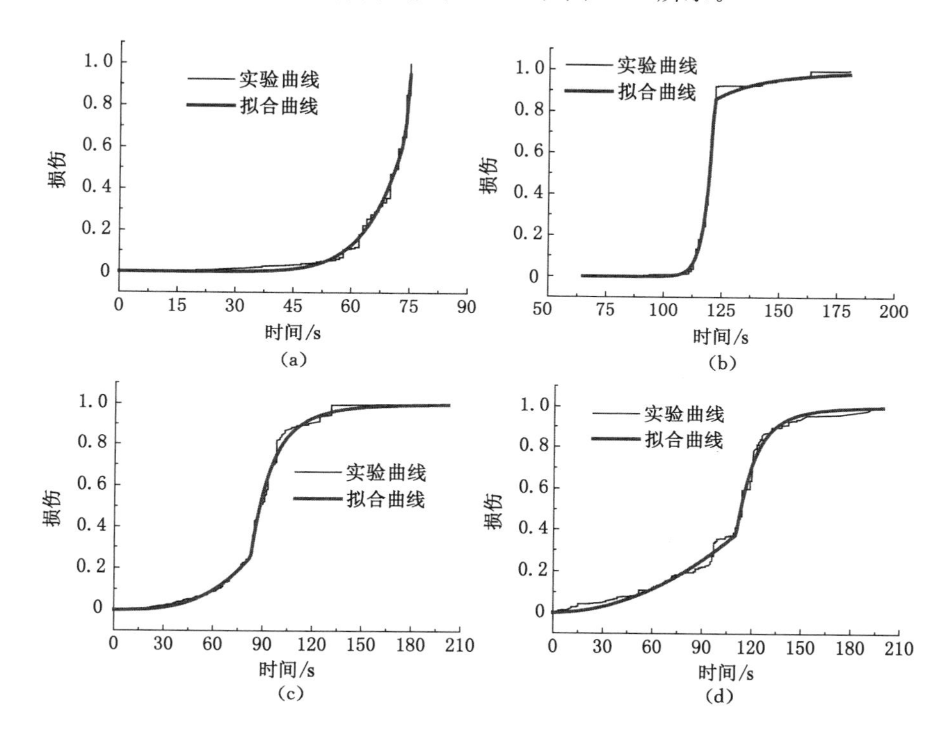

图 5-29 A 组不同浸水次数煤样损伤演化曲线

(a) 干燥；(b) 1 次浸水；(c) 2 次浸水；(d) 3 次浸水

根据两组煤样在不同浸水次数下损伤演化曲线的拟合结果，可以得出与之相对应的损伤模型参数如表 5-6 所示。将表 5-6 中的对应参数带入式(5-12)可以得到不同含水率状态下煤样单轴损伤，将式(5-12)带入式(5-11)可得煤样本构方程：

$$\sigma=\begin{cases}E_0\varepsilon\left[1-a\left(\dfrac{t}{t_s}\right)^b\right] & (0\leqslant t\leqslant t_s)\\ E_0c\varepsilon\left(\dfrac{t}{t_s}\right)^d & (t>t_s)\end{cases} \tag{5-13}$$

式中，a，c，b，d 为材料参数，其中，$a+c=1$；E_0 为煤样无损伤时的弹性模量。

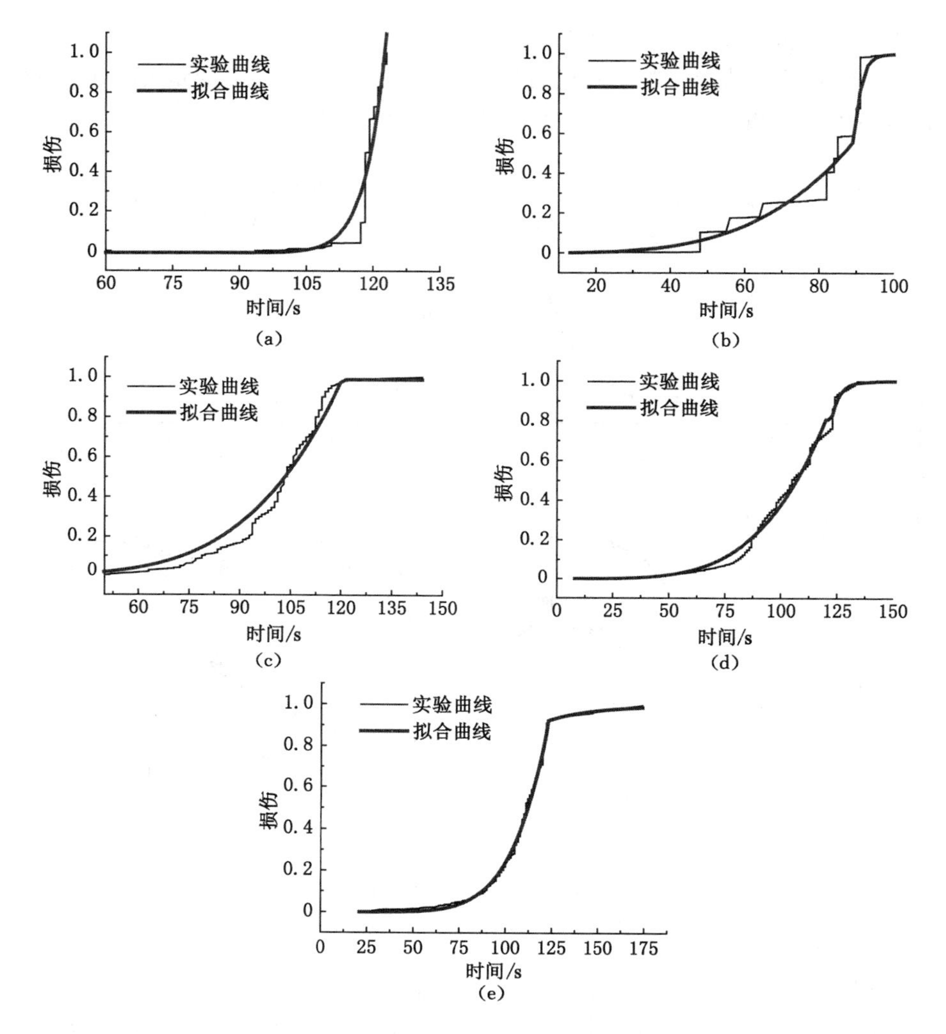

图 5-30 C组不同浸水次数煤样损伤演化曲线

(a) 干燥；(b) 1次浸水；(c) 2次浸水；(d) 3次浸水；(e) 4次浸水

表 5-6 不同浸水次数煤样单轴压缩损伤模型参数

组号	浸水次数	a	t_s/s	b	c	d	相关系数 R
A	0	0.635	74	7.849	0.365	−129.83	0.993
	1	0.844	121	34.273	0.156	−5.513	0.994
	2	0.251	83	3.007	0.749	−6.401	0.998
	3	0.376	111	1.931	0.624	−9.216	0.997

续表 5-6

组号	浸水次数	a	t_s/s	b	c	d	相关系数 R
C	0	0.624	124	25.775	0.376	−9.929	0.953
	1	0.559	89	3.564	0.441	−51.359	0.989
	2	0.412	157	19.923	0.588	−3.151	0.987
	3	0.833	121	4.178	0.167	−34.172	0.995
	4	0.891	123	6.444	0.109	−4.767	0.998

5.5 水作用下不同粒径试样单轴压缩声发射特性研究

在内力或外力的影响下，由于材料结构的非均匀性或缺陷，造成材料局部出现集中应力的情况，最终导致应变能释放的现象，这种释放现象是以弹性能的形式表现出来的。作为一种无损动态的检测手段，声发射技术可实现对试样内部结构损伤的连续检测。通过对试样声发射信号的分析和研究，可推断试样内部的性态变化，反演试样的破坏机制。目前的研究成果中缺乏含水试样力学破坏的声发射特征的研究。

本实验记录的用于反映试样受载作用后的内部破裂情况的参数主要有：计数、持续时间、幅值、上升时间、能量等。

5.5.1 水作用下不同粒径试样单轴声发射计数

为研究水作用下的不同粒径试样强度弱化特征，进行了不同含水率和粒径试样单轴压缩破裂实验，并进行了声发射测试。实验以声发射事件计数来对受载试样的声学特性进行描述，从而形成独立的声发射时间序列。

声发射计数是指声发射信号超过设定门槛值的声发射脉冲数。声发射计数与试样内部损伤程度呈正比。根据实验采集的声发射信号数据，得出了不同含水率和粒径试样声发射计数统计表见表 5-7，相应的统计直方图如图 5-31 至图 5-34 所示。

表 5-7 不同状态试样各阶段声发射计数统计表

编号	压密阶段		弹性阶段		屈服阶段		破坏阶段	
	平均值/次	最大值/次	平均值/次	最大值/次	平均值/次	最大值/次	平均值/次	最大值/次
A1	3 735	6 318	4 858	7 185	10 324	25 536	6 382	32 628
A2	3 233	5 658	4 691	11 518	12 591	29 649	6 657	27 572

续表 5-7

编号	压密阶段		弹性阶段		屈服阶段		破坏阶段	
	平均值/次	最大值/次	平均值/次	最大值/次	平均值/次	最大值/次	平均值/次	最大值/次
A3	3 964	7 939	3 954	7 603	11 065	25 090	8 177	25 446
A4	2 856	5 883	3 361	6 703	8 973	16 840	8 061	27 195
B1	3 282	6 491	2 543	4 689	6 066	26 105	6 835	29 665
B2	2 148	5 477	3 821	10 776	11 349	26 052	5 872	26 475
B3	2 769	5 920	3 816	14 395	8 117	15 982	9 590	27 313
B4	1 815	4 974	3 031	10 713	8 024	14 757	7 691	26 479
C1	3 057	6 744	4 831	12 388	10 647	25 384	6 602	29 965
C2	2 446	4 980	4 395	11 455	8 420	22 209	7 275	25 156
C3	2 580	5 986	4 469	11 627	12 437	24 387	7 876	25 875
C4	1 923	3 259	3 641	14 515	10 627	23 091	6 568	24 887
D1	2 458	5 086	3 597	15 300	8 885	25 470	8 679	28 506
D2	1 714	3 842	2 869	8 052	8 167	25 268	8 296	26 666
D3	2 442	5 299	2 997	12 088	10 225	22 116	6 333	24 954
D4	2 060	3 956	3 017	7 179	8 391	14 830	8 424	24 057

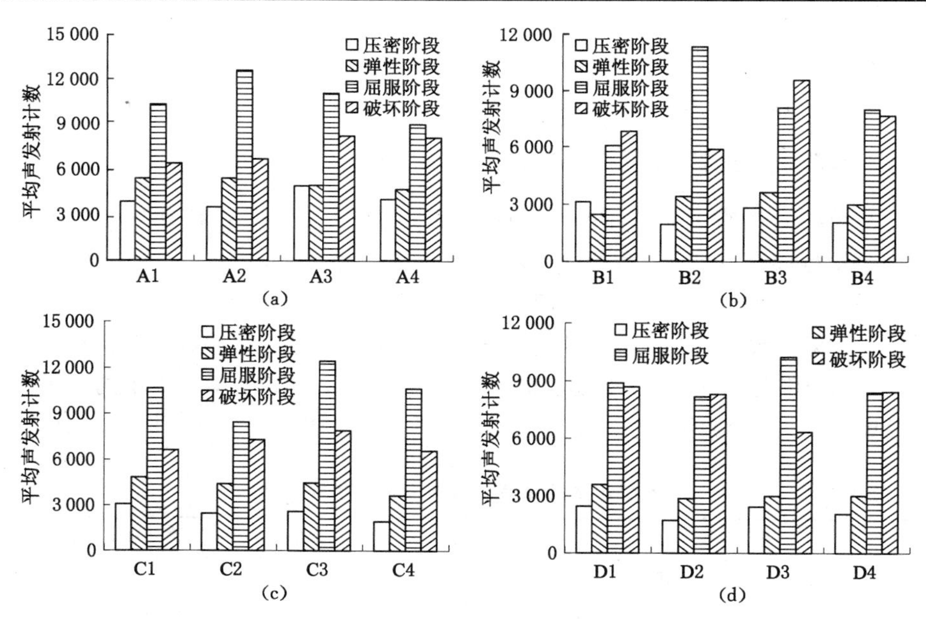

图 5-31　不同含水率试样单轴压缩各加载阶段平均声发射计数统计

(a) A组试样(粒径 1.807 mm)；(b) B组试样(粒径 1.309 mm)；

(c) C组试样(粒径 0.799 mm)；(d) D组试样(粒径 0.445 mm)

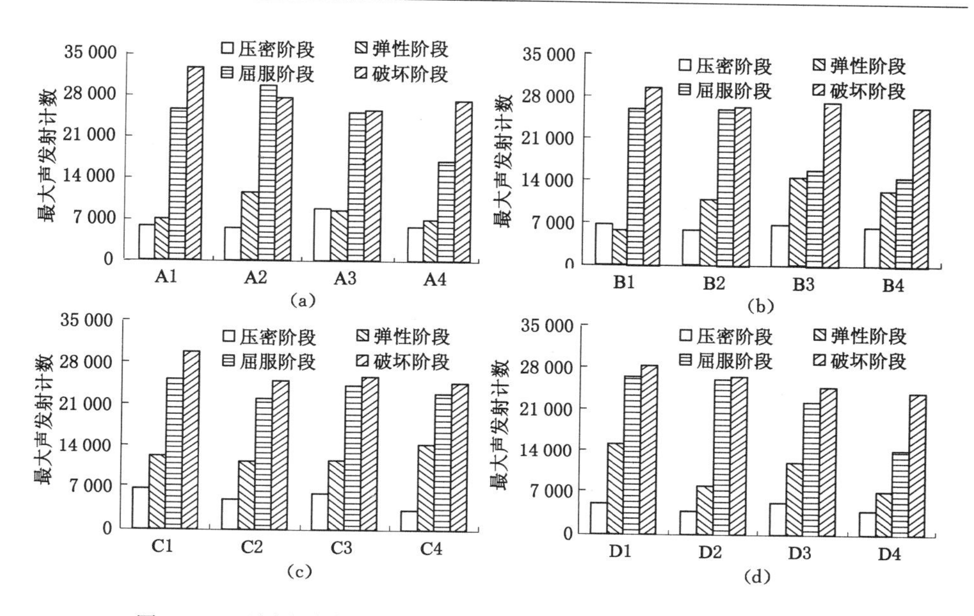

图 5-32　不同含水率试样单轴压缩各加载阶段最大声发射计数统计

(a) A 组试样(粒径 1.807 mm);(b) B 组试样(粒径 1.309 mm);

(c) C 组试样(粒径 0.799 mm);(d) D 组试样(粒径 0.445 mm)

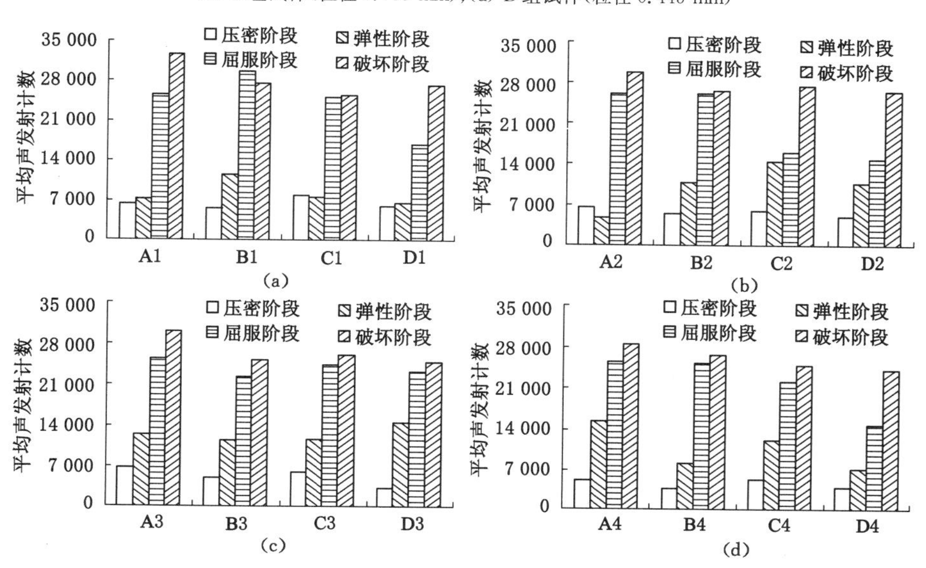

图 5-33　不同粒径试样单轴压缩各加载阶段平均声发射计数统计

(a) Ⅰ组试样(含水率约 0);(b) Ⅱ组试样(含水率约 3%);

(c) Ⅲ组试样(含水率约 6%);(d) Ⅳ组试样(含水率约 9%)

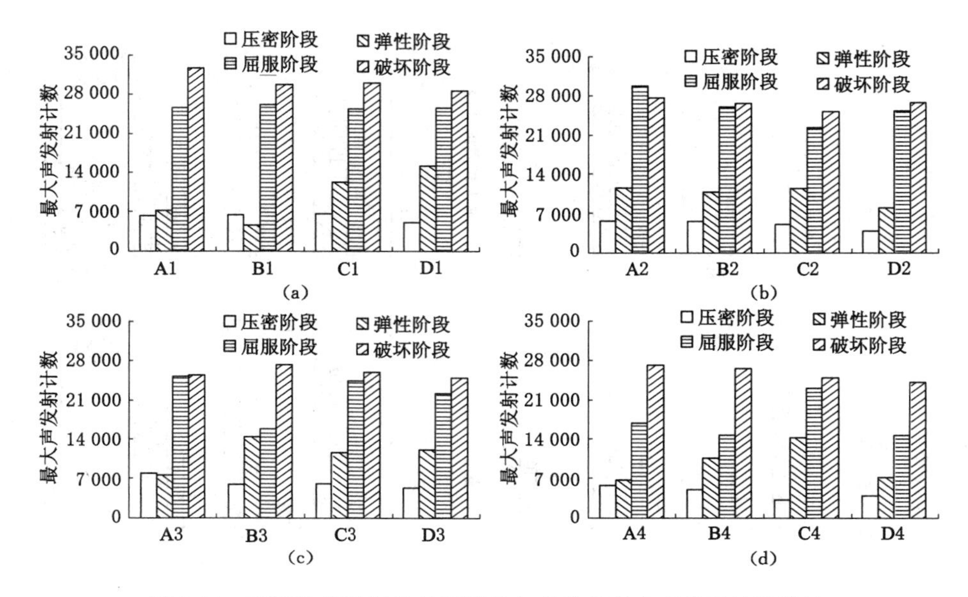

图 5-34　不同粒径试样单轴压缩各加载阶段最大声发射计数统计

(a) Ⅰ组试样(含水率约 0);(b) Ⅱ组试样(含水率约 3%);

(c) Ⅲ组试样(含水率约 6%);(d) Ⅳ组试样(含水率约 9%)

由表 5-8 及图 5-31 和图 5-32 可以得出四组不同粒径试样在不同含水状态下单轴压缩各加载阶段声发射特征如下:

① 在四阶段(压密阶段、弹性阶段、屈服阶段和破坏阶段)中,四组不同粒径试样平均声发射计数随含水率先逐渐增加,在屈服阶段达到顶峰,同时在破坏阶段有所降低,其中,A 组试样最大平均计数为 12 591,B 组为 11 349,C 组为 12 437,D 组为 10 225;而最大声发射计数在四阶段呈现递增趋势,最大声发射计数均出现在单轴压缩的破坏阶段,分别为 32 628、29 665、29 965、28 506。

② 对于四组不同粒径试样,随着含水率的上升,各加载阶段的平均声发射计数和最大声发射计数大致出现衰减趋势,且最大声发射计数下降趋势相对平均计数更为明显。

由表 5-8 及图 5-33 和图 5-34 可以得出四组不同含水率试样在不同粒径下单轴压缩各加载阶段声发射特征如下:

① 在四阶段中,四组不同含水率试样平均声发射计数随粒径先逐渐增加,在屈服阶段达到顶峰,同时在破坏阶段有所降低,其中Ⅰ组试样最大平均计数为 10 647,Ⅱ组为 12 591,Ⅲ组为 12 437,Ⅳ组为 10 627;而最大声发射计数在四阶段呈现递增趋势,最大声发射计数均出现在单轴压缩的破坏阶段,分别为

32 628、29 649、27 195、27 313。

② 对于四组不同含水率试样，随着粒径的增大，各加载阶段的最大声发射计数呈现出衰减趋势；而平均声发射计数与粒径的关系并不明显，呈现出上下波动的变化形态。

5.5.2　试样声发射计数与应力—应变曲线对比分析

将各含水率及粒径试样单轴压缩声发射计数随加载时间变化规律与对应的加载应力—应变曲线进行拟合，可得到加载试样破坏各个阶段对应的声发射计数特征，如图 5-35 至图 5-38 所示。

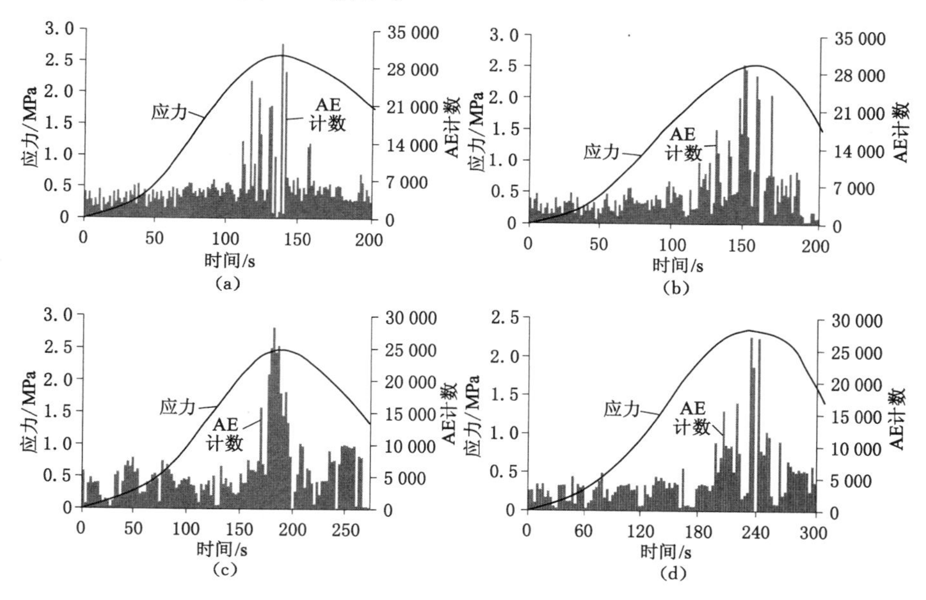

图 5-35　A 组试样不同含水率下应力、AE 计数随时间变化规律

(a) A1；(b) A2；(c) A3；(d) A4

由图 5-35 至图 5-38 所示水作用下不同粒径试样应力和声发射计数随时间的变化规律可以发现：

① 各组试样的声发射计数随时间的变化形态均较为相似，在压密阶段和弹性阶段声发射计数均较小且保持相对稳定，维持在 10 000 以下。进入屈服阶段后，声发射计数显著增加，这主要是由于试样内部裂隙迅速产生和扩展引起的。声发射计数在应力达到峰值瞬间时同样达到最大值，随后迅速降低，表明试样已经完全进入破坏阶段。

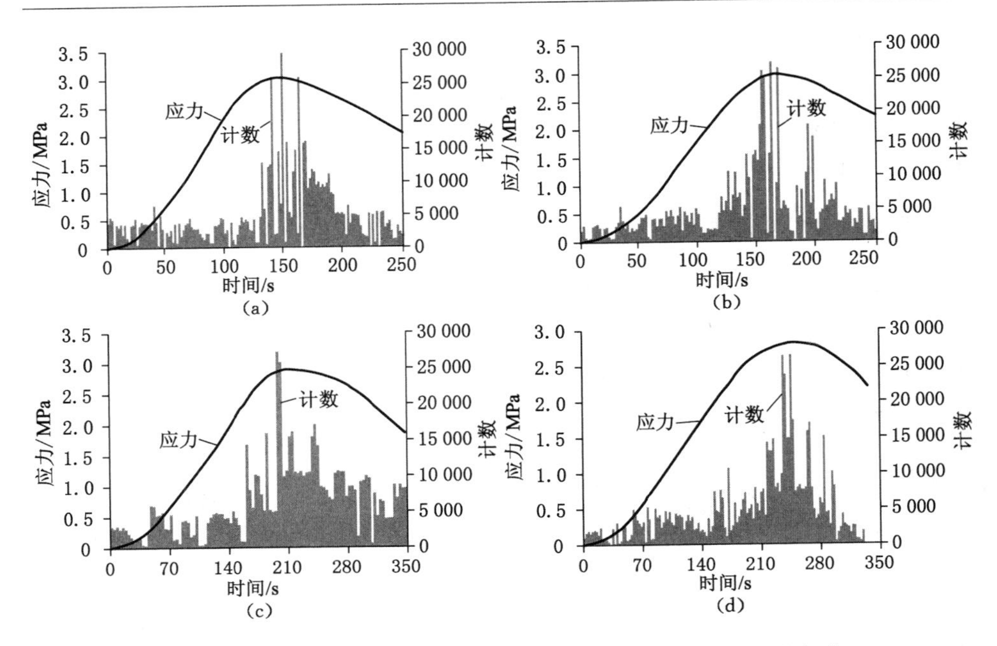

图 5-36　B 组试样不同含水率下应力、声发射计数随时间变化规律

(a) B1;(b) B2;(c) B3;(d) B4

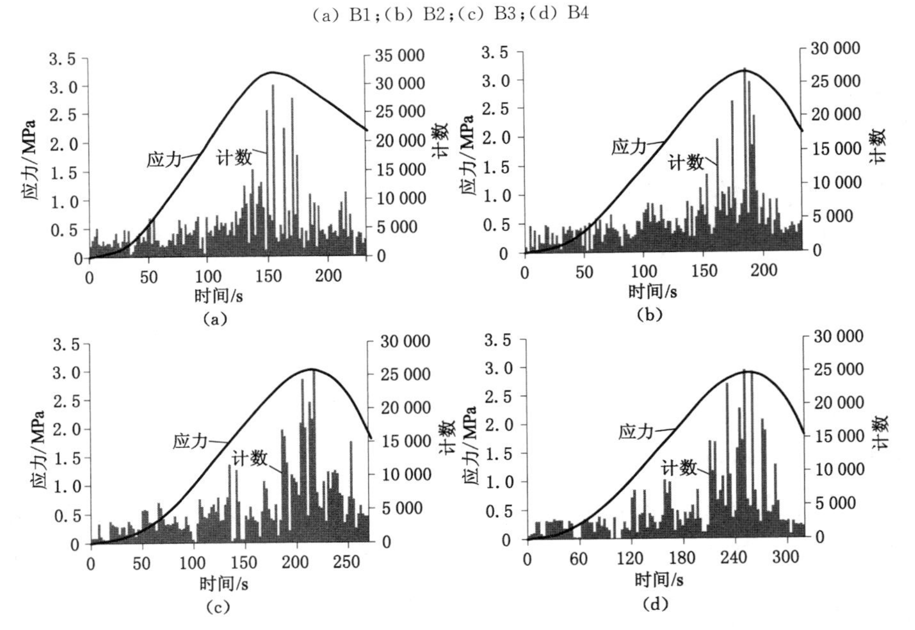

图 5-37　C 组试样不同含水率下应力、声发射计数随时间变化规律

(a) C1;(b) C2;(c) C3;(d) C4

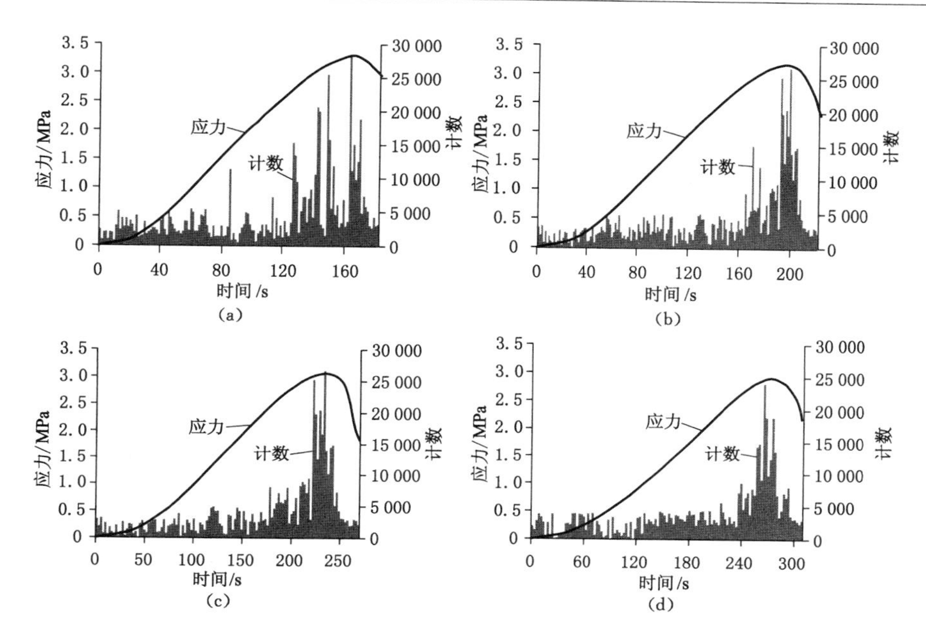

图 5-38　D组试样不同含水率下应力、声发射计数随时间变化规律

(a) D1;(b) D2;(c) D3;(d) D4

② 随着含水率的上升,试样的弹性模量和脆性受到不同程度的削弱,导致试样裂隙发育和扩展时释放的弹性能量降低、塑性增强,试样各加载阶段的平均和最大声发射计数以及声发射峰值数量因而均出现下降趋势。

③ 对于不同含水率试样,随着粒径的增加,声发射计数峰值同样有所下降,其潜在原因是试样脆性降低,而粒径对平均声发射计数以及计数随时间的变化规律的影响不甚明显。

6 水作用下煤岩体损伤数值计算研究

岩石材料的宏观力学效应是一种从微细观结构变化导致其宏观力学性质改变的过程，这种复杂作用的微细观过程是自然界岩石变形破坏的关键所在[183]。不同含水率条件下岩石材料的变形破坏特性的变化是岩石在宏观上的力学特性及表面裂纹演化的表现，这些宏观表现与其内部细观结构的变化有着密切的关系。众所周知，岩石材料内部存在许多孔隙、空洞、微裂纹等缺陷，而大多数情况下，水环境对岩石材料的弱化作用正是从这些初始损伤开始的[184]。因此，从细观层次上深入了解不同含水率条件下岩石的损伤演化过程对于正确认识含水率对岩石的力学损伤特性具有重要意义。

研究岩石材料的变形破坏过程最为有效的方法是实验，但受实验方法、手段和技术的限制，细观参数和结构的变化获取比较困难。在理论方面，受限于目前数学、力学等研究的发展水平，理论分析难以分析岩石破裂过程中内部细观材料和结构相互作用的问题。相关的实验研究结果表明，在高倍显微镜的观察下，岩石材料呈现颗粒结构。基于岩石材料细观颗粒结构的认识，选择颗粒流数值模拟软件 PFC2D 作为数值实验的分析平台。通过 PFC2D 可以实现对岩石材料细观断裂破坏机理、渐进破坏过程进行数值实验和分析，为实现岩石材料的细观研究提供便利的途径。

6.1 颗粒流数值计算

6.1.1 PFC2D 概述

PFC2D 颗粒流软件将研究材料离散成由接触黏结在一起的颗粒集合体，由基础的牛顿第二定律控制其运动。颗粒可以实现旋转、张开和分离等行为，模拟可实现岩石破裂过程中裂纹的萌生、演变和扩展过程。PFC 作为目前应用最为广泛的颗粒流软件，由于其能模拟实现损伤累计、失稳破坏等多种岩石力学特性，被用于研究与岩石相关的力学问题。

PFC2D颗粒流软件在数值计算中作出如下假设[185,186]：① 颗粒单元为刚性体；② 接触发生在很小的范围内；③ 接触特性为柔性接触；④ 接触处有特殊的黏结强度；⑤ 颗粒单元为圆盘。

对于工程中的实际情况，认为岩石材料的变形发生在软弱结构面或结构带，与颗粒自身无关。数值试样的部分宏观力学特性可以通过试样内部的测量圆度量其内部的应力和应变。

由于颗粒流将数值模拟对象解释为离散颗粒体集合，故颗粒之间不需要变形协调的约束，只需要满足平衡方程。PFC2D软件采用最基本的颗粒单元和最基本的力学定律——牛顿第二运动定律描述模拟介质的复杂力学行为，按照时间步迭代，遍历整个颗粒集合，直至满足所设定的颗粒平衡条件，其计算过程见图6-1。

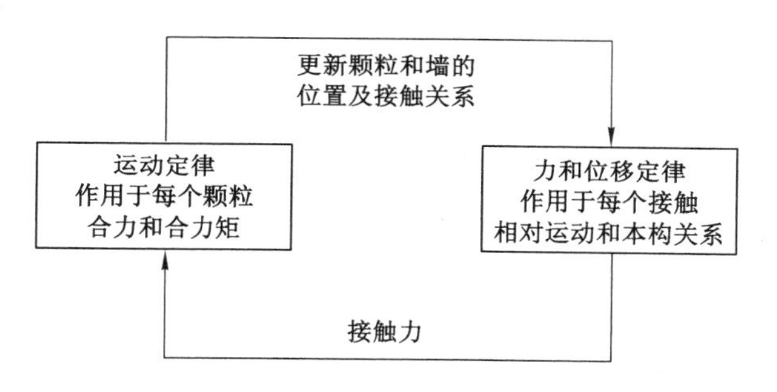

图6-1　PFC2D计算流程图

PFC2D中的颗粒黏结模型包括接触黏结模型和平行黏结模型两种。由于平行黏结模型能够同时考虑力和弯矩，较仅能传递力的黏结模型更适合表现岩石材料的受力破坏情况，其受力破裂过程可由图6-2描述。

根据PFC的相关理论，平行黏结模型是将微观颗粒胶结简化为梁模型。即将外部的法向力、剪切力和扭矩换算成法向应力和切向应力，若应力大于胶结强度，则胶结破坏。该推导过程忽略了颗粒对胶结的局部影响，违反了圣维南原理。简而言之，平行黏结模型的破坏准则过于简化，仅仅单独考虑了胶结的抗拉和抗剪特性，忽略了法向力对胶结强度的影响，得到的强度包线是线性的，与实际岩石的胶结破坏方式不能完全符合。

同时，M. Diederichs[189]研究发现，PFC数值实验获得的脆性岩石单轴抗拉强度较高，导致单轴抗压强度与单轴抗拉强度比值通常为UCS/TS比值多为

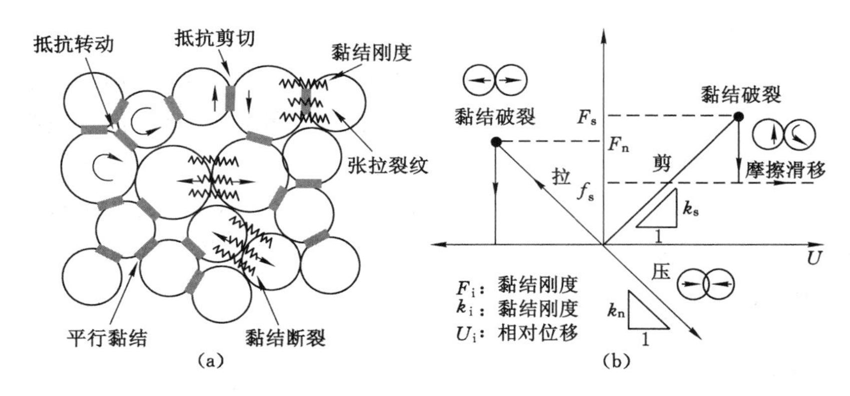

图 6-2　平行黏结模型和黏结破裂过程示意图[187,188]

3～4，与实际情况相差较多。D. O. Potyondy 和 P. A. Cundall[190] 分析认为，造成该问题的原因是 PFC 模型中颗粒单元不能很好地反映岩石内部的不规则矿物结构，进而无法产生岩石颗粒之间的自锁效应。而余华中等[191] 认为，原因可能在于颗粒流模型介质中包含岩石材料的初始缺陷。

在岩石力学研究中常常采用单轴抗压强度作为岩石力学特性指标，但相关研究表明，拉破裂在岩石材料失稳破坏过程中具有重要的作用，所以需要尽可能地考虑抗拉强度的匹配问题。而在数值计算模型中加入聚粒或颗粒簇可将 UCS/TS 明显增大，弥补平行黏结模型的不足。

利用 PFC2D 颗粒流软件中的 fish 程序和文献[192]提供的方法可以实现簇颗粒模型的生成，实现该功能的逻辑步骤为：

① 生成预定的随机颗粒模型；

② 设置生成颗粒簇的内部最大颗粒数目；

③ 选取某一颗粒，作为第一个颗粒簇的第一个颗粒；

④ 遍历与第一个颗粒接触的颗粒，判断其接触颗粒是否属于任何颗粒簇，若不属于将其加入到颗粒簇内，直至该颗粒簇达到最大颗粒数；

⑤ 继续循环，直至所有颗粒加入到某一颗粒簇内部。

6.1.2　PFC2D 模拟声发射理论基础

在 PFC 数值模拟软件中，颗粒间的接触被破坏的同时伴随着能量的释放，相应的震源信息也会被记录下来。用于计算震源信息的一种较为简单的方法就是监测颗粒之间的运动，通过记录两个相邻颗粒间的相对移动即可获得震源信息。然而，主要的问题是在 PFC 软件中由于每个颗粒的大小是相似的，所以相邻两颗粒接触处破坏时所释放的能量也相差不大。这与事实并不相符，在真实的实验中，声发射信号是服从频率—幅值的幂指数分布的，因而其幅值相差很大。基于实际情况，本节假设在PFC中当颗粒接触处发生破坏时（即微裂隙），如果它们在时间和空间上都很接近，那么就可以认为它们同属于某个大裂隙的一部分。众所周知，在实际情况中，大多数大的声发射事件本质是由微裂隙的大量产生和粗糙表面的剪切滑移所构成的，而剪裂隙的传播速度是可以进行推算的。因而本节进行声发射模拟的基本假设是在PFC中声发射事件也是由某些微裂隙共同组成的。PFC模拟声发射的原理如下：

（1）当某一接触破坏时，声发射源范围有三种确定方式：① 构成该微裂隙的两个颗粒，如图6-3(a)中的黑色部分；② 除①所述的部分外，还包括与其有接触的颗粒，即图6-3(a)中的黑色和深灰色部分；③ 除①和②中所述部分外，还包括与其有接触的颗粒，即图6-3(a)中的黑色、深灰色和淡灰色部分。本节采用第③种方式确定声发射源范围。

（2）声发射事件持续时间的确定是基于假设每个声发射事件是由剪裂隙的扩展造成的这一前提，而剪裂隙的扩展速度大约是该种材料中剪切波速的一半。因此，声发射事件的持续时间等于声发射源范围的半径与剪切波速一半的比值，式(6-1)至式(6-4)给出了详细计算方法：

$$\rho' = \rho(1-\Phi) \tag{6-1}$$

式中，Φ为试样空隙率；ρ为颗粒密度，kg/m^3；ρ'为试样平均密度，kg/m^3。

$$v_P = \sqrt{\frac{E}{\rho'}} \tag{6-2}$$

式中，E为试样的弹性模量，Pa；v_P为纵波波速，m/s。

$$v_S = v_P\sqrt{\frac{0.5\upsilon}{1-\upsilon}} \tag{6-3}$$

式中，υ为试样泊松比；v_S为横波波速，m/s。

$$t_c = \frac{2r_b}{0.5v_S} \tag{6-4}$$

式中，t_c为声发射事件持续时间，s；r_b为颗粒的平均半径，m。

（3）如果在某声发射事件的持续时间内，其声发射源范围内没有新的接触被破坏，即没有新的微裂隙产生，则该声发射事件停止；反之，新产生的微裂隙被归入该声发射事件中，然后重新计时，并将声发射源范围扩展直至包含新裂隙的所有相邻颗粒，图6-3(b)至图6-3(d)对其原理流程进行了阐释。

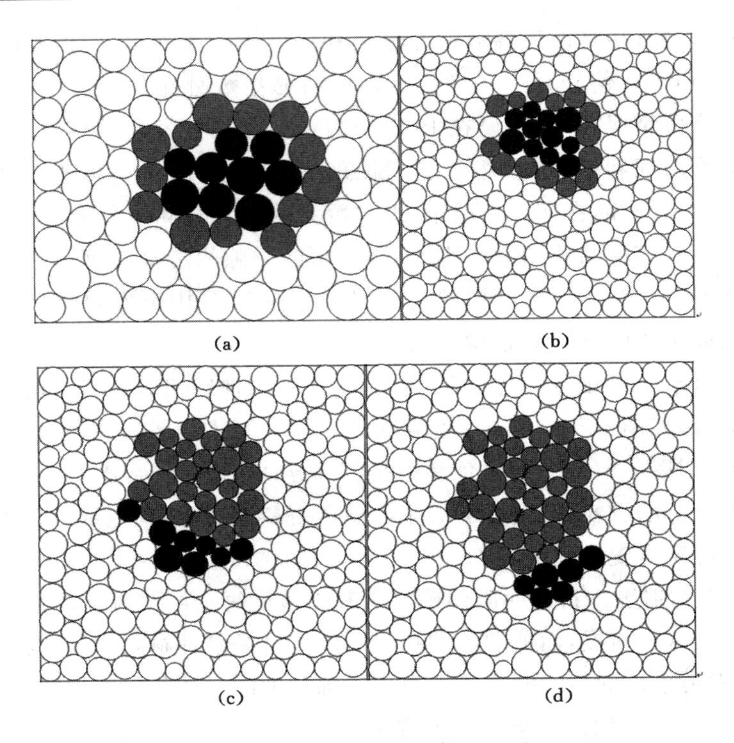

图 6-3　PFC 模拟声发射原理图

(a) PFC 中单个声发射事件，当两个相邻颗粒(黑色颗粒)接触被破坏时，记为一个声发射事件，与黑色颗粒有接触的颗粒被标记为深灰色，与深灰色颗粒有接触的颗粒被标记为淡灰色；
(b) 试样中某个接触处发生破坏，而在该声发射事件的持续时间内，其声发射源范围内没有其他微裂隙产生，则该范围即为最终的声发射源范围；
(c) 试样中某个接触处发生破坏，而且在该声发射事件的持续时间内，其声发射源范围内有新微裂隙产生，则声发射源范围需扩展至包含新的黑色颗粒；
(d) 试样中某个接触处发生破坏，在该声发射事件的持续时间内，在声发射源范围内出现第二个新裂隙，在新的持续时间和范围内产生新裂隙后所形成的声发射源范围

6.2　基于簇平行黏结模型的细观参数与宏观响应研究

6.2.1　岩石细观力学模型的建立

为保证模型建立的效率和效果，PFC2D 颗粒流软件先生成小颗粒圆盘，后

采用半径扩大法实现模型的预定孔隙率。数值模型建立过程中会出现接触数量小于 3 的悬浮颗粒，如图 6-4 所示颗粒。

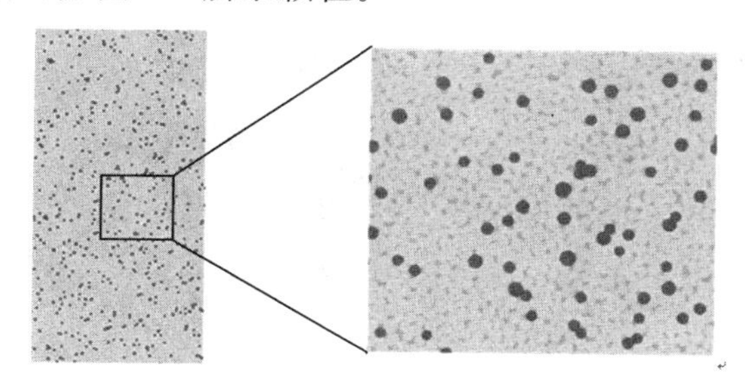

图 6-4 悬浮颗粒

为消除悬浮颗粒，计算模型进行以下步骤：① 搜索悬浮颗粒，将其固定并赋予 0 m/次的速度；② 扩大悬浮颗粒半径(默认值为 20%)使其与周围颗粒充分接触；③ 若悬浮颗粒在循环一定步数之后达到最大接触力小于容忍值，将其改为普通颗粒；④ 若悬浮颗粒在循环一定步数之后最大接触力大于容忍值，将其半径缩小 10%，然后重复步骤③，直至消除数值计算模型中所有的悬浮颗粒。最终得到尺寸为 50 mm×100 mm 的 PFC2D 数值计算单轴压缩模型，如图 6-5 所示。

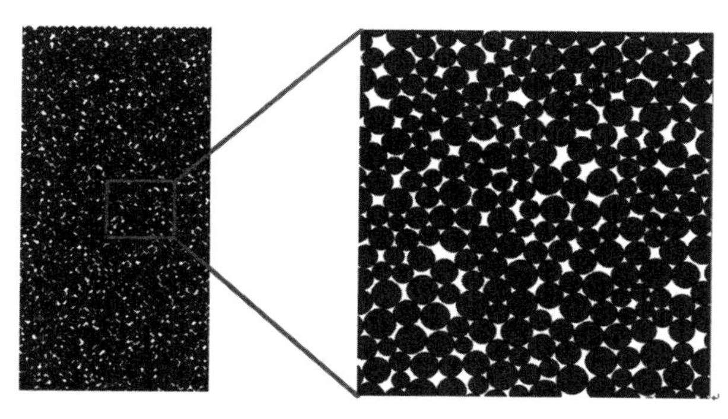

图 6-5 PFC2D 数值计算试件

利用给出的制作颗粒簇模型方式，将已生成的平行黏结数值计算模型做进一步处理，得到最终的数值计算模型，共包含 8 789 个颗粒，1 992 个颗粒簇，结果如图 6-6 所示。

由于岩石材料的物理力学参数不能直接应用于数值计算试件的细观参数，需进行匹配计算和数值仿真来建立岩石宏细观参数之间的关系和联系，这个过程通常称之为标定过程。

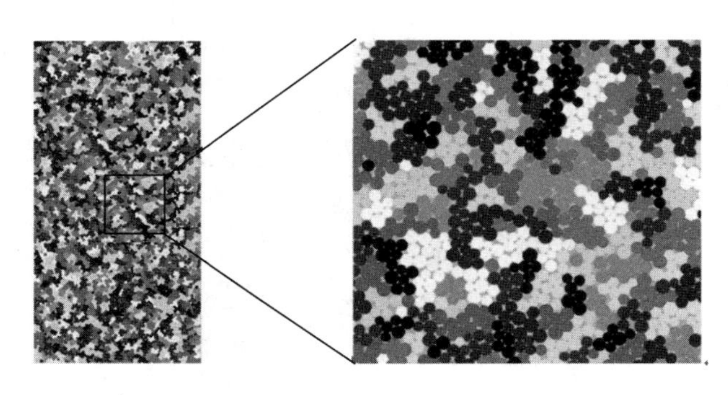

图 6-6　簇平行黏结模型

为保持与岩石力学室内实验中所采用的应力和应变参量方法一致，在模型加载过程中，应力采用基于墙的应力测量法，应变采用基础测量圆的应变测量法。

下面借助颗粒流数值模拟平台，对数值模型的参数敏感性进行分析，考察细观参数和宏观参数的关系，为后续的实际问题研究奠定基础。

采用 PFC2D 颗粒流软件进行单轴压缩数值计算大致可分为两个步骤：生成试样和加载。确定数值计算模型的宽度和高度，确定颗粒的最小半径及颗粒半径比值，根据均匀分布概率在指定区域生成颗粒，赋予颗粒部分参数，调用与簇颗粒模型生成相关的文件，将初始模型转换为簇颗粒模型。然后对加载的墙体赋值。

6.2.2　颗粒流模型宏细观参数关系研究

簇平行黏结模型能够提高单轴抗压强度与抗拉强度的比值，与平行黏结模型相比更能准确模拟岩石类材料力学特性，而对簇平行黏结模型中微观参数与宏观参数之间的关系进行研究相对较少，此部分主要探讨宏细观参数的演变规律。

(1) 颗粒弹性模量的影响

固定其他细观参数，改变颗粒的弹性模量，通过数值计算结果分析颗粒弹性模量对单轴压缩强度、弹性模量和裂隙数目的影响，结果见图 6-7。

由图 6-7 中的应力—应变曲线可直观地看出，颗粒弹性模量的增加能明显改变数值模拟试样的宏观弹性模量，对峰值应力的影响相对较弱。值得注意的是，颗粒弹性模量的变化对峰值应力附近的应力—应变曲线有一定的影响：颗粒弹性模量较小时，峰值应力阶段的曲线相对圆滑，随着颗粒弹性模量的增加，峰值应力附近的应力—应变曲线出现较为明显的波动，且峰后曲线下降的趋势越来越陡峭，最后应力—应变曲线在峰后以近乎垂线的形式下降。

根据数值计算结果和图 6-7 可知：① 当颗粒弹性模量增加到原数值的 19 倍

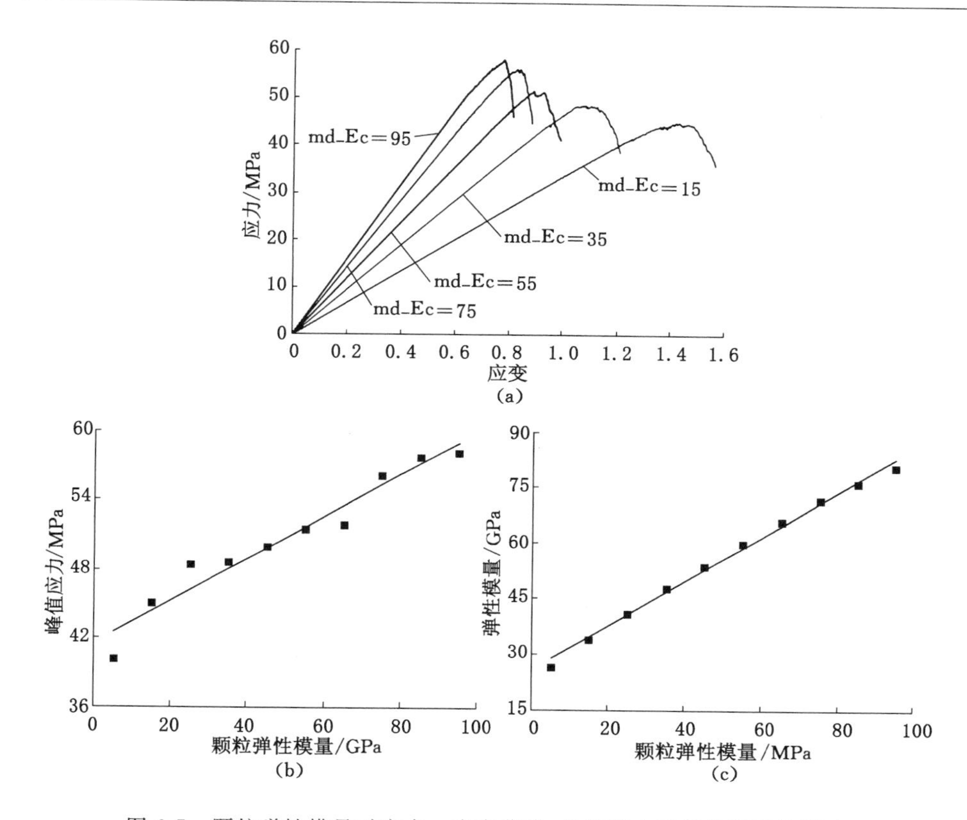

图 6-7 颗粒弹性模量对应力—应变曲线、峰值应力和弹性模量的影响

时，峰值应力仅增大为初始数值的 1.45 倍，但是相同的颗粒弹性模量增量在不同的区间对峰值应力的增加幅度影响不同；② 宏观弹性模量也呈现为随着颗粒弹性模量的增大而不断增大的结果，且增加到初始值的 3.07 倍，整体呈现出良好的线性规律，无较大转折点，回归相关系数 $R^2=0.993\,5$，具有很好的统计规律；③ 颗粒弹性模量的变化对宏观弹性模量的影响程度高于峰值应力。

此处所指拉裂纹是指破裂方向与载荷方向平行的情况，剪裂纹是指破裂方向与载荷方向垂直的情况。如图 6-8 所示，随着颗粒弹性模量的增加，裂纹数目出现明显的波动情况。从整体发展情况来看，拉裂纹数目变化与裂隙总数变化规律基本一致，且拉裂纹数一直高于剪裂纹数。

(2) 颗粒法向刚度与切向刚度比值的影响

固定其他细观参数，改变颗粒的法向刚度与切向刚度比值，通过数值计算结果分析颗粒法向刚度与切向刚度比值对单轴压缩强度、弹性模量和裂隙数目的影响，结果见图 6-9。

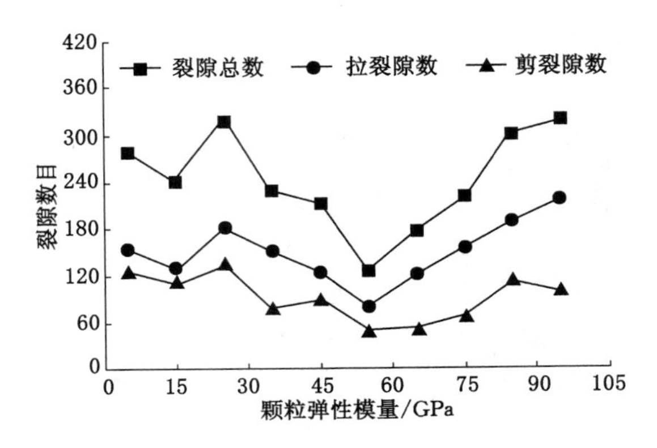

图 6-8　颗粒弹性模量对裂隙的影响

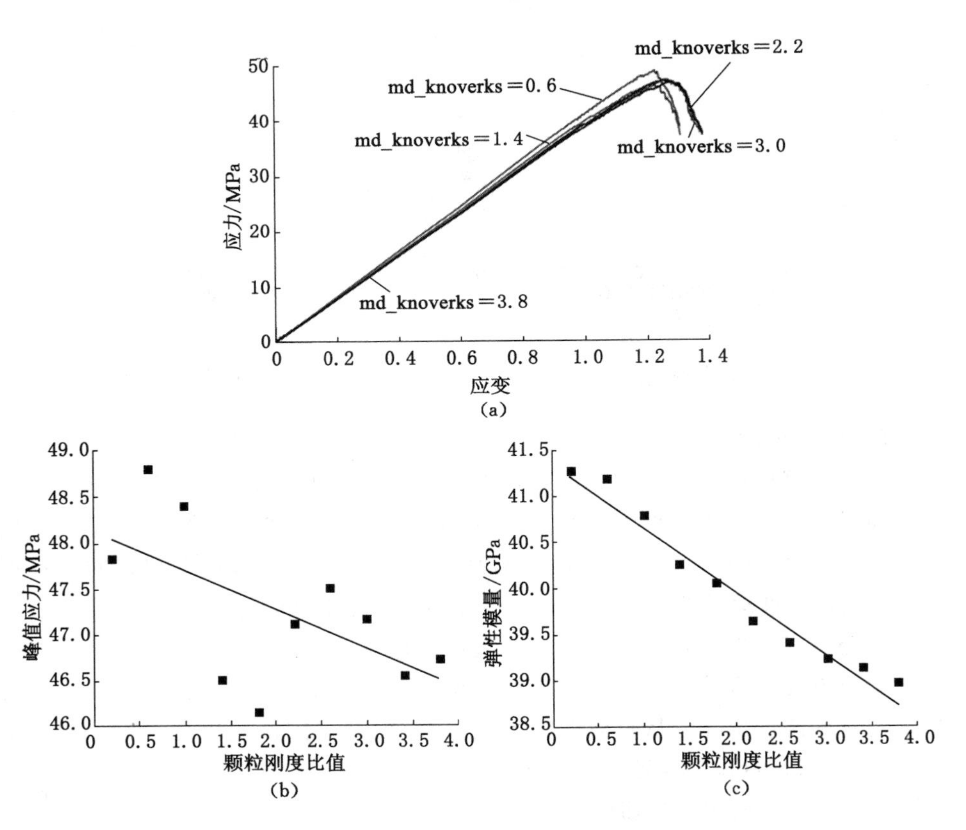

图 6-9　颗粒刚度比值对应力—应变曲线、峰值应力和弹性模量的影响

由图 6-9 可以看出，颗粒法向刚度与切向刚度比值对弹性模量和峰值应力

的影响较小。根据数值计算结果和图 6-9 可知：① 当颗粒刚度比值增加时峰值应力上下波动，但整体表现为随着刚度比值的增加峰值应力逐渐降低的趋势；② 宏观弹性模量随着颗粒刚度比值的增大逐渐降低，整体呈现出良好的线性规律，无较大转折点，回归相关系数 $R^2=0.9935$，具有很好的统计规律；③ 随着颗粒刚度比值的增加宏观弹性模量降低到初始值的 94%，说明颗粒刚度比值对宏观弹性模量影响不明显。

如图 6-10 所示，随着颗粒刚度比值的增加，裂纹数目出现明显的波动情况。从整体发展情况来看，裂隙总数与拉裂隙数表现为先增加后降低的趋势，且两者变化规律基本一致；剪裂隙受颗粒刚度比值影响较小，基本一直低于拉裂隙数。

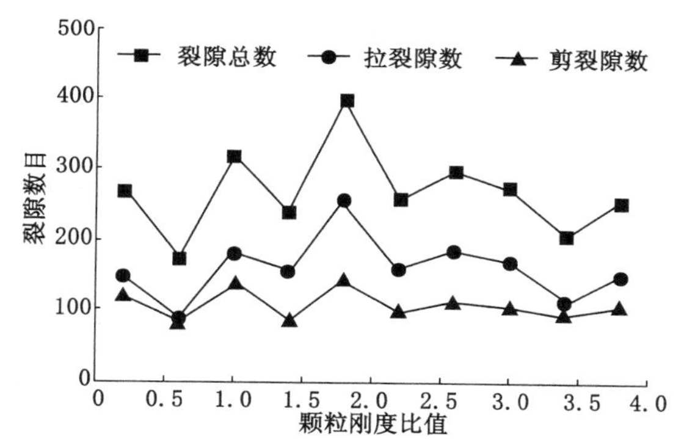

图 6-10 颗粒刚度比值对裂隙的影响

(3) 平行黏结半径的影响

固定其他细观参数，改变平行黏结半径，通过数值计算结果分析平行黏结半径对单轴压缩强度、弹性模量和裂隙数目的影响，结果见图 6-11 和图 6-12。

由图 6-11 中的应力—应变曲线可直观地看出，平行黏结半径的增加能明显改变数值模拟试样的宏观弹性模量和峰值应力。应力—应变曲线在峰值附近的变化也具有一定的特点：当平行黏结半径较小时，峰值附近的曲线比较平滑，逐渐增加平行黏结半径，峰值之后的曲线先锐化后逐渐平滑，但没有最小值时的曲线变化平缓。

平行黏结半径与峰值应力和宏观弹性模量呈现为线性增加趋势，具体表现为：① 峰值应力随着平行黏结半径的增大逐渐增大，整体呈现出良好的线性规律，无较大转折点，拟合函数关系为 $y=47.224x+0.1937$；② 弹性模量随着平行黏结半径的增大逐渐增大，拟合函数关系为 $y=27.135x+13.326$($R^2=0.9966$)；③ 当平行黏结半径增大为原值的 10 倍时，峰值应力增加为初始值的 8.87 倍，而弹性模量增加为初始值的 3.37 倍，说明平行黏结半径对峰值应力的

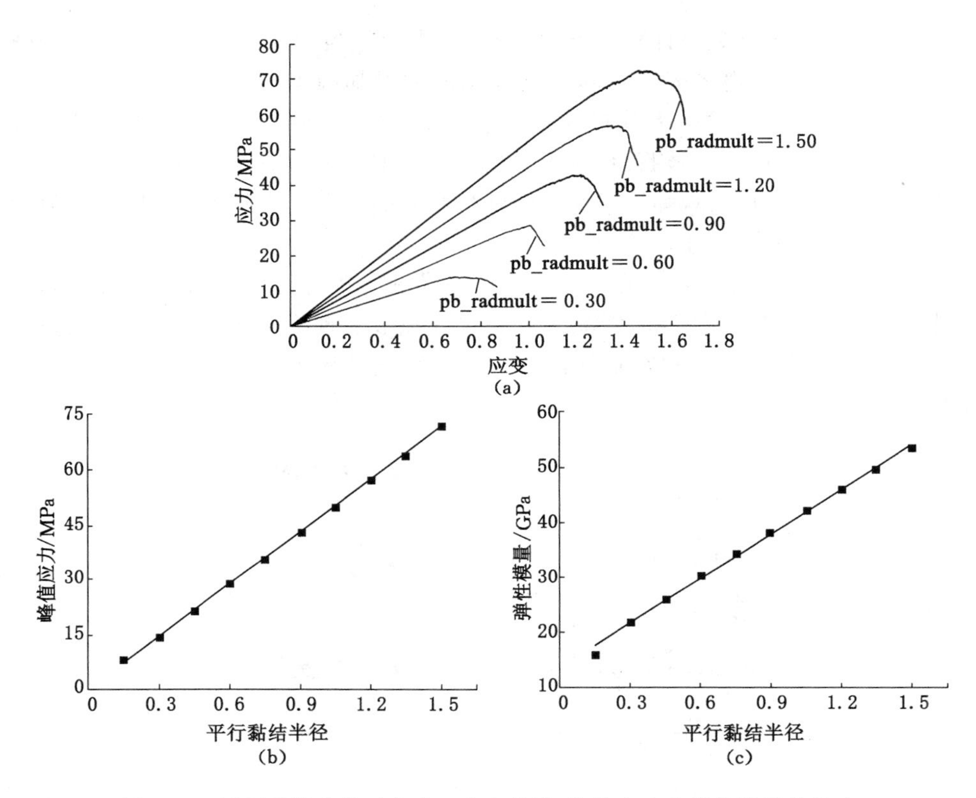

图 6-11 平行黏结半径对应力—应变曲线、峰值应力和弹性模量的影响

影响明显高于对弹性模量的影响。

如图 6-12 所示，随着平行黏结半径的增加，裂纹数目出现明显的波动情况。从整体发展情况来看：① 裂隙总数、拉裂隙数和剪裂隙数表现为先降低后曲折性增加的趋势，且三者变化规律基本一致；② 当平行黏结半径低于 0.3 时，拉裂隙数与剪裂隙数相差很小，但随着平行黏结半径的增加，拉裂隙数高于剪裂隙数，在 1.2 时两者数值近似重合，之后变为剪裂隙数高于拉裂隙数。

（4）平行黏结弹性模量的影响

固定其他细观参数，改变平行黏结弹性模量，通过数值计算结果分析平行黏结弹性模量对单轴压缩强度、弹性模量和裂隙数目的影响，结果见图 6-13。

由图 6-13 中的应力—应变曲线可直观地看出，平行黏结弹性模量对峰值附近的应力—应变曲线影响不明显，均表现为较陡峭的下降。

平行黏结弹性模量对峰值应力和宏观弹性模量影响并不相同，具体表现为：① 峰值应力随着平行黏结半径的增大先迅速降低后趋于平缓，整体呈现为负对

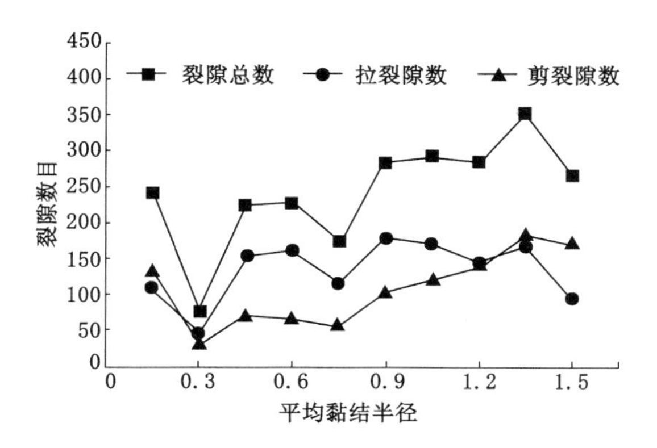

图 6-12 平行黏结半径对裂隙的影响

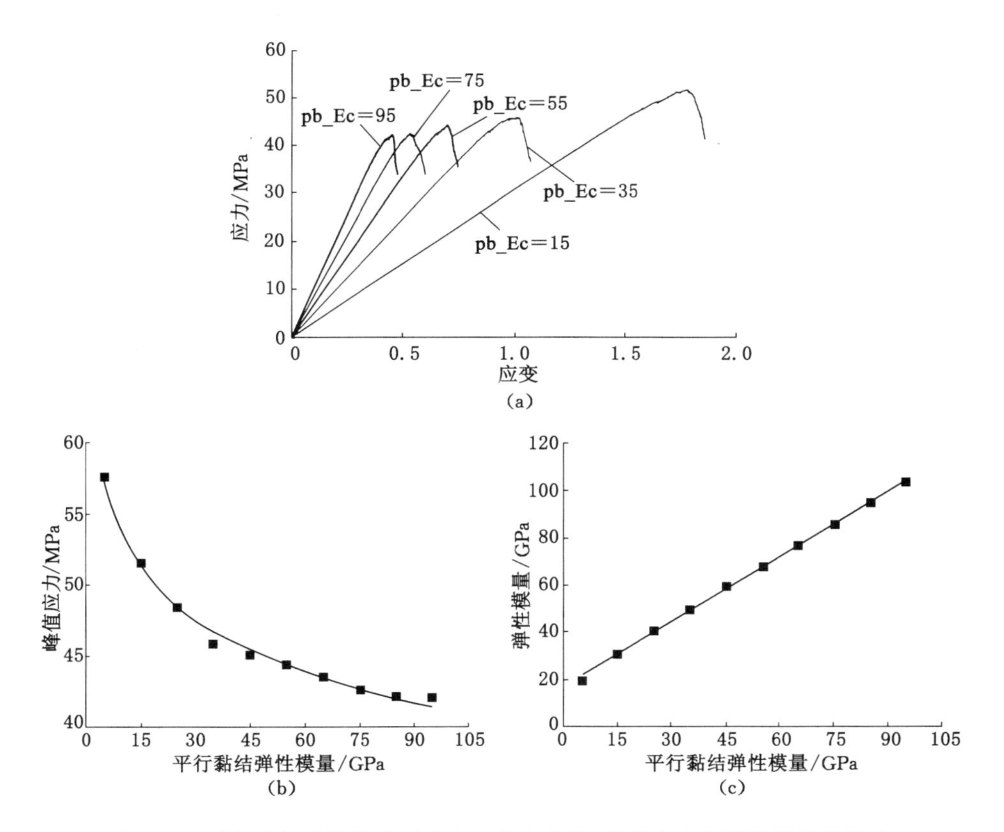

图 6-13 平行黏结弹性模量对应力—应变曲线、峰值应力和弹性模量的影响

数关系，拟合函数为 $y=-5.418\ln x+66.031(R^2=0.9928)$；② 弹性模量随着平行黏结半径的增大呈线性增加趋势，拟合函数关系为 $y=0.9178x+17.01(R^2=0.9988)$；③ 当平行黏结弹性模量增大为原值的 19 倍时，峰值应力降低至初始值的 0.73 倍，而弹性模量增加为初始值的 5.32 倍，说明平行黏结弹性模量的变化主要体现为对宏观弹性模量的影响。

如图 6-14 所示，随着平行黏结弹性模量的增加，裂隙总数、拉裂隙数和剪裂隙数变化规律基本一致，总体表现为先增加后降低再增加的变化规律；以平行黏结弹性模量取 45 GPa 为分界点，之前拉裂隙数高于剪裂隙数，且两者差距较大，当高于 45 GPa，拉、剪裂隙数相差很小，基本表现为同一数值。

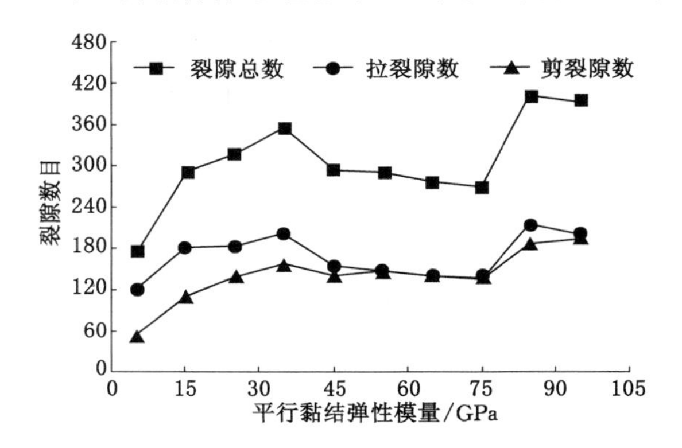

图 6-14　平行黏结弹性模量对裂隙的影响

（5）平行黏结法向刚度与切向刚度比值的影响

固定其他细观参数，改变平行黏结法向刚度与切向刚度比值，通过数值计算分析平行黏结法向刚度与切向刚度比值对单轴压缩强度、弹性模量和裂隙数目的影响，结果见图 6-15。

由图 6-15 中的应力—应变曲线可直观地看出，平行黏结刚度比值对峰值附近的应力—应变曲线影响不明显，均表现为较陡峭的下降。

平行黏结刚度比值对峰值应力和宏观弹性模量影响并不相同，具体表现为：① 峰值应力随着平行黏结半径的增大先增大后降低，存在明显的峰值应力最高点，拟合函数为 $y=-1.822x^2+10.047x+39.758(R^2=0.9852)$；② 弹性模量随着平行黏结刚度比值的增大逐渐降低，整体呈现为负对数关系，拟合函数为 $y=-8.102\ln x+40.315(R^2=0.9975)$；③ 当平行黏结刚度比值增大为原值的 19 倍时，峰值应力增加至初始值的 1.23 倍，而弹性模量降低为初始值的 0.56 倍，说明平行黏结刚度比值的增加对宏观弹性模量影响明显而对峰值应力影响程度稍差。

如图 6-16 所示，随着平行黏结刚度比值的增加，裂纹数目的变化具有以下

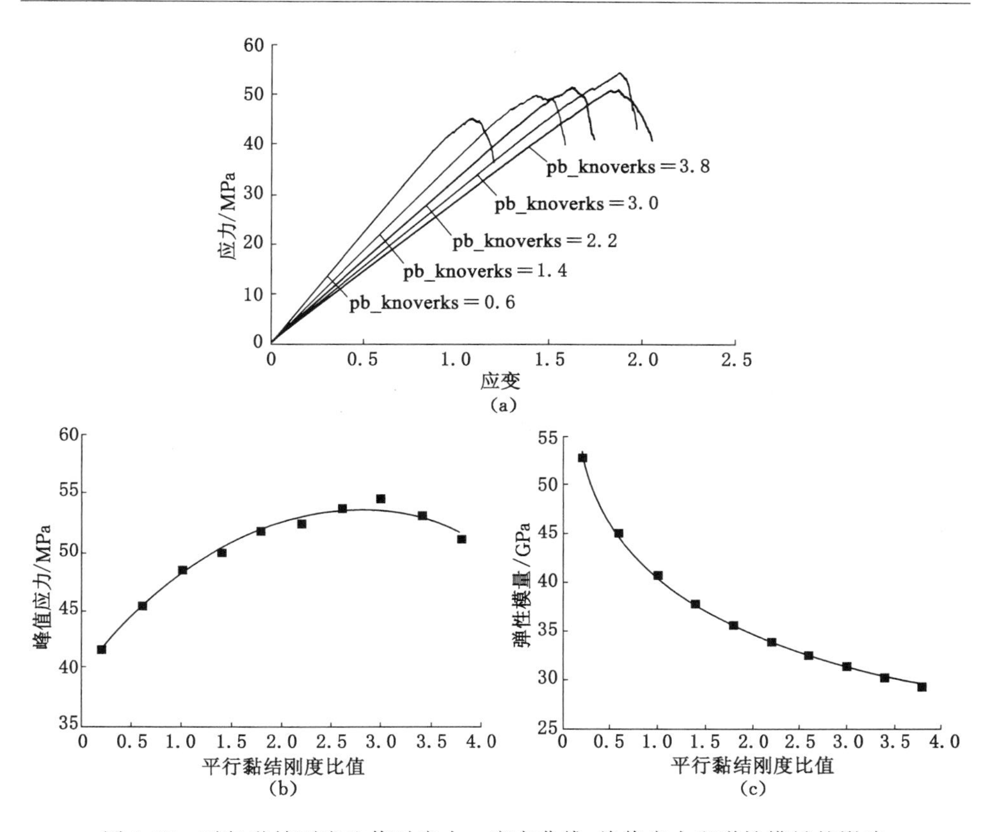

图 6-15 平行黏结刚度比值对应力—应变曲线、峰值应力和弹性模量的影响

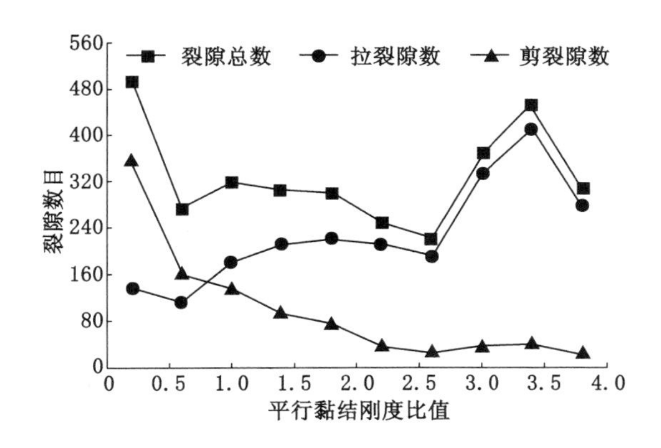

图 6-16 平行黏结刚度比值对裂隙的影响

特点：① 裂隙总数和拉裂隙数变化规律基本一致；② 剪裂隙数表现为近似负对

数曲线的变化规律，先降低后趋于平缓，这种变化结果导致裂隙总数与拉裂隙数随着平行黏结刚度比值的增加差距逐渐减小直至基本固定为某一数值。

（6）细观摩擦因数的影响

固定其他细观参数，改变细观摩擦因数，探讨细观摩擦因数对单轴压缩强度、弹性模量和裂隙数目的影响，结果见图 6-17。

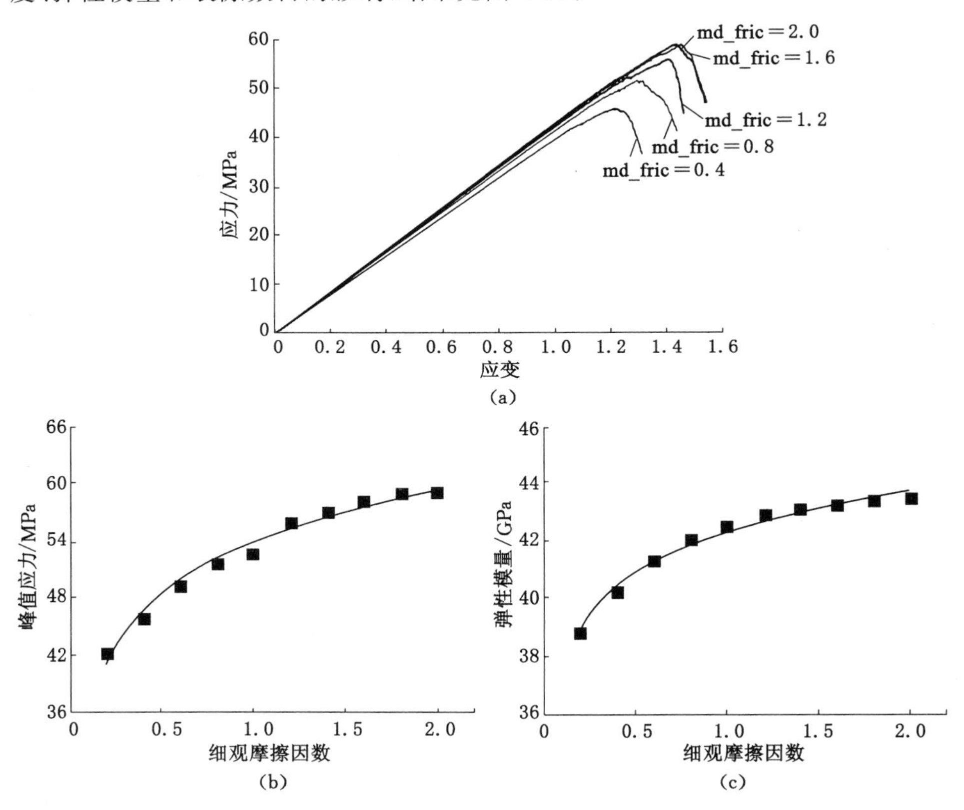

图 6-17 细观摩擦因数对应力—应变曲线、峰值应力和弹性模量的影响

由图 6-17 中的应力—应变曲线可直观地看出，细观摩擦系数对峰值附近的应力—应变曲线影响不明显，均表现为较陡峭的下降。

细观摩擦系数对峰值应力和宏观弹性模量的影响近似相同，具体表现为：① 峰值应力随着细观摩擦系数的增大先迅速增加后趋于平缓，拟合函数为 $y=7.878\ 3\ln x+53.74(R^2=0.983\ 7)$；② 弹性模量随着细观摩擦系数的增大逐渐降低，整体呈现为负对数关系，拟合函数关系为 $y=2.094\ 6\ln x+42.278$；③ 当细观摩擦系数增大为原值的 10 倍时，峰值应力增加至初始值的 1.40 倍，而弹性模量增加至初始值的 1.12 倍，说明细观摩擦系数值的增加对峰值应力的影响程度高于对宏观弹性模量的影响。

如图 6-18 所示，随着细观摩擦系数的增加，裂纹数目的变化具有以下特点：① 裂隙总数和拉裂隙数变化规律基本一致；② 剪裂隙数变化并不明显，在 100 附近波动。

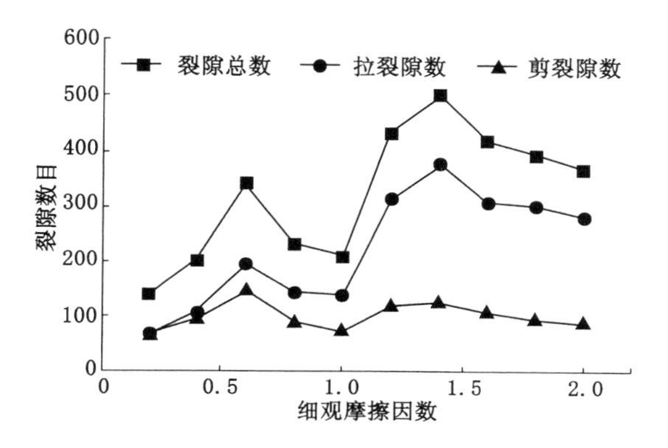

图 6-18　细观摩擦因数对裂隙的影响

(7) 簇内法向切向强度变化的影响

固定其他细观参数，改变簇内法向切向强度，通过数值计算分析簇内法向切向强度变化对单轴压缩强度和弹性模量的影响，结果见图 6-19。

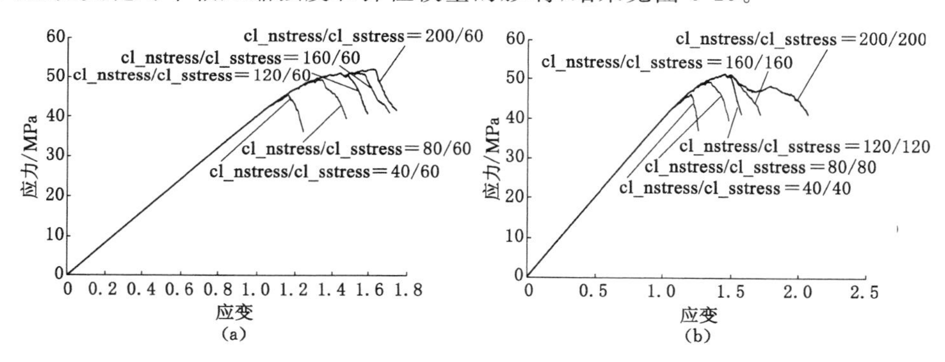

图 6-19　簇内法向切向强度变化对应力—应变关系曲线的影响

由图 6-19 中的应力—应变曲线可直观地看出，不同的簇内强度改变方式对应力—应变曲线的影响方式存在一定的不同点，具体表现为：① 簇内法向切向强度比值增加会影响应力—应变曲线的峰前屈服阶段，对峰后曲线的下降没有明显的影响作用；② 簇内强度定比值增加对峰前没有明显影响，但改变峰后曲线的下降方式，使峰后曲线出现次峰值。

不同的簇内强度改变方式对峰值应力的变化影响规律基本相同(图 6-20)，具体描述为：① 峰值应力随着簇内法向切向强度比值的增加先迅速增加后以近水平方式增加，并且可以简单地将该过程分为三部分：法向强度主导区、过渡区、切向强度主导区，拟合函数为 $y=40.7911-0.0620e^{-2.7092x}$($R^2=0.9990$)；② 峰值应力随着簇内法向切向强度的增加先迅速增加至最大值后保持不变，分析原因为簇间强度较低，相当于试件内部原生裂隙，尽管簇内部强度增加但缺陷部分并未改变，故抑制了峰值的持续增加，拟合函数为 $y=51.1188-74.6646e^{-0.0645x}$($R^2=0.9987$)；③ 当簇内法向切向强度比值增加到初始比值的 10 倍时，峰值应力仅增大为初始数值的 1.36 倍；簇内法向切向强度增加到初始数值的 10 倍时，峰值应力仅增大为初始数值的 1.69 倍。尽管从改变程度上来看，簇内法向切向强度的增加对峰值应力变化的影响更加明显，但考虑到初始法向切向强度值前者高于后者，基本上可以认为两者对峰值应力的影响程度相差无几。

如图 6-21 所示，不同的簇内强度改变方式对宏观弹性模量的变化影响规律基本相同，具体描述为：弹性模量在不同的簇内强度增加条件下均表现为先迅速增加至最大值后保持不变，且两者的最大值相同，当簇内法向切向强度比值增加到初始比值的 10 倍时，弹性模量仅增大为初始数值的 1.001 倍，簇内法向切向强度增加到初始数值的 10 倍时，弹性模量增大为初始数值的 1.003 倍。可见，尽管簇内强度改变方式不同，但基本对弹性模量没有影响。

如图 6-22 所示，簇内强度改变方式对裂隙数目的变化影响也不相同，具体表述为：① 随着簇内法向切向强度比值的增加，拉裂隙数与剪裂隙数均表现为整体增加的趋势，拉裂隙数的变化规律与裂隙总数变化规律具有很强的一致性，而剪裂隙数初始稍有不同，后也表现为裂隙总数的变化规律；② 簇内法向切向强度的增加时拉裂隙数与剪裂隙数均表现为先增加至最大值后保持恒定的规律，三者的变化具有很强的一致性。

(8) 簇内与簇间强度变化的影响

固定其他细观参数，改变簇内与簇间强度，通过数值计算分析簇内与簇间强度变化对单轴压缩强度和弹性模量的影响，结果见图 6-23。

由图 6-23 中的应力—应变曲线可直观地看出，不同的簇内与簇间强度改变方式对应力—应变曲线的影响存在一定的不同点，具体表现为：① 强度比值增加会增加应力—应变曲线的峰前屈服阶段，峰后曲线表现为一定的波动性；② 强度定比值增加对峰前没有明显，但峰值应力后的曲线下降更加陡峭。

不同的簇内与簇间强度改变方式对峰值应力的变化影响不同(图 6-24)，具体描述为：① 峰值应力随着强度比值的增加先迅速增加后以近水平方式增加，

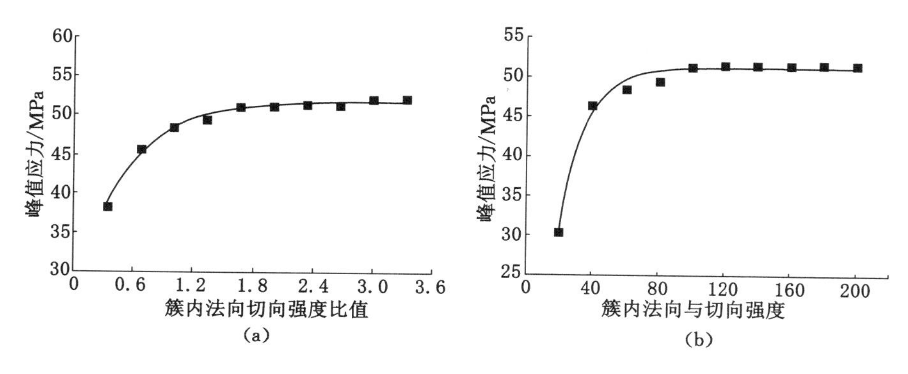

图 6-20 簇内法向切向强度变化对峰值应力的影响

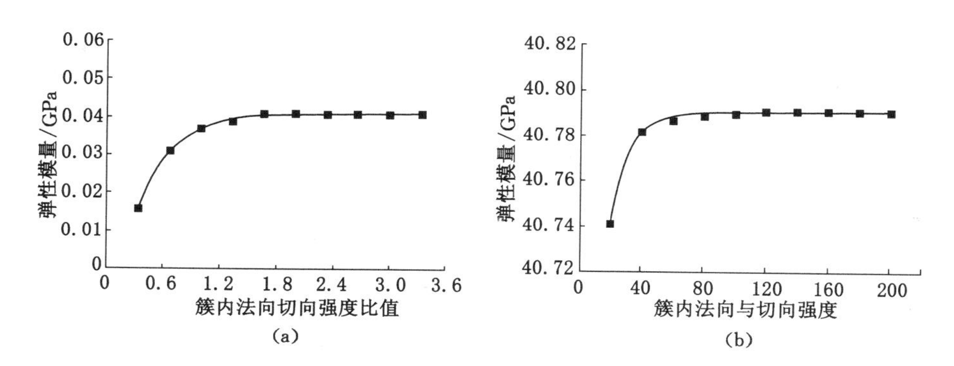

图 6-21 簇内法向切向强度变化对弹性模量的影响

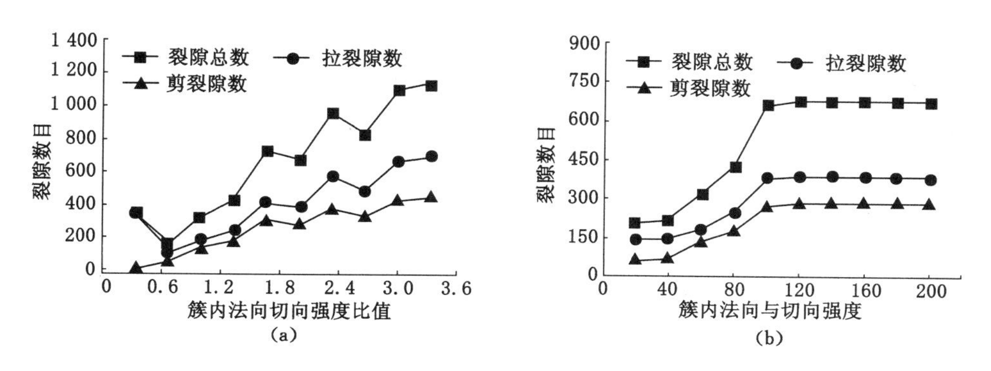

图 6-22 簇内法向切向强度变化对裂隙数目的影响

拟合函数为 $y=102.713\,2-111.332\,4e^{-1.467\,1x}$ ($R^2=0.998\,5$)；② 峰值应力随着强度的增加表现为线性增加，拟合函数为 $y=1.318\,0x-1.502\,4$ ($R^2=0.999\,2$)；③ 当强度比值增加到初始比值的 10 倍时，峰值应力仅增大为初始数

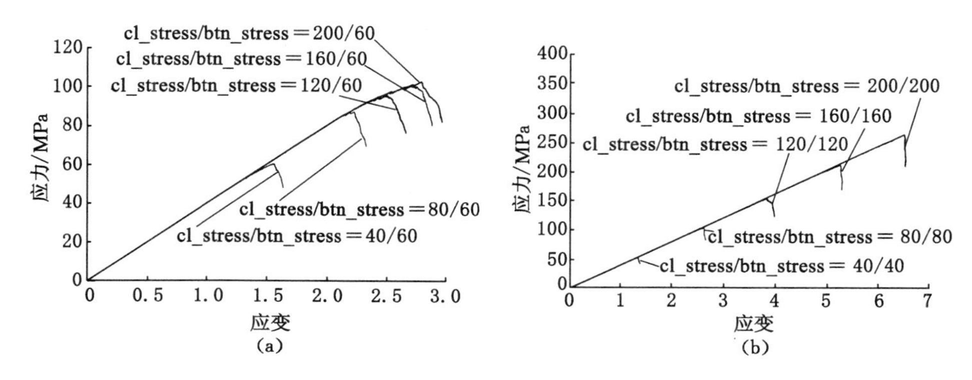

图 6-23　簇内与簇间强度比值对应力—应变关系曲线的影响

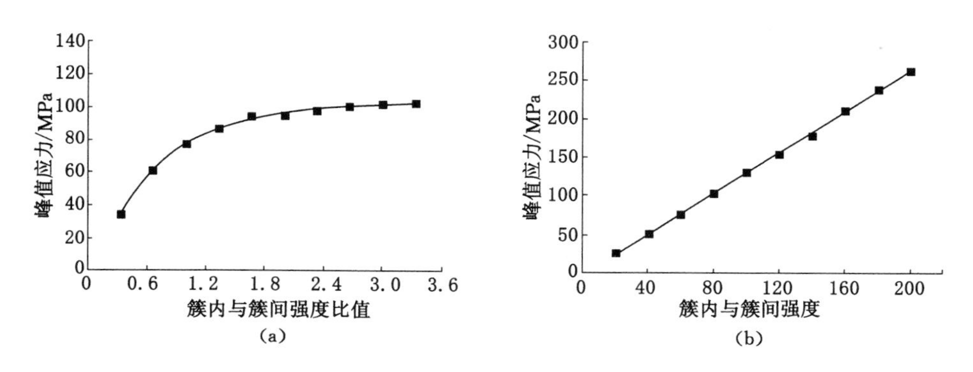

图 6-24　簇内与簇间强度比值对峰值应力的影响

值的2.97 倍，簇内与簇间强度增加到初始数值的 10 倍时，峰值应力增大为初始数值的 9.92 倍，尽管从改变程度上来看，后者对峰值应力的变化影响更加明显，但考虑到初始及最终强度值不同，两者不具有很强的可比性，需通过进一步研究才能更加清晰地确定哪种强度改变方式对峰值应力影响更加明显。

不同的簇内与簇间强度改变方式对弹性模量的影响不同(图 6-25)，具体描述为：① 弹性模量随着强度比值的增加先迅速增加后以近水平方式增加，拟合函数为 $y=40.872\,7-0.208\,4e^{-1.683\,3x}$ ($R^2=0.997\,7$)；② 峰值应力随着强度的增加表现为线性增加，拟合函数为 $y=0.001\,9x+40.714$ ($R^2=0.989\,5$)；③ 当强度比值增加到初始比值的 10 倍时，弹性模量仅增大为初始数值的 1.003 倍，强度增加到初始数值的 10 倍时，弹性模量仅增大为初始数值的 1.008 倍，可见，不同的强度改变方式均对弹性模量基本没有影响。

如图 6-26 所示，簇内与簇间强度的增加方式不同对裂隙数目的变化影响也不相同，具体表述为：① 随着强度比值的增加，裂隙总数、拉裂隙数与剪裂隙数

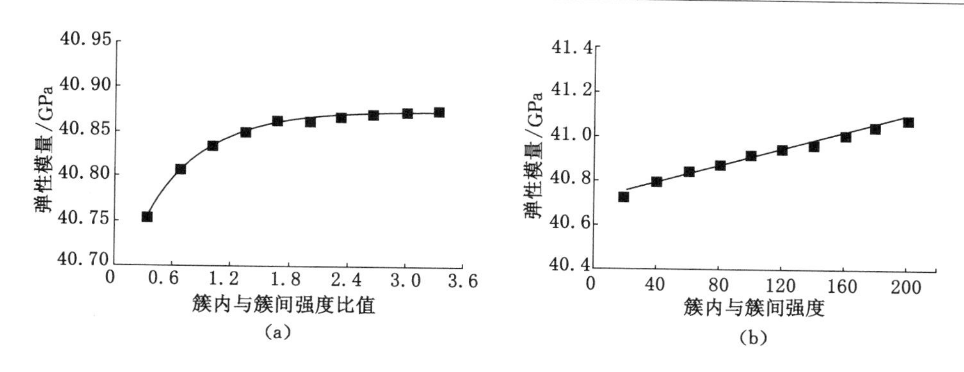

图 6-25 簇内与簇间强度比值对弹性模量的影响

均表现为先下降后逐渐增加的变化规律，且三者变化规律具有很强的一致性；② 随着强度的增加，裂隙总数和拉裂隙数在波动中整体表现为降低的趋势，拉裂隙数变化不大，基本在某一数值上下浮动。

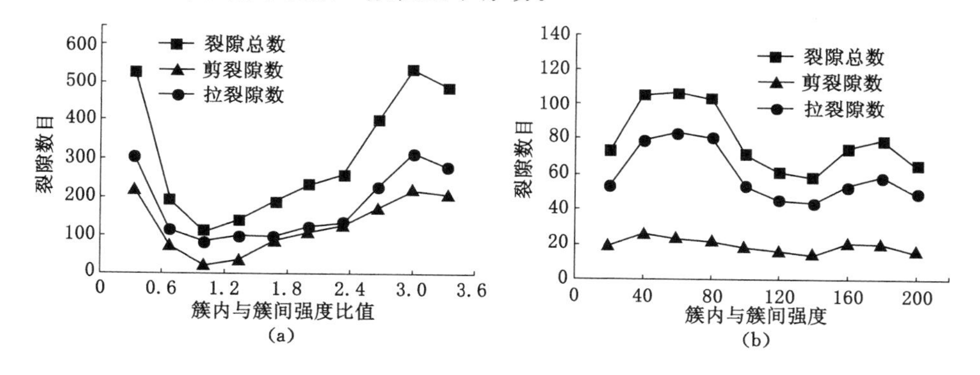

图 6-26 簇内与簇间强度比值对裂隙数目的影响

(9) 簇间法向切向强度变化的影响

固定其他细观参数，改变簇间法向切向强度，通过数值计算分析簇间法向切向强度变化对单轴压缩强度和弹性模量的影响，结果见图 6-27。

由图 6-27 中的应力—应变曲线可直观地看出，不同的簇间强度改变方式对应力—应变曲线的影响方式存在一定的不同点，具体表现为：① 簇间法向切向强度比值增加对峰前没有明显，但改变峰后曲线的下降方式，使峰后曲线出现波动，出现次峰值；② 簇间法向切向强度定比值增加会影响应力—应变曲线的峰前屈服阶段，对峰后曲线的下降没有明显的影响作用。

不同的簇间强度改变方式对峰值应力的变化影响不同(图 6-28)，具体描述为：① 峰值应力随着强度比值的增加先迅速增加后以近水平方式增加，拟合函

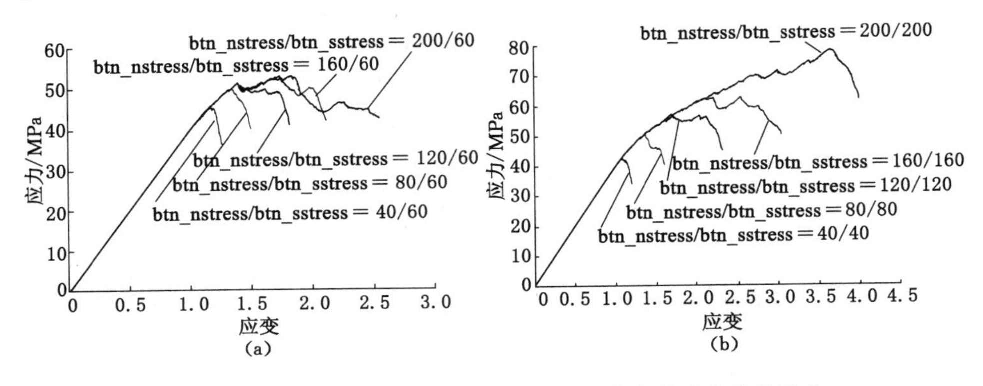

图 6-27　簇间法向切向强度变化对应力—应变关系曲线的影响

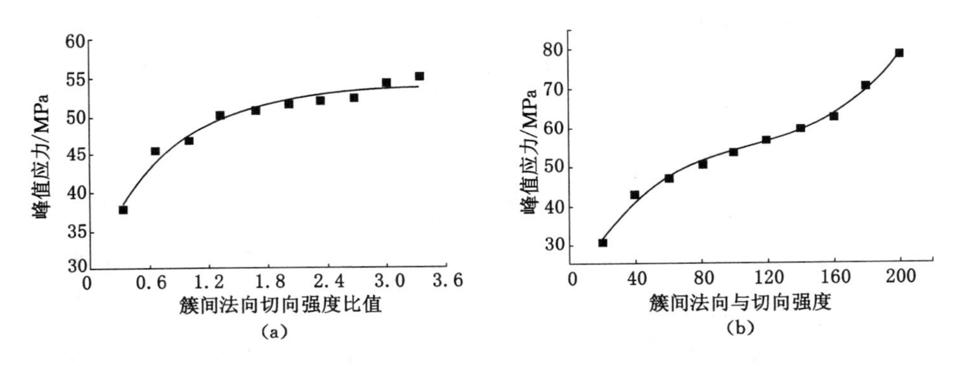

图 6-28　簇间法向切向强度变化对峰值应力的影响

数为 $y=40.782\,0+0.012\,6\ln x(R^2=0.933\,0)$；② 峰值应力随着强度的增加表现为先增加经过一定的过渡区间变为迅速增加，拟合函数为 $y=0.000\,02x^3-0.005\,9x^2+0.769\,4+18.467(R^2=0.996\,7)$；③ 当强度比值增加到初始比值的10倍时，峰值应力仅增大为初始数值的1.45倍，当强度增加到初始数值的10倍时，峰值应力仅增大为初始数值的2.54倍，尽管从改变程度上来看，后者对峰值应力的变化影响更加明显，但考虑到初始及最终强度值不同，两者不具有很强的可比性，需通过进一步研究才能更加清晰地确认哪种强度改变方式对峰值应力的影响更加明显。

不同的簇间强度改变方式对弹性模量的变化影响不同(图6-29)，具体描述为：① 弹性模量随着强度比值的增加先迅速增加后以近水平方式增加，拟合函数为 $y=46.821\,2+6.807\,0\ln x(R^2=0.968\,2)$；② 弹性模量随着强度的增加表现为先缓慢增加后迅速下降；③ 当强度比值增加到初始比值的10倍时，弹性模量仅增大为初始数值的1.000 8倍，强度增加到初始数值的10倍时，弹性模量

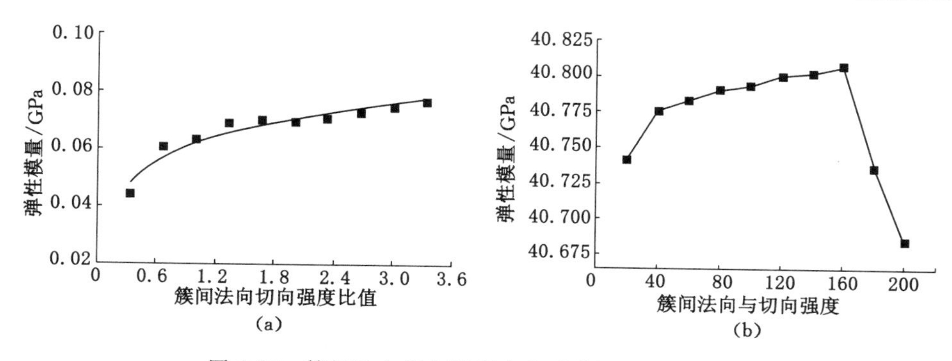

图 6-29 簇间法向切向强度变化对弹性模量的影响

仅为初始数值的 0.998 9 倍，可见，不同的强度改变方式均对弹性模量的变化没有明显影响。

如图 6-30 所示，簇间强度的改变方式不同对裂隙数目的变化影响基本相同，随着强度的增加，裂隙总数、拉裂隙数与剪裂隙数均整体表现为增加的趋势，且三者变化规律具有很强的一致性，但簇间强度增加过程中裂隙数目的变化幅度很大。

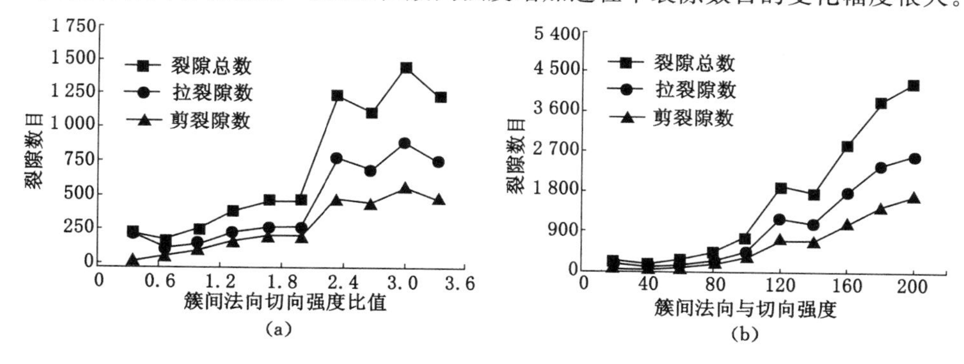

图 6-30 簇间法向切向强度变化对裂隙数目的影响

6.3 水作用下煤岩体损伤数值计算

6.3.1 岩石细观损伤参数标定

颗粒流数值模型中细观参数的赋值不能由室内实验获得，需要建立颗粒流数值计算模型进行力学性质实验。通过反复调整数值计算模型的细观参数直至近似满足室内实验结果。

考虑到采用簇平行黏结模型参数过多，故根据相关文献[86]将 pb_rad 值定为 1.0，k_n/k_s= pb_kn/pb_ks，由于摩擦系数 μ 主要影响峰后强度性质，相关文献[118, 119]研究也表明其对宏观强度参数没有显著影响，D. O. Potyondy 和 P. A. Cudall 建议取 μ=0.5。

通过反复进行数值模型计算，得到不同含水率岩样的 PFC2D 数值模拟结果，图 6-31 给出了室内实验与数值模拟的应力—应变曲线，表 6-1 为实验值与 PFC2D 模拟结果对比。

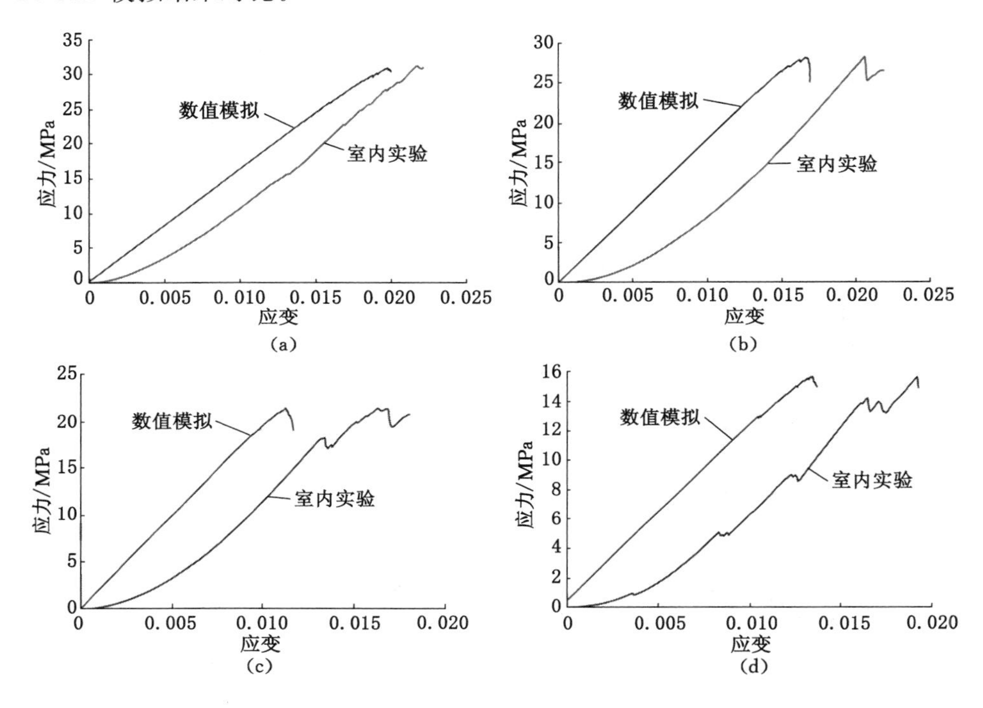

图 6-31　不同含水率 PFC2D 模拟结果

(a) 含水率 0；(b) 含水率 0.8%；(c) 含水率 1.6%；(d) 饱和含水率

表 6-1　　实验值与 PFC2D 模拟值对比

含水率/%	单轴抗压强度(*UCS*)			弹性模量			单轴抗拉强度(*TS*)/MPa	*UCS*/*TS*
	实验值/MPa	模拟值/MPa	相对误差/%	实验值/GPa	模拟值/GPa	相对误差/%		
0	30.86	30.85	−0.03	1.612	1.636	0.02	3.21	9.61
0.8	28.16	28.09	−0.24	1.795	1.790	−0.27	2.72	10.31
1.6	21.42	21.46	0.21	1.491	1.490	−0.07	1.99	10.78
2.5	15.61	15.58	−0.16	1.234	1.230	−0.28	1.65	9.45

由图 6-31 和表 6-1 可知，模拟得到的应力—应变曲线与实验曲线在单轴抗压强度和弹性模量上相差很小，相对误差绝对值均小于 0.5%。同时，*UCS*/*TS* 值均在 10 附近，基本符合一般岩石的单轴抗压强度与单轴抗拉强度的比值。

6.3.2　岩石细观参数的变化规律

（1）细观变形参数变化规律

弹性模量可以表征岩石的变形性质，PFC2D 中的颗粒弹性模量 E_c 可通过式(6-5)和式(6-6)得到法向和切向模量，计算方式为：

$$E_{cn} = 2E_c \tag{6-5}$$

$$E_{cs} = E_{cn}/(k_n/k_s) = 2E_c/(k_n/k_s) \tag{6-6}$$

由式(6-5)和式(6-6)得到法向接触模量和切向接触模量，如表 6-2 所示。

表 6-2　细观变形参数随含水率的变化

含水率 /%	接触模量 E_c /MPa	法向模量 E_{cn} /MPa	法向切向刚度比值 k_n/k_s	切向模量 E_{cs} /MPa
0	1 174	2 348	1.02	2 301.96
0.8	1 060	2 120	1.07	1 981.31
1.6	930	1 860	1.11	1 675.68
2.5	718	1 436	1.24	1 158.06

对表 6-2 得到的数据进行拟合，结果如图 6-32 所示。由图 6-32 可以看出，具有较好的拟合效果，细观变形参数随含水率变化呈现负线性关系。拟合表达式及相关系数如式(6-7)和式(6-8)：

$$E_{cn}(\omega) = 2\ 348.8 - 326.26\omega \quad R^2 = 0.985\ 1 \tag{6-7}$$

$$E_{cs}(\omega) = 2\ 332.5 - 451.65\omega \quad R^2 = 0.989\ 6 \tag{6-8}$$

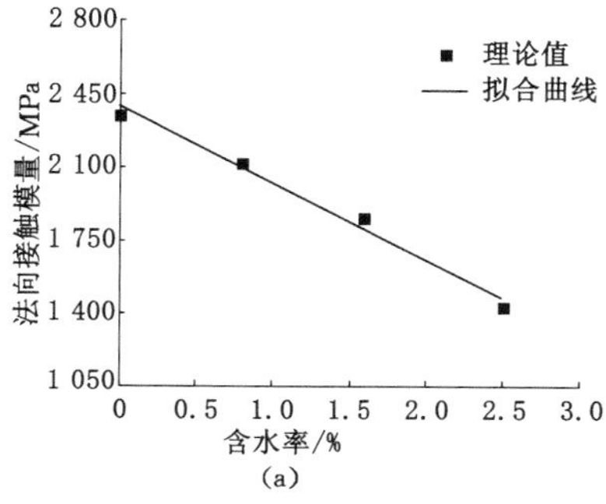

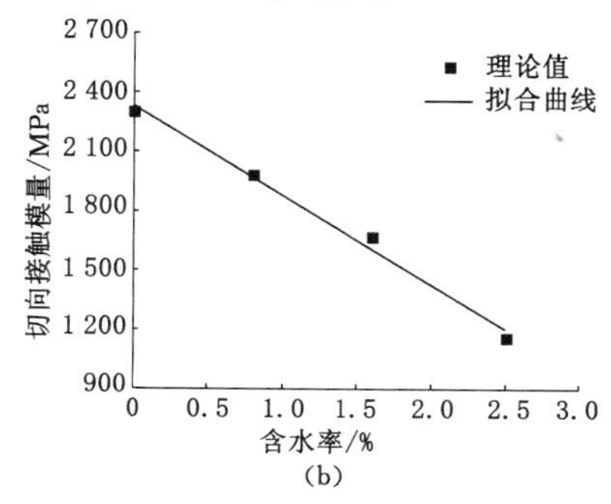

图 6-32　法向与切向接触模量随含水率的变化规律

(a) 法向接触模量；(b) 切向接触模量

(2) 细观强度参数变化规律

为避免数值计算标定过程中参数过多,对簇平行黏结模型中的黏结强度进行了简化:簇内法向黏结强度和切向黏结强度为簇间法向黏结强度和切向黏结强度的 2 倍。四种强度随含水率的变化如表 6-3 所示。

表 6-3　　细观强度参数随含水率的变化关系

含水率/%	簇内法向黏结强度/MPa	簇内切向黏结强度/MPa	簇间法向黏结强度/MPa	簇间切向黏结强度/MPa
0	31.25	44.36	15.63	22.18
0.8	27.20	39.12	13.60	19.56
1.6	20.20	34.26	10.10	17.13
2.5	13.38	25.32	6.69	12.66

类似地,将簇间法向黏结强度和簇间切向黏结强度随含水率的变化进行拟合,得到细观强度参数的变化规律,如图 6-33 所示,拟合表达式如式(6-5)和式(6-6):

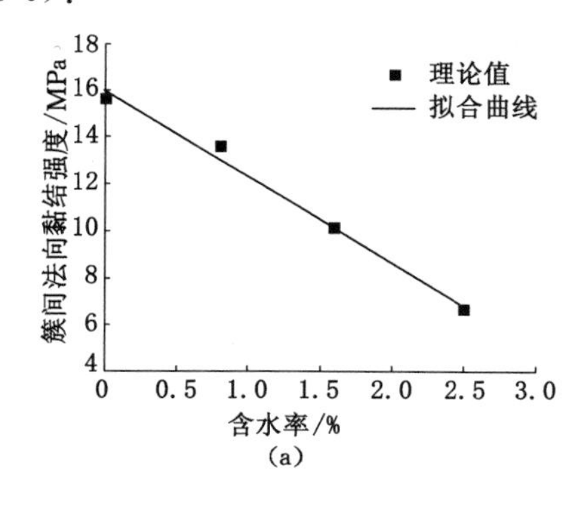

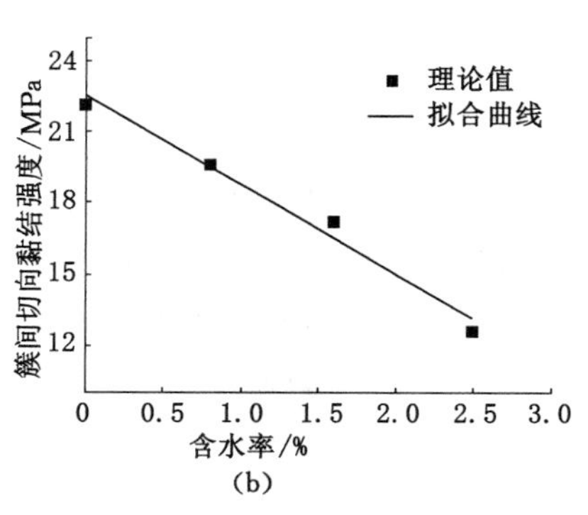

图 6-33　簇间法向与切向黏结强度随含水率的变化规律

(a) 簇间法向黏结强度;(b) 簇间切向黏结强度

$$\sigma_{cn}(\omega) = 15.982 - 3.6558\omega \quad R^2 = 0.9904 \tag{6-9}$$

$$\sigma_{cs}(\omega) = 22.473 - 3.7471\omega \quad R^2 = 0.9854 \tag{6-10}$$

采用归一化对式(6-7)、式(6-8)、式(6-9)和式(6-10)进行处理,得到:

$$E_{cn}(\omega)/E_{cn0} = 1 - 0.1368\omega \tag{6-11}$$

$$E_{cs}(\omega)/E_{cs0} = 1 - 0.1936\omega \tag{6-12}$$

$$\sigma_{cn}(\omega)/\sigma_{cn0} = 1 - 0.2287\omega \tag{6-13}$$

$$\sigma_{cs}(\omega)/\sigma_{cs0} = 1 - 0.1667\omega \tag{6-14}$$

为直观地比较各细观参数的劣化损伤程度，将式(6-11)、式(6-12)、式(6-13)和式(6-14)所示曲线绘制在同一图中，如图 6-34 所示。

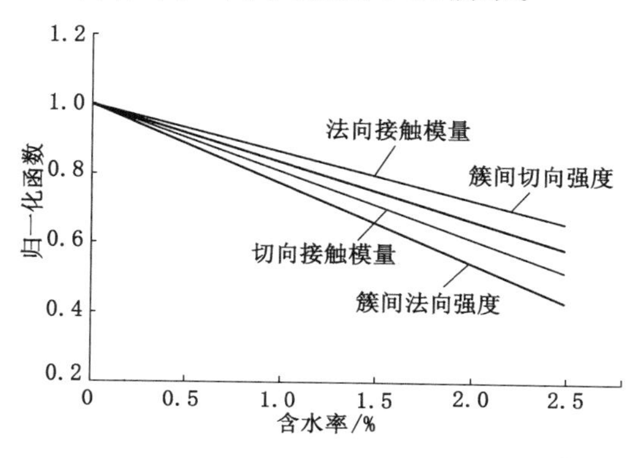

图 6-34 归一化函数与含水率的关系

由图 6-34 可知，水对细观参数的影响强弱程度为：$\sigma_{cn}<E_{cs}<\sigma_{cs}<E_{cn}$。细观法向黏结强度表征数值试件的抗拉极限，所以抗拉强度主要受法向黏结强度影响。弹性模量同时受法向接触模量和切向接触模量影响，同时表征试件的细观变形性质。

(3) 水作用对裂隙数量的影响

对数值计算过程中裂隙的数量进行统计分析，得到岩样应力—应变曲线和裂隙数量之间的关系曲线如图 6-35 所示，由图 6-35 可知：

① 试样在弹性阶段初期及中期均未产生裂隙，在弹性阶段末期开始出现裂隙，主要原因是外部载荷的增加使颗粒之间的胶结点开始发生破坏，新裂隙不断扩展，整体表现为稳定扩展。随着轴向应力的增加颗粒之间的胶结破坏数目不断增加，胶结点破坏速度也在不断增加，相邻裂隙之间交互贯通，产生宏观破坏裂隙。

② 由于水作用的影响，试件产生裂隙的应变点不断提前，说明由含水率的增加不断弱化岩样的细观结构，使得裂隙更容易产生。

6.3.3 岩石细观能量密度变化规律

水作用下造成的泥质粉砂岩细观变形参数和强度参数的降低，实质上是原黏结颗粒抵抗变形和断裂能力的减弱，而能量能很好地表现试件抵抗变形破坏的能力，故对应变能密度的变化进行探讨。由式(6-15)和式(6-16)可进行颗粒的法向和切向应变能密度的计算，计算结果如表 6-4 所示。

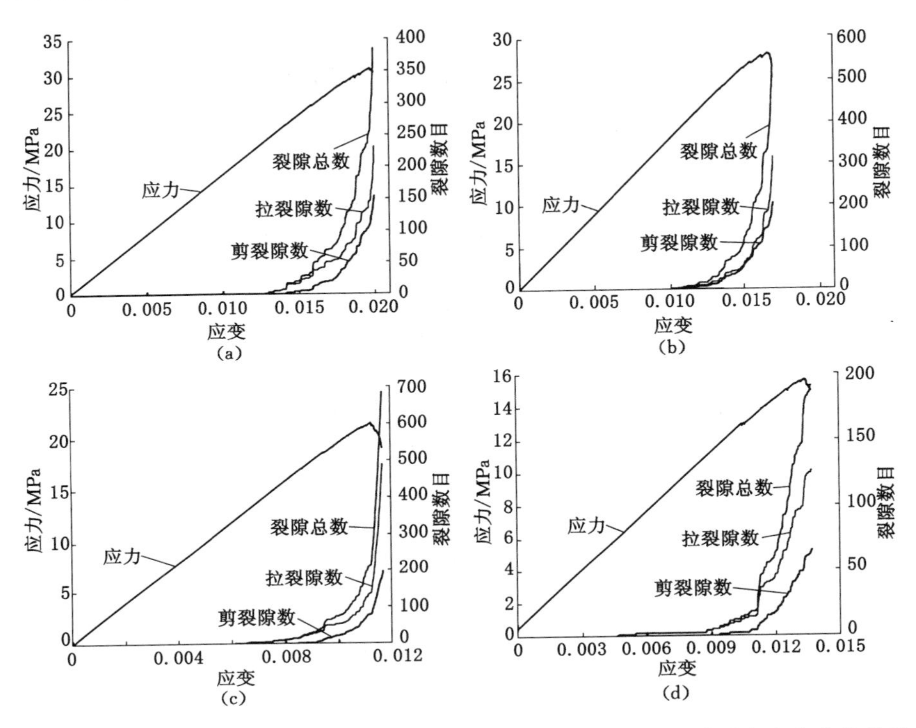

图 6-35 数值模拟应力—应变曲线、裂隙总数、拉伸裂隙和剪切裂隙随含水率变化关系

(a) 含水率 0;(b) 含水率 0.8%;(c) 含水率 1.6%;(d) 饱和含水率

$$w_{\mathrm{n}}=\frac{W_{\mathrm{n}}}{V_{\mathrm{mb}}}=\frac{\int_{V}\delta w_{\mathrm{n}}\mathrm{d}V}{V_{\mathrm{mb}}}=\frac{\int_{V}\sigma_{\mathrm{n}}\delta\varepsilon_{\mathrm{n}}\mathrm{d}V}{V_{\mathrm{mb}}}=\frac{\sigma_{\mathrm{n}}^{2}}{E_{\mathrm{cn}}} \tag{6-15}$$

$$w_{\mathrm{s}}=\frac{W_{\mathrm{s}}}{V_{\mathrm{mb}}}=\frac{\int_{V}\delta w_{\mathrm{s}}\mathrm{d}V}{V_{\mathrm{mb}}}=\frac{\int_{V}\tau_{\mathrm{s}}\delta\varepsilon_{\mathrm{s}}\mathrm{d}V}{V_{\mathrm{mb}}}=\frac{\tau_{\mathrm{s}}^{2}}{E_{\mathrm{cs}}} \tag{6-16}$$

表 6-4　　应变能密度计算表

含水率/%	法向模量/MPa	切向模量/MPa	簇间法向黏结强度/MPa	簇间切向黏结强度/MPa	法向应变能密度/(10⁴J/m³)	切向应变能密度/(10⁴J/m³)
0	2 348	2 301.96	15.63	22.18	10.40	21.37
0.8	2 120	1 981.31	13.60	19.56	8.72	19.31
1.6	1 860	1 675.68	10.10	17.13	5.48	17.51
2.5	1 436	1 158.06	6.69	12.66	3.12	13.84

根据表 6-4 中的计算结果，认为水作用下应变能密度的变化是连续的，对法向和切向应变能密度与含水率进行拟合，结果见图 6-36 和式(6-17)及式(6-18)。

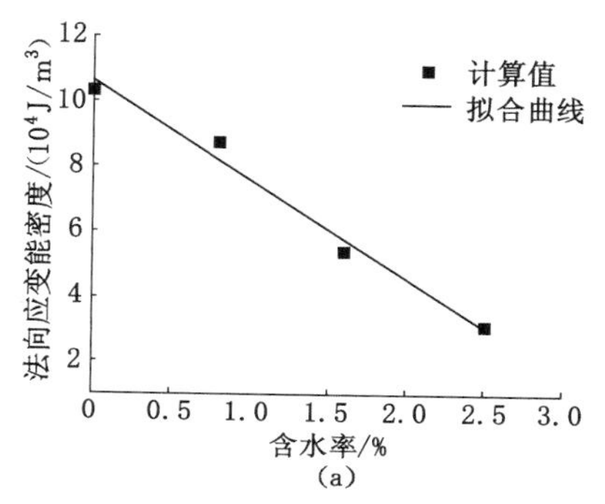

(a)

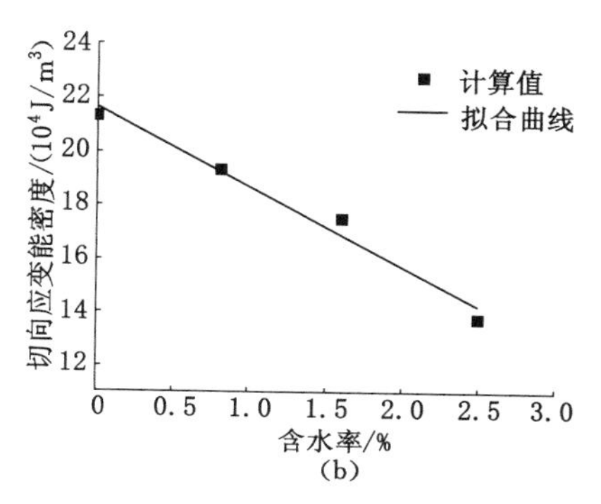

(b)

图 6-36 应变能密度与含水率关系

$$w_n = 10.632 - 3.021w \quad R^2 = 0.9870 \tag{6-17}$$

$$w_s = 21.623 - 2.951w \quad R^2 = 0.9803 \tag{6-18}$$

表 6-4 清晰地说明法向应变能密度在数值上低于切向应变能密度，从能量观点解释了试件在宏观上表现为抗拉强度低于抗压强度的原因。同时，由图6-36和式(6-17)、式(6-18)可以看出，在水作用下法向应变能密度下降速度略高于切向应变能下降速度，从能量观点解释了宏观抗拉强度下降速度快于抗压强度。在水作用下颗粒之间的法向和切向应变能被削弱，进而导致试件在宏观上表现为强度和变形参数的下降。

6.4 不同粒径及含水率试样力学性能及破坏特征

PFC2D 中内置两种不同的刚度模型(线弹性模型和 Hertz-Mindlin 简化模型)、一种滑移模型(摩擦滑移模型)和两种颗粒黏结模型(接触黏结模型和平行黏结模型)。在大多数情况下，线弹性模型已可提供足够高的精度和可靠性，因此，为了提高运算效率，本节采用线弹性模型。线弹性模型包括两个模拟参数，即颗粒间的法向、剪切刚度。在摩擦滑移模型中，为了对颗粒间及颗粒与墙体间的摩擦难易程度进行调控，用户可以根据需要选取合适的摩擦系数。在两类颗粒黏结模型中，接触黏结模型主要用于模拟颗粒与颗粒间接触点处的黏结效果；而平行黏结模型主要用于模拟颗粒与颗粒之间其他材料(如水泥黏结)等的黏结效果，这种黏结效果的有效刚度平行于颗粒间的接触点。由于本书的实验试样均为沙子黏结而成的类岩材料，因此，平行黏结模型更符合试样实际情况。图6-37为两种黏结模型的示意图，从图中可以明显看出，当只有两个颗粒时，在接触黏结模型中组成试样的颗粒是可以发生相对转动的，而在平行黏结中试样颗粒间的相对位置保持不变。不同于其他数值模拟软件(如FLAC、UDEC等)，在PFC中，数值计算参数的设置并不十分直观，因此需要研究者多次尝试后才可得到与实际近似的参数。

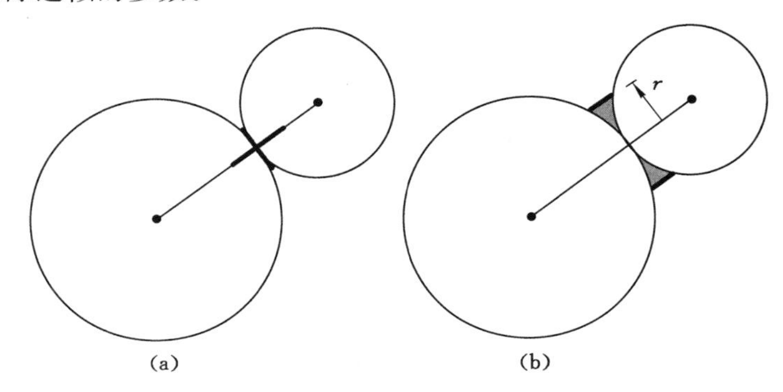

图6-37 接触黏结和平行黏结示意图

(a) 颗粒接触黏结模型；(b) 颗粒平行黏结模型

为了研究不同粒径条件下试样的力学性质及单轴压缩破坏规律，同时使模拟结果更具可靠性，本节根据实验所采用试样的实际情况而建立相关模型。采用PFC2D数值模拟软件分别建立四种不同粒径试样的PFC模型，见图6-38(b)至图6-38(e)，其中，模型尺寸均为160 mm×80 mm。

为了消除其他因素的影响，四组不同粒径试样的空隙率均设置为1.6%。此外，模拟试样的粒径值并不是完全固定的，而是一个区间范围，每个区间范围的中间值即为实验试样的粒径值，颗粒粒径在每个区间范围内服从随机分布，其中最大颗粒粒径与最小颗粒粒径的比值为1.25。为了记录模拟加载过程的试样应力—应变的变化，在循环加载开始前，先在试样上、中、下三处建立三个测量圆，每个测量圆半径均为4 cm；循环加载开始后，每隔100步每个测量圆均会自动记录其各自范围内的应力—应变数据；循环结束后，将三个测量圆的数据取平均值，可获得试样应力—应变曲线。

6.4.1 不同粒径及含水率试样全应力—应变曲线的标定

由于PFC模拟软件自身存在的局限性，导致其无法模拟出试样内部裂隙闭合压密阶段的应力—应变曲线部分，因此模拟得到的应力—应变曲线直接以弹性变形阶段开始。同时为了保证后期PFC模拟试样破坏形态及声发射

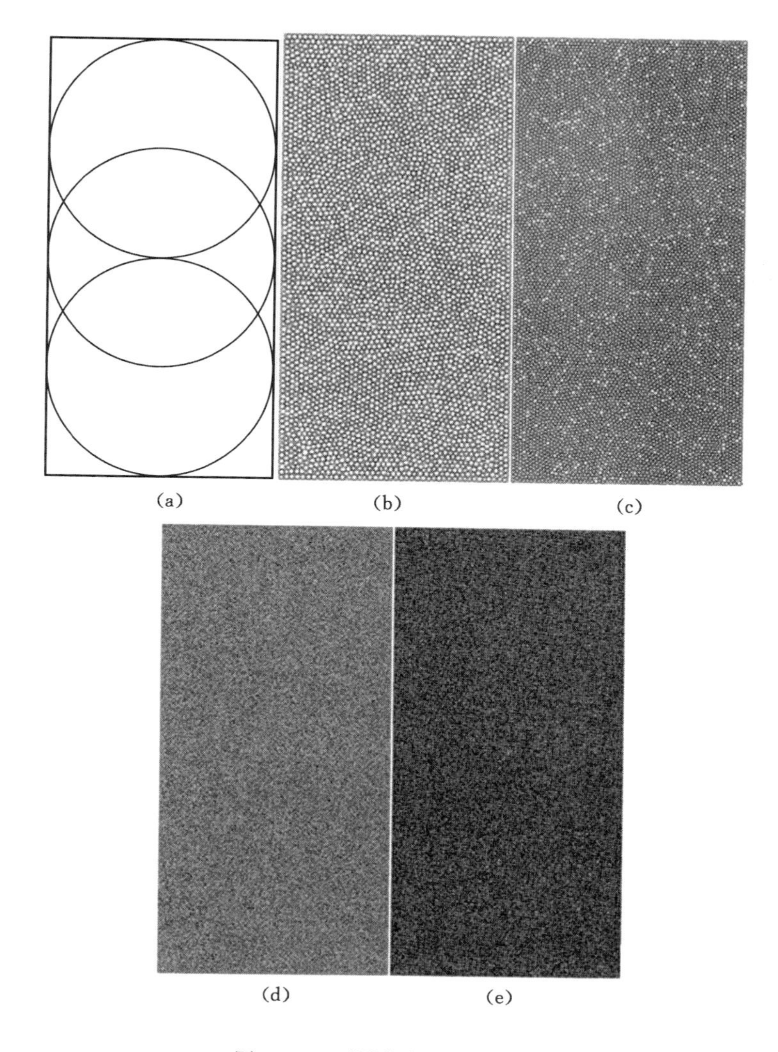

图 6-38 不同粒径试样模型

(a) 测量圆;(b) 1.807 mm;(c) 1.309 mm;(d) 0.799 mm;(e) 0.445 mm

特性的可靠性,需对 PFC 的模拟参数进行合理选取,为了保证选取参数合理性,本节先研究各参数对试样力学性质及应力—应变曲线的影响,并选取一组参数,使模拟所得的试样各力学参数与实验值误差在合理范围之内,并使应力—应变曲线的形态尽量接近于实验曲线。图 6-39 绘制了模拟所得的 A 组试样应力—应变曲线。

表 6-5 为各 A 组试样力学参数的模拟结果及其与实验结果误差统计表。

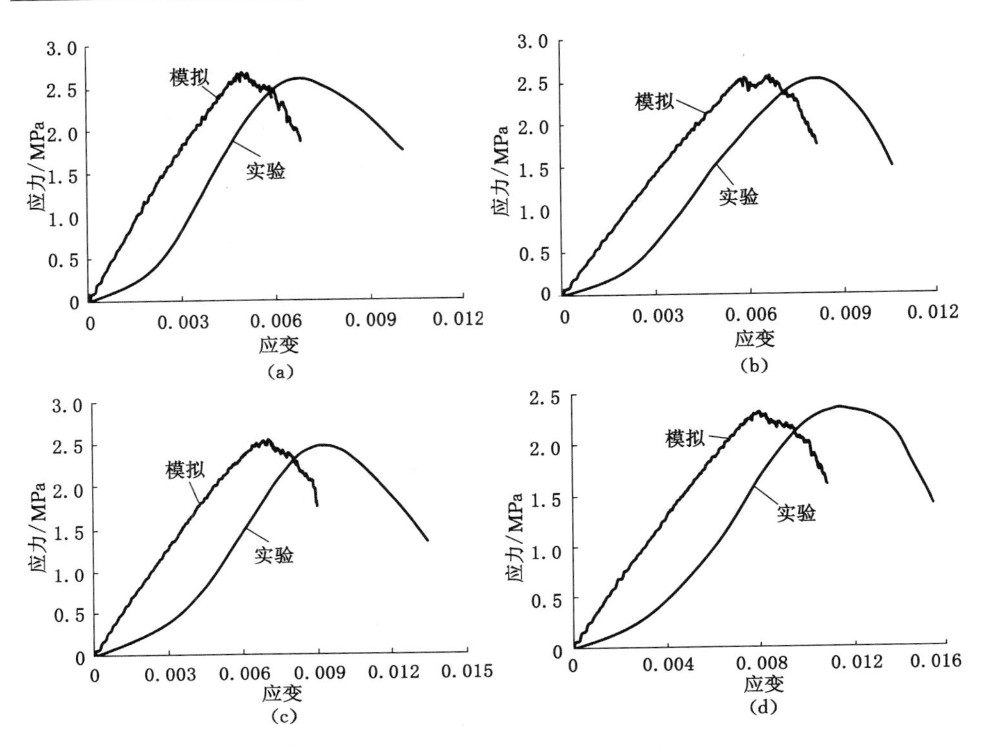

图 6-39 A 组试样实验与模拟应力—应变曲线对比图

(a) A1;(b) A2;(c) A3;(d) A4

表 6-5 A 组试样模拟结果及其与实验结果误差统计表

试样	弹性模量		单轴抗压强度	
	模拟值/MPa	误差/%	模拟值/MPa	误差/%
A1	649.91	1.46	2.68	−3.08
A2	486.75	4.68	2.57	−1.18
A3	430.12	4.70	2.55	−3.66
A4	332.14	4.76	2.32	2.11

由图 6-39 和表 6-5 可知，弹性模量的最大误差率为 4.76%，峰值强度几乎相同，最大误差率仅为−3.66%，且应力—应变曲线的峰后下降趋势与实验曲线基本一致。因此，可认为 A 组模拟试样的力学性质与真实试样相差不大。式(6-19)为误差计算公式：

$$模拟误差=\frac{实验值-模拟值}{实验值} \tag{6-19}$$

由图 6-40 和表 6-6 可知，模拟所得的 B 组试样应力—应变曲线的形态与实验结果基本吻合，其中弹性模量的最大误差率为－8.87％，峰值强度几乎相同，最大误差率仅为 2.64％，且应力—应变曲线的峰后下降趋势与实验曲线契合度较高。因此，可认为 B 组模拟试样的力学性质接近于真实试样。

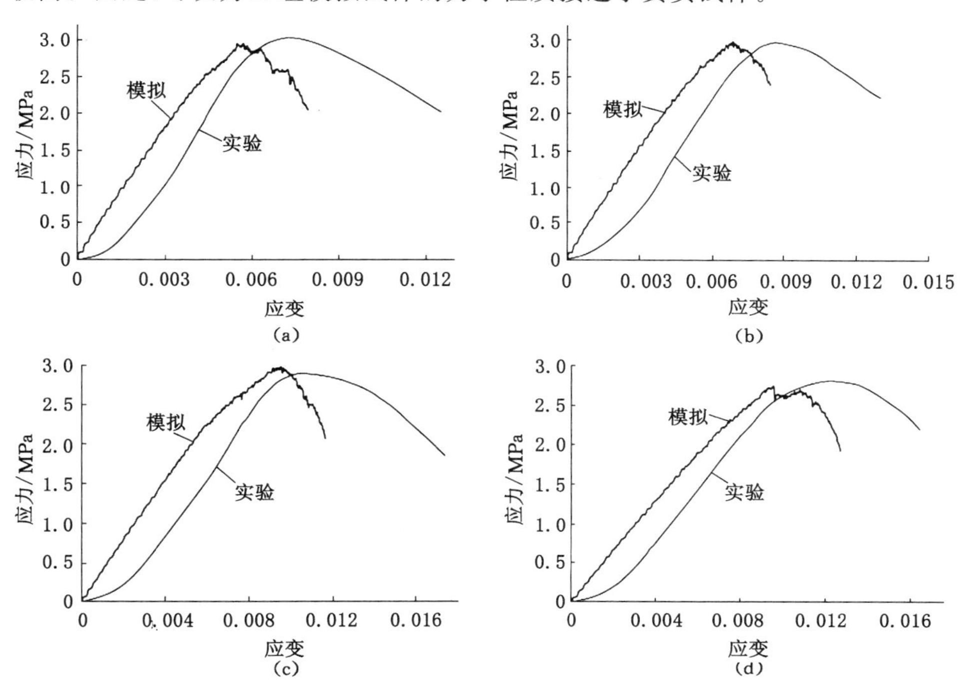

图 6-40 B 组试样实验与模拟应力—应变曲线对比图

(a) B1；(b) B2；(c) B3；(d) B4

表 6-6 B 组试样模拟结果及其与实验结果误差统计表

试样	弹性模量		单轴抗压强度	
	模拟值/MPa	误差/％	模拟值/MPa	误差/％
B1	617.35	－0.37	2.95	2.64
B2	515.15	6.23	2.99	－0.34
B3	389.86	－8.87	2.97	－2.41
B4	316.20	6.24	2.75	2.48

由图 6-41 和表 6-7 可知,模拟所得的 C 组试样应力—应变曲线的形态与实验结果很接近,其中弹性模量的最大误差率为+8.86%,峰值强度几乎相同,最大误差率仅为 3.53%,且应力—应变曲线的峰后下降趋势基本契合于实验曲线。因此,可认为 C 组模拟试样的力学性质基本反映了真实试样的情况。

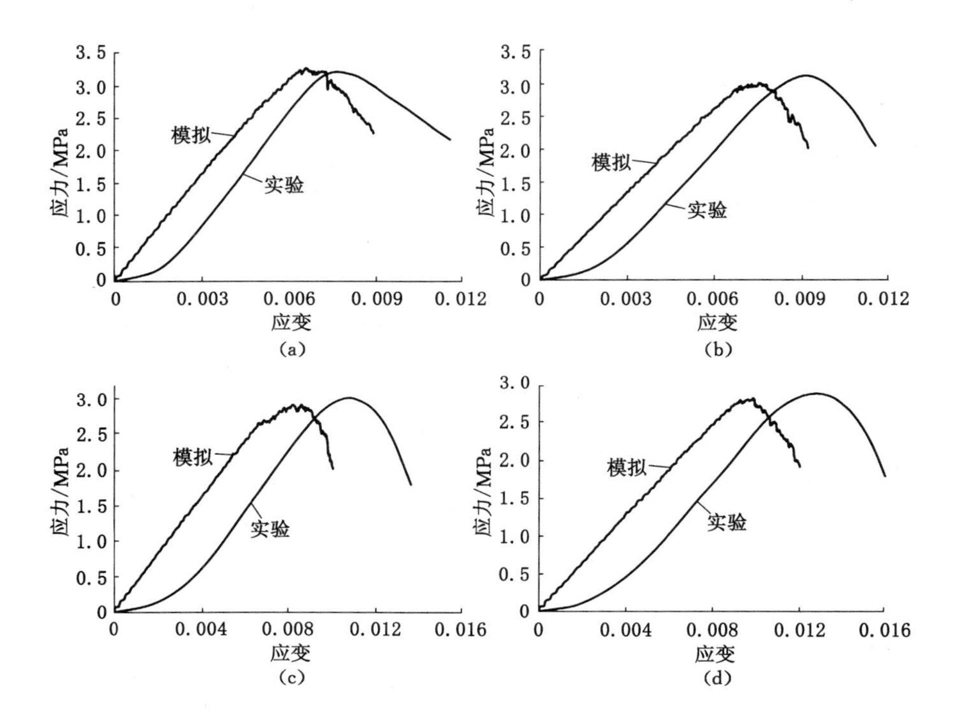

图 6-41 C 组试样实验与模拟应力—应变曲线对比图

(a) C1;(b) C2;(c) C3;(d) C4

表 6-7 C 组试样模拟结果及其与实验结果误差统计表

试样	弹性模量		单轴抗压强度	
	模拟值/MPa	误差/%	模拟值/MPa	误差/%
C1	551.77	1.91	3.27	−1.87
C2	453.64	3.32	3.01	3.53
C3	412.89	6.12	2.93	2.66
C4	312.29	8.86	2.82	2.08

由图 6-42 和表 6-8 可知，模拟所得的 D 组试样应力—应变曲线的形态与实验结果很接近，其中弹性模量的最大误差率为 9.03%，峰值强度几乎相同，最大误差率仅为 −1.33%，且应力—应变曲线的峰后下降趋势基本契合于实验曲线。因此，可认为 C 组模拟试样的力学性质与真实试样很相似。

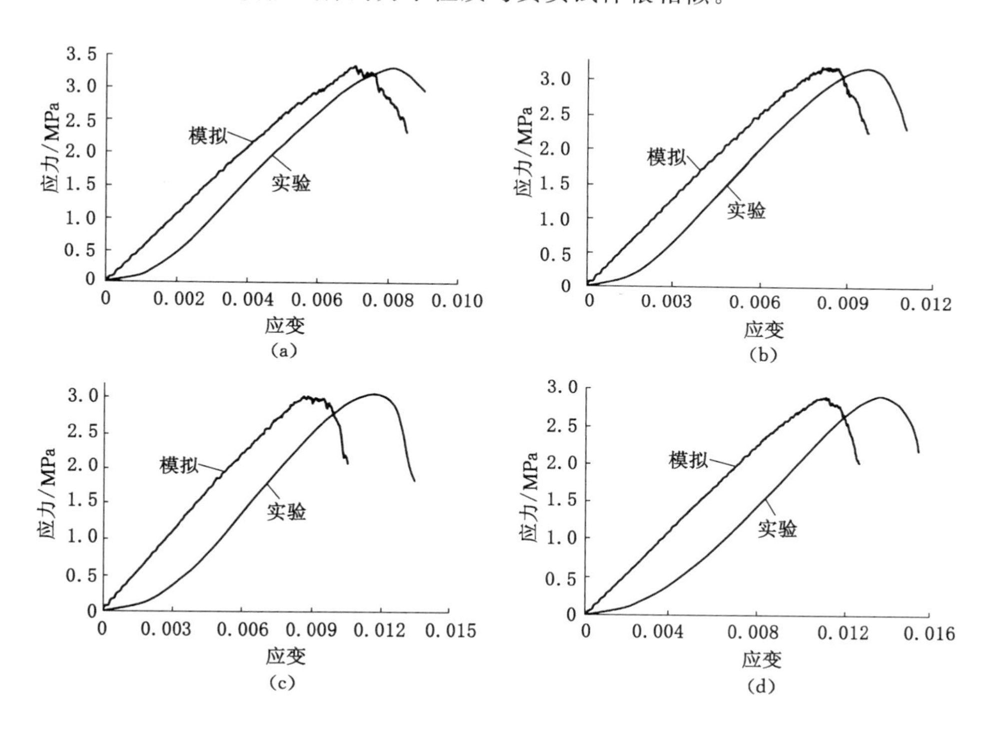

图 6-42 D 组试样实验与模拟应力—应变曲线对比图

(a) D1；(b) D2；(c) D3；(d) D4

表 6-8 D 组试样模拟结果及其与实验结果误差统计表

试样	弹性模量		单轴抗压强度	
	模拟值/MPa	误差/%	模拟值/MPa	误差/%
D1	534.03	9.03	3.354	−1.33
D2	433.02	3.49	3.203	−0.72
D3	376.20	5.33	3.034	0.85
D4	284.43	1.67	2.902	0.27

综上所述，通过对比模拟所得的 A、B、C、D 四组不同粒径试样与真实试样

的应力—应变曲线及相关力学参数，发现曲线形态及趋势均较为吻合，且参数误差较小。因此，可认为参数的选取是较为合理的。表 6-9 为四组不同含水率及粒径试样的参数选取对应表。

表 6-9　　四组不同含水率及粒径试样的参数选取表

试样	颗粒法向接触刚度/MPa	颗粒切向接触刚度/MPa	颗粒法向平行黏结刚度/MPa	颗粒切向平行黏结刚度/MPa	颗粒摩擦系数
A1	4.80	4.80	2.95	2.95	0.2
A2	3.69	3.69	2.80	2.80	0.2
A3	3.27	3.27	2.75	2.75	0.2
A4	2.50	2.50	2.60	2.60	0.2
B1	4.74	4.74	3.55	3.55	0.2
B2	3.98	3.98	3.352	3.352	0.2
B3	3.01	30.1	3.25	3.25	0.2
B4	2.40	2.40	3.10	3.10	0.2
C1	4.25	4.25	3.50	3.50	0.2
C2	3.40	3.40	3.00	3.00	0.2
C3	3.06	3.06	2.90	2.90	0.2
C4	2.34	2.34	2.70	2.70	0.2
D1	4.08	4.08	3.35	3.35	0.2
D2	3.20	3.20	2.95	2.95	0.2
D3	2.75	2.75	2.65	2.65	0.2
D4	2.10	2.10	2.50	2.50	0.2

综上所述，本节根据实验所得的应力—应变参数对模拟参数进行了校核，并选取一组合适参数使模拟所得的应力—应变曲线尽量符合实验，从而为后续进行试样破坏形态及模拟声发射实验提供保证。

6.4.2　不同粒径及含水率试样破坏特征

前述以实验为依据，从力学性质的角度研究水和粒径对试样的影响，并进行了敏感性分析。研究发现水及粒径对试样的力学性质均有不同程度的影响，且在不同粒径及含水率状态下，试样力学性质对水及粒径的敏感度同样有所区别，但是前述并未研究水及粒径对试样最直观的表现形式的影响，即对其破坏形式及特点的影响。本节根据所拍摄的不同状态试样的破坏形态照片，用 CAD 绘制了导致试样最终破坏的主要裂隙，同时参照 PFC 模拟所得的裂隙图，根据裂隙的主要分布位置绘制了模拟所得的试样破坏的大致形态图，并将两者进行对比，最后从实验和模拟的角度研究水及粒径对试样破坏形态的影响，并进一步验证模拟结果的可靠性，为后续的声发射研究提供依据。

由图 6-43 至图 6-46 可知，模拟所得的四组试样裂隙分布图与实验所得的试样破坏度具有较好的一致性，且反映出了共同的特点，即随着含水率的上升，四组试样的破坏形式均逐渐由剪破坏向拉破坏过渡，这主要是由于试样吸水后抗拉强度迅速下降。此外，通过观察四组试样的破坏裂隙图不难发现，含水率越高的试样加载结束后裂隙的发育程度也越高，破碎块度越小，破碎的程度也越高。表 6-10 列出了四组试样的裂隙统计结果，其中包括各试样的裂隙总数和张裂隙、剪裂隙的数目及其所占的比例。

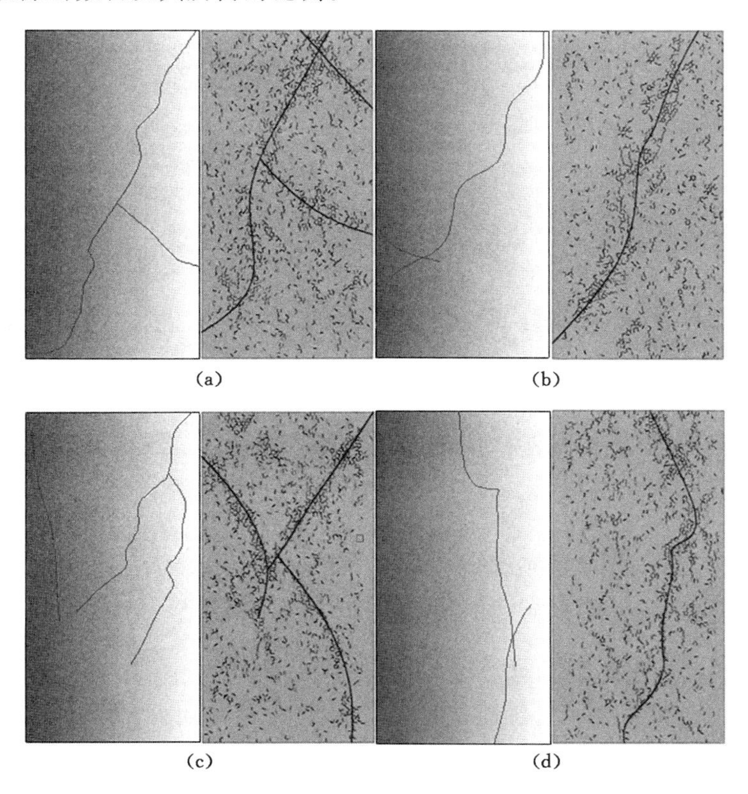

图 6-43　实验及模拟试样破坏形态对比（A 组试样）

(a) A1（含水率 0.47%）；(b) A2（含水率 3.53%）；

(c) A3（含水率 6.68%）；(d) A4（含水率 9.7%）

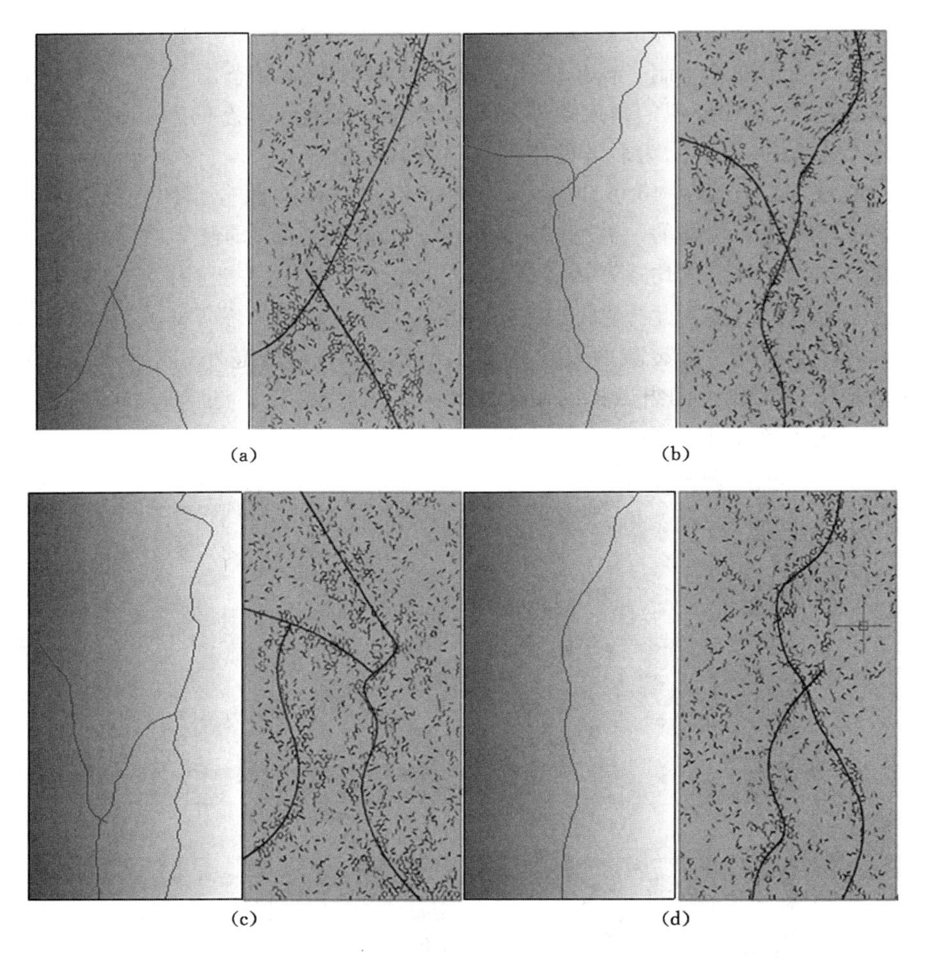

图 6-44 实验及模拟试样破坏形态对比(B 组试样)

(a) B1(含水率 0.46%);(b) B2(含水率 3.55%);

(c) B3(含水率 6.59%);(d) B4(含水率 9.17%)

由表 6-10 和图 6-47 可知,随着含水率的上升,四组不同粒径试样的裂隙总数、张裂隙和剪裂隙的数目均有所下降。其中,A 组和 B 组裂隙数目下降并不明显,最大下降率分别为 12%和 7%左右;相比而言,C 组和 D 组试样裂隙数目下降较大,最大下降率达到约 46%和 44%,说明相对较大粒径试样而言,水对粒径较小试样内部裂隙产生和发育可起到更大的削弱作用。

由表 6-10 和图 6-48 可知,随着粒径的增大,四组不同含水率试样的裂隙总数、张裂隙和剪裂隙的数目均有不同程度的上升。其中,Ⅰ组和Ⅱ组裂隙数目上

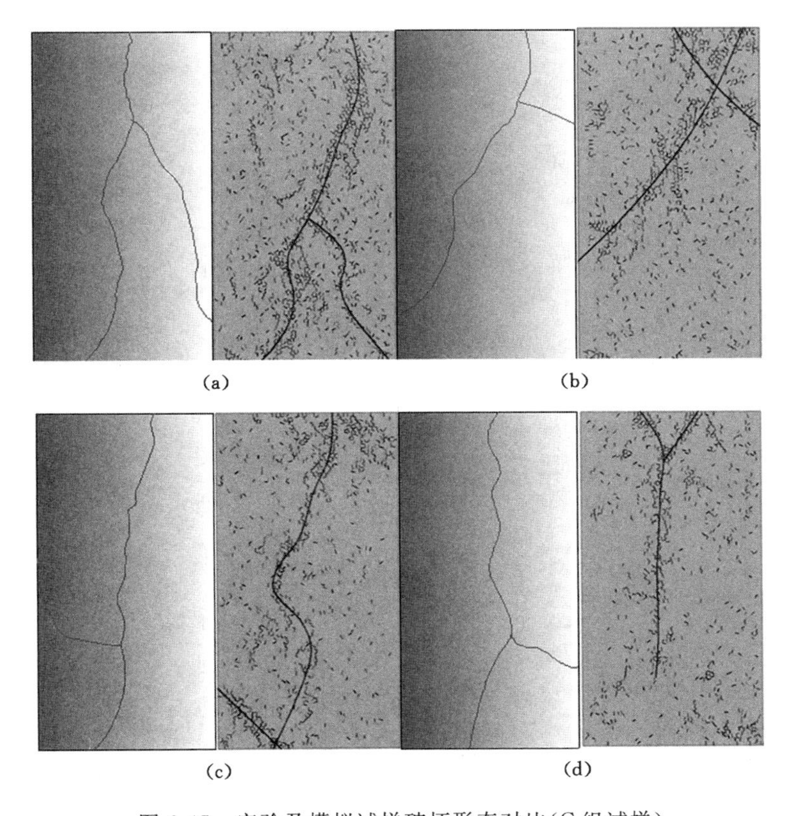

图 6-45　实验及模拟试样破坏形态对比(C 组试样)

(a) C1(干燥);(b) C2(含水率 3.06%);(c) C3(含水率 6.43%);(d) C4(含水率 9.87%)

升程度较小,最大上升率分别为 23%和 37%左右;相比而言,Ⅲ组和Ⅳ组试样裂隙数目上升度较大,最大上升率达到约 56%和 50%,说明相对含水率较低的试样而言,粒径对含水率较高试样内部裂隙产生和发育可起到更大的增强作用。此外,值得注意的是,对于四组不同粒径的试样,张裂隙占裂隙总数的比例均超过 57%,最高达到 73%,这意味着不论对于何种粒径试样,张裂隙均是造成试样最终破坏的主要原因。

综上,随着含水率的上升,四组试样的破坏形式均逐渐由剪破坏向拉破坏过渡,且含水率越高的试样加载结束后裂隙的发育程度也越高,试样破碎的程度也越高。随着含水率的上升,四组不同粒径试样的裂隙总数、张裂隙和剪裂隙的数目均有所下降,且水对粒径较小试样内部裂隙产生和发育的削弱作用更大。随着粒径的上升,四组不同含水率试样的裂隙总数、张裂隙和剪裂隙的数目均有不同程度的上升,且粒径对试样内部裂隙产生和发育的增强作用与含水率呈正比例关系。而且不论何种粒径试样,张裂隙均是造成试样最终破坏的主要原因。

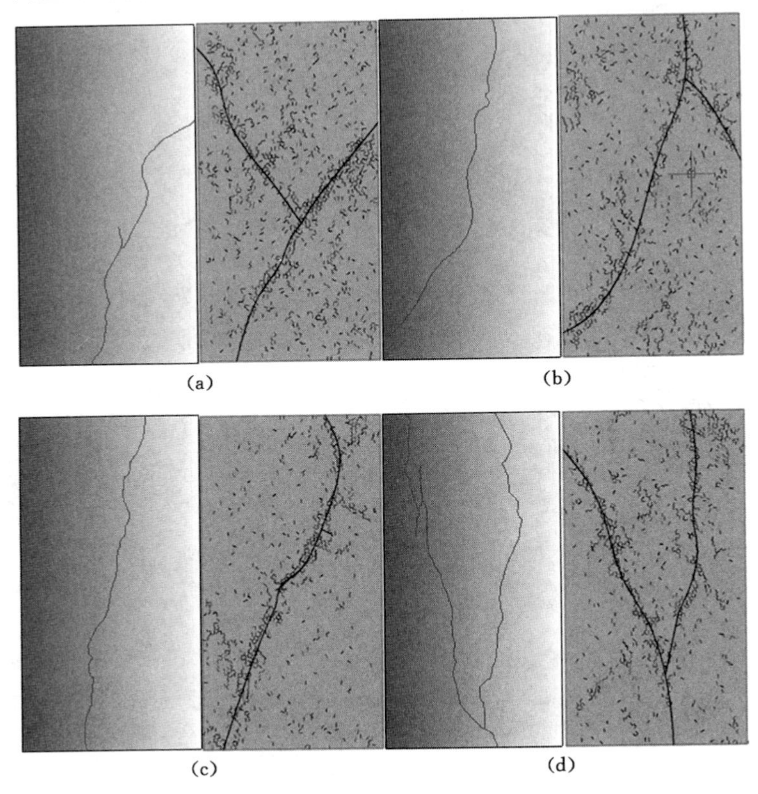

图 6-46　实验及模拟试样破坏形态对比(D 组试样)

(a) D1(含水率 0.76%);(b) D2(含水率 3.40%);(c) D3(含水率 6.77%);(d) D4(含水率 9.93%)

表 6-10　　四组不同粒径及含水率试样裂隙情况统计

试样	裂隙总数	张裂隙		剪裂隙	
		数目	百分比/%	数目	百分比/%
A1	1 594	1 010	63.36	584	36.64
A2	1 430	893	62.45	537	37.55
A3	1 457	914	62.73	543	37.27
A4	1 400	890	63.57	510	36.43
B1	1 530	920	60.13	610	39.87
B2	1 400	799	57.07	601	42.93
B3	1 688	998	59.12	690	40.88

续表 6-10

试样	裂隙总数	张裂隙		剪裂隙	
		数目	百分比/%	数目	百分比/%
B4	1 486	918	61.78	568	38.22
C1	1 406	924	65.72	482	34.28
C2	1 019	654	64.18	365	35.82
C3	967	689	71.25	278	28.75
C4	813	551	67.77	262	32.23
D1	1 229	777	63.22	452	36.78
D2	1 138	800	70.30	338	29.70
D3	826	586	70.94	240	29.06
D4	936	683	72.97	253	27.03

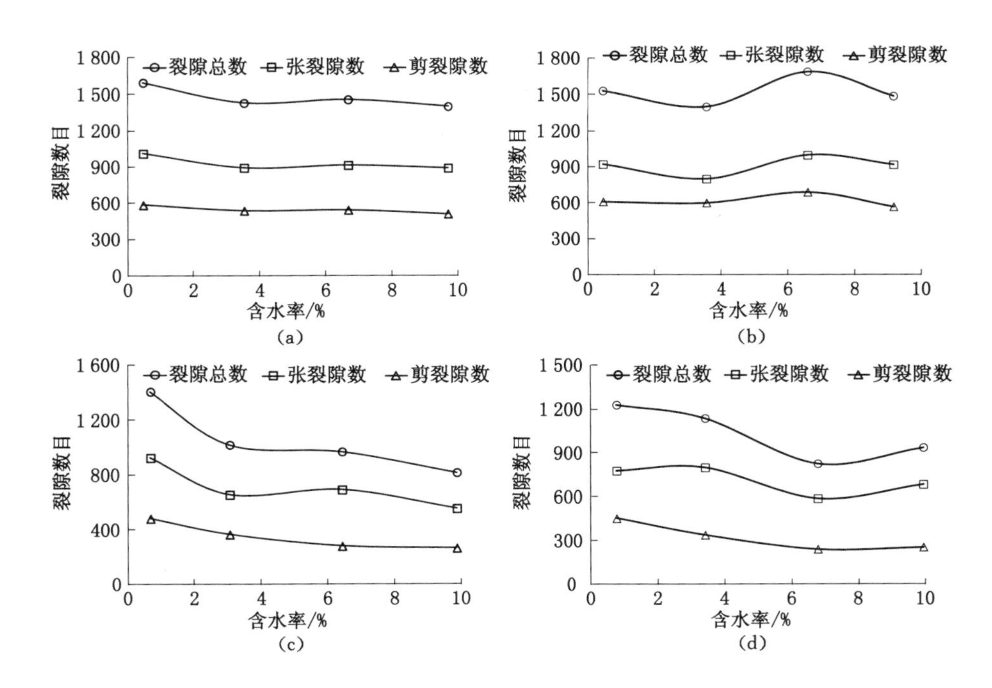

图 6-47　四组试样裂隙数与含水率关系

(a) A 组试样；(b) B 组试样；(c) C 组试样；(d) D 组试样

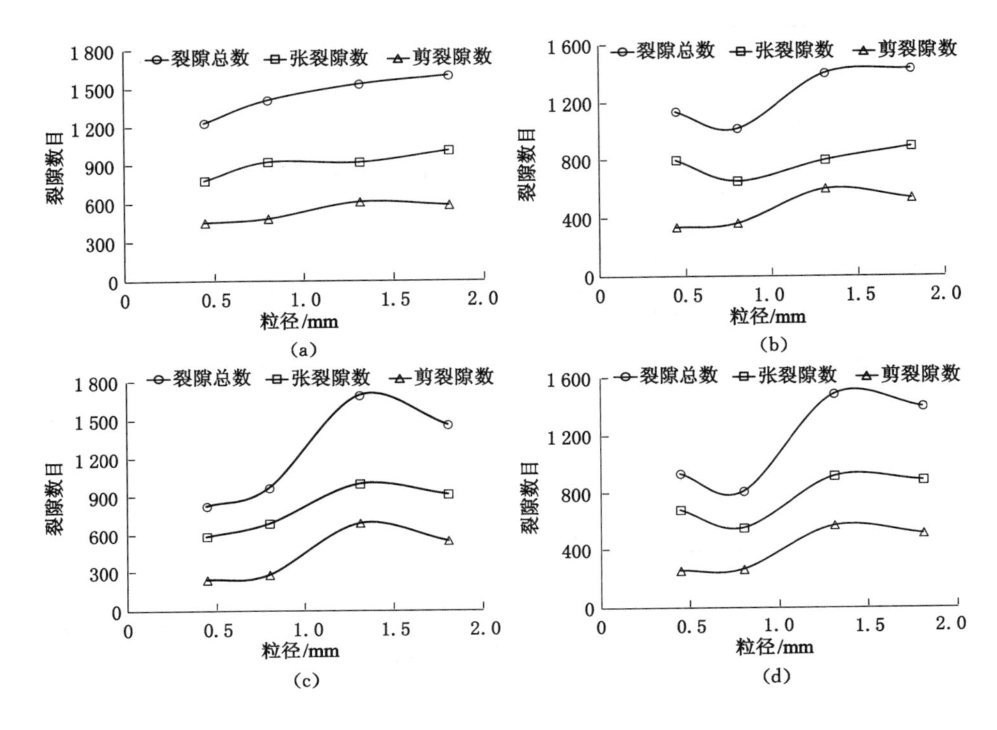

图 6-48　四组试样裂隙数与粒径关系

(a) Ⅰ组试样;(b) Ⅱ组试样;(c) Ⅲ组试样;(d) Ⅳ组试样

6.5　不同粒径及含水率试样 PFC 模拟声发射实验研究

本节列出了四组试样的声发射模拟图,图中每个声发射事件用一个圆圈表示,声发射源范围的大小决定圆圈的大小,每一个圆圈均是某个声发射源范围的外切圆。

从图 6-49 至图 6-52 可以看出,声发射事件的分布与裂隙分布图基本保持一致。四组试样中,含水率较小的试样声发射事件的分布密度相对较大。表 6-11 列出了四组试样的声发射事件统计表,其中单一声发射是指只包含一个微裂隙的声发射事件,声发射群是指包含两个及以上微裂隙的声发射事件。

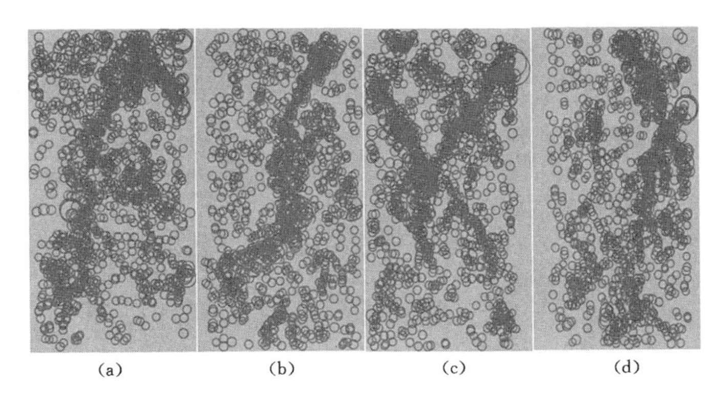

图 6-49 A组试样声发射模拟图

(a) A1;(b) A2;(c) A3;(d) A4

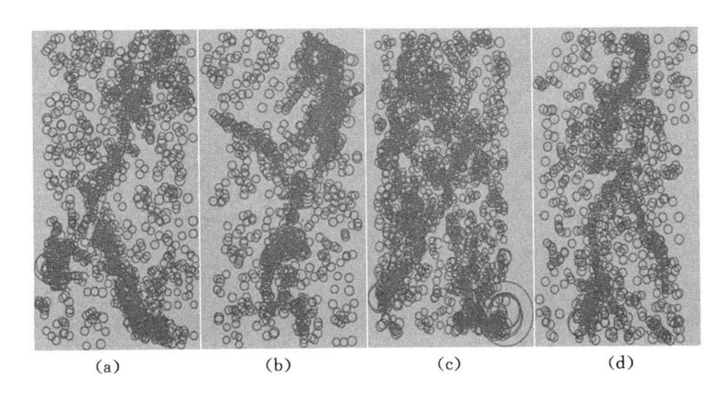

图 6-50 B组试样声发射模拟图

(a) B1;(b) B2;(c) B3;(d) B4

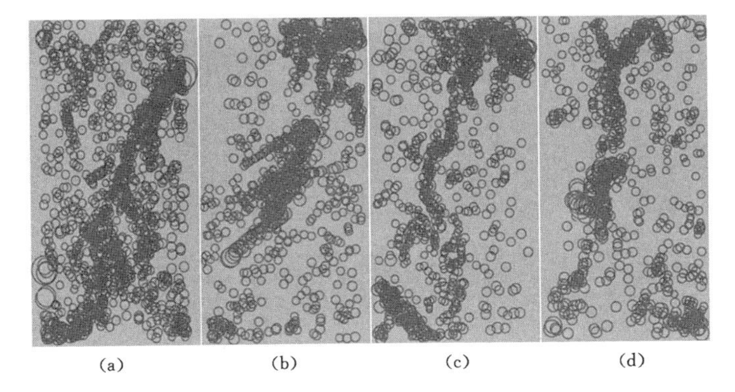

图 6-51 C组试样声发射模拟图

(a) C1;(b) C2;(c) C3;(d) C4

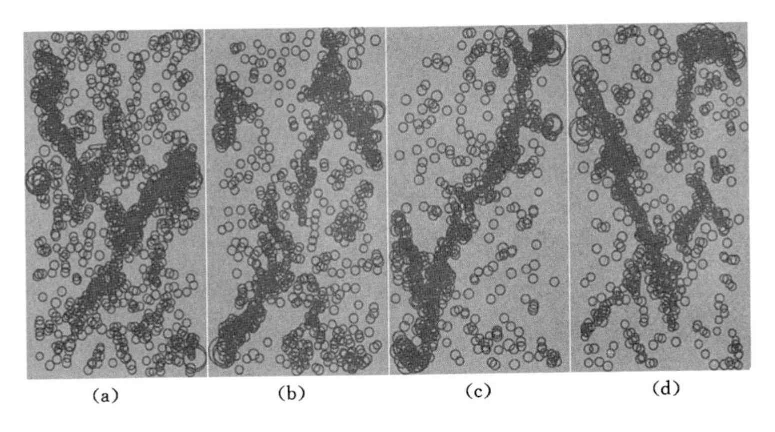

图 6-52 D组试样声发射模拟图
(a) D1;(b) D2;(c) D3;(d) D4

表 6-11 **声发射事件统计表**

试样	声发射事件总数	单一声发射		声发射群	
		数目	百分比/%	数目	百分比/%
A1	3 119	1 594	51.11	1 525	48.89
A2	2 801	1 430	51.05	1 371	48.95
A3	2 849	1 457	51.14	1 392	48.86
A4	2 760	1 400	50.72	1 360	49.28
B1	3 002	1 530	50.97	1 472	49.03
B2	2 755	1 400	50.82	1 355	49.18
B3	3 325	1 688	50.77	1 637	49.23
B4	2 923	1 486	50.84	1 437	49.16
C1	2 757	1 406	51.00	1 351	49.00
C2	1 990	1 019	51.21	971	48.79
C3	1 891	967	51.14	924	48.86
C4	1 592	813	51.07	779	48.93
D1	2 399	1 229	51.23	1 170	48.77
D2	2 237	1 138	50.87	1 099	49.13
D3	1 605	826	51.46	779	48.54
D4	1 854	936	50.49	918	49.51

由表 6-11 可知，在 PFC 模拟的声发射事件总数中，单一声发射数目与声发

射群数目基本相同，因此，在研究含水率及粒径对试样声发射性质的影响时，仅列出了声发射事件总数随含水率及粒径的变化规律，单一声发射事件及声发射群的变化规律可参考声发射事件总数，具体如图 6-53 所示。

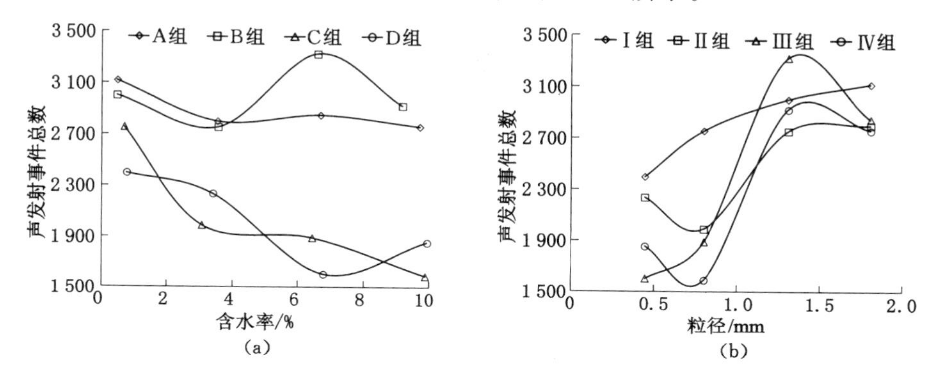

图 6-53 声发射事件总数与试样含水率及粒径关系图

从图 6-53 可看出，随着含水率的上升，四组不同粒径试样的声发射事件总数总体呈下降趋势，这主要是由于试样吸水后塑性增强、脆性减弱。相比之下，粒径对声发射事件总数的影响正好相反，粒径越大的试样单轴压缩过程中释放的声发射信号反而更多，其主要原因是粒径较小的试样颗粒间发生破坏时所释放的能量较小，由于能量正比于幅值的平方，声发射幅值也就越小，在相同的阈值下，能被记录的信号也越少；相反，对于大粒径试样，颗粒间破坏时释放的能量也就越大，被记录到的信号数目也就越多。

综上，在所有试样中，含水率较小的试样声发射事件的分布密度相对较大，且单一声发射数目与声发射群数目基本相同。随着含水率和粒径的上升，四组不同粒径及含水率试样的声发射事件总数分别总体呈下降和上升趋势。

参考文献

[1] 周创兵,熊文林.双场耦合条件下裂隙岩体的渗透张量[J].岩石力学与工程学报,1996,15(4):338-344.

[2] 肖裕行.裂隙岩体水力行为的数值模拟研究[J].岩石力学与工程学报,1998,17(3):347-347.

[3] L Ning,Z Yunming,S Bo,et al. A chemical damage model of sandstone in acid solution[J]. International Journal of Rock Mechanics and Mining Sciences,2003,40(02):243-249.

[4] 冯夏庭,丁梧秀.应力—水流—化学耦合下岩石破裂全过程的细观力学试验[J].岩石力学与工程学报,2005(09):1465-1473.

[5] 汤连生.水—岩土反应的力学与环境效应研究[J].岩石力学与工程学报,2000(05):681-682.

[6] 丁梧秀,冯夏庭.化学腐蚀下裂隙岩石的损伤效应及断裂准则研究[J].岩土工程学报,2009(06):899-904.

[7] 刘建,乔丽苹,李鹏.砂岩弹塑性力学特性的水物理化学作用效应——试验研究与本构模型[J].岩石力学与工程学报,2009(01):20-29.

[8] 姚强岭,李学华,瞿群迪.富水煤层巷道顶板失稳机理与围岩控制技术研究[J].煤炭学报,2011,36(1),12-17.

[9] 姚强岭,李学华,何利辉,等.单轴压缩下含水砂岩强度损伤及声发射特征[J].采矿与安全工程学报,2013,5(30):717-722.

[10] 许家林,钱鸣高.岩层采动裂隙分布在绿色开采中的应用[J].中国矿业大学学报,2004,33(2):40-48.

[11] 王作宇,刘鸿泉,王培彝,等.承压水上采煤学科理论与实践[J].煤炭学报,1994,19(1):141-149.

[12] 许家林,朱卫兵,王晓振.基于关键层位置的导水裂隙带高度预计方法[J].煤炭学报,2012,37(5):762-769.

[13] 王双明,黄庆享,范立明,等.生态脆弱区煤炭开发与生态水文保护[M].北京:科学出版社,2010:149-150.

[14] 顾大钊.煤矿地下水库理论框架和技术体系[J].煤炭学报,2015,40(2):239-246.

[15] 张发旺,周骏业,申保宏,等.干旱地区采煤条件下煤层顶板含水层再造与地下水资源保护[M].北京:地质出版社,2006:23-33.

[16] 康红普.水对岩石的损伤[J].水文地质工程地质,1994(3):39-41.

[17] Hawkins A B,McConnell B J. Sensitivity of sandstone strength and deformability to changes in moisture content[J]. Quarterly Journal of Engineering Geology and Hydrogeology,1992,25(2):115-130.

[18] Dyke C G,Dobereiner L. Evaluating the strength and deformability of sandstones [J]. Quarterly Journal of Engineering Geology and Hydrogeology,1991,24(1):123-134.

[19] 杨天鸿,芮勇勤,唐春安,等.抚顺西露天矿蠕动边坡变形特征及稳定性动态分析[J].岩土力学,2004(01):153-156.

[20] 张有天.岩石水力学与工程[M].北京:中国水利水电出版社,2005:34-40.

[21] 周翠英,彭泽英,尚伟,等.论岩土工程中水—岩相互作用研究的焦点问题[J].岩土力学,2002,23(1):124-128.

[22] 黄伟,周文斌,陈鹏.水—岩化学作用对岩石的力学效应的研究[J].西部探矿工程,2006,117(1):122-125.

[23] DYKE C G,Dobereiner L. Evaluating the strength and deformability of sandstones [J]. Quarterly Journal of Engineering Geology and Hydrogeology,1991,24(1):123-134.

[24] 陈钢林,周仁德.水对受力岩石变形破坏宏观力学效应的实验研究[J].地球物理学报,1991,34(3):335-341.

[25] Anderson O L,Grew P C. Stress corrosion theory of crack propagation with applications to geophysics[J]. Rev. Geophys,1977,15(1):77-104.

[26] Tzong-Tzeng Lin,Chyi Sheu,Juu-En Chang. Slaking mechanisms of mudstone liner immersed in water[J]. Journal of Hazardous Materials,1998,58(1-3):261-273.

[27] 刘新荣,傅晏,郑颖人.水—岩相互作用对岩石劣化的影响研究[J].地下空间与工程学报,2012,8(1):77-82.

[28] 胡耀青,段康廉,张文,等.孔隙水压对煤体变形特性影响的研究[J].山西矿业学院学报,1990,8(4):419-425.

[29] 孟召平,潘结南,刘亮亮,等.含水量对沉积岩力学性质及其冲击倾向性的影响[J].岩石力学与工程学报,2009,28(增1):2637-2643.

[30] 孟召平,彭苏萍,傅继彤.含煤岩系岩石力学性质控制因素探讨[J].岩石力学与工程学报,2002,21(01):102-106.

[31] 周翠英,邓毅梅,谭祥韶,等.饱水软岩力学性质软化的试验研究与应用[J].岩石力学与工程学报,2005,24(01):33-38.

[32] 侯艳娟,张顶立,郭富利.涌水隧道支护对围岩力学性质的影响[J].中南大学学报:自然科学版,2010,41(03):1152-1157.

[33] 周瑞光,曲永新,成彬芳,等.山东龙口北皂煤矿软岩力学特性试验研究[J].工程地质学报,1996,4(04):55-60.

[34] 郭富利,张顶立,苏洁,等.围压和地下水对软岩残余强度及峰后体积变化影响的试验研究[J].岩石力学与工程学报,2009,28(增1):2644-2650.

[35] 王军,何淼,汪中卫.膨胀砂岩的抗剪强度与含水量的关系[J].土木工程学报,2006,39(01):98-102.

[36] 傅晏,刘新荣,张永兴,等.水—岩相互作用对砂岩单轴强度的影响研究[J].水文地质工程地质,2009,36(06):54-58.

[37] 姚华彦,张振华,朱朝辉,等.干湿交替对砂岩力学特性影响的试验研究[J].岩土力学,2010,31(12):3704-3708.

[38] Lin M L, Jeng F S, Tsai L S, et al. Wetting weakening of tertiary sandstones-microscopic mechanism[J]. Environmental Geology, 2005, 48(02): 265-275.

[39] HALE P A, SHAKOOR A. A laboratory investigation of the effects of cyclic heating and cooling, wetting and drying, and freezing and thawing on the compressive strength of selected sandstones[J]. Environmental and Engineering Geoscience, 2003, 9(02): 117-130.

[40] 姚强岭,陈田,李学华,等.宁东侏罗系煤层顶板粗粒含水砂岩特性研究[J].煤炭学报,2017,42(1):183-188.

[41] Qiangling Yao, Xuehua Li, Jian Zhou, et al. Experimental study of strength characteristics of coal specimens after water intrusion[J]. Arabian Journal of Geosciences, 2015, 8(9): 6779-6789.

[42] 姚强岭,李学华,陈庆峰.含水砂岩顶板巷道失稳破坏特征及分类研究[J].中国矿业大学学报,2013,42(1):50-56.

[43] Qiangling Yao, Tian Chen, Minghe Ju, et al. Effects of water intru-

sion on mechanical properties of and crack propagation in coal[J]. Rock Mechanicals and Rock Engineering,2016,49(12):4699-4709.

[44] 潘凡. 水作用下不同粒径类岩试样力学性质及破坏特征研究[D]. 徐州:中国矿业大学,2016.

[45] 王光. 水作用下泥质粉砂岩宏细观损伤特性研究[D]. 徐州:中国矿业大学,2016.

[46] 朱珍德,孙钧. 裂隙岩体非稳态渗流场与损伤场耦合分析模型[J]. 四川大学学报(工程科学版),1999,3(4):73-80.

[47] 巫锡勇,廖昕,赵思远,等. 黑色页岩水岩化学作用实验研究[J]. 地球学报,2014,35(5):573-581.

[48] Feng X T, Li S J, Chen S L. Effect of water chemical corrosion on strength and cracking characteristics of rocks[J]. Key Engineering Materials,2004:1355-1360.

[49] Jing Z Z, Kimio W, Jonathan W, et al. A 3D water/rock chemi-cal interaction model for prediction of HDR/HWR geothermalreservoir performance[J]. Geothermics,2002(31):1-28.

[50] Freiman S M. Effects of the chemical environments on slow crack growth in glasses and ceramics[J]. J. Geophys. Res. ,1984(89):4072-4077.

[51] Karfakis M G, Askram M. Effects of chemical solutions on rock fracturing[J]. Int. J. Rock Mech. Min. Sci. &Geomech. Abstr. , 1993, 37(7):1253-1259.

[52] Bell F G, Cripps J C, Culshaw M G. A review of the engineering behaviour of soils and rocks with respect to groundwater[J]. Geological Society, London, Engineering Geology Special Publications, 1986, 3(1):1-23.

[53] 汤连生,张鹏程,王思敬. 水—岩化学作用的岩石宏观力学效应的试验研究[J]. 岩石力学与工程学报,2002,21(4):526-531.

[54] 陈四利,冯夏庭,李邵军. 岩石单轴抗压强度与破裂特征的化学腐蚀效应[J]. 岩石力学与工程学报,2003,22(4):547-551.

[55] Zhang D, Chen A, Xiong D, et al. Effect of moisture and temperature conditions on the decay rate of a purple mudstone in southwestern China[J]. Geomorphology,2013(182):125-132.

[56] Carter N E A, Viles H A. Experimental investigations into the inter-

actions between moisture, rock surface temperatures and an epilithic lichen cover in the bioprotection of limestone[J]. Building and environment,2003,38(9):1225-1234.

[57] Bai M,Reinicke K M,Teodoriu C,et al. Investigation on water-rock interaction under geothermal hot dry rock conditions with a novel testing method[J]. Journal of Petroleum Science and Engineering, 2012(90):26-30.

[58] Karfakis M G,Askram M. Effects of chemical solutions on rock fracturing [J]. Int. J. Rock Mech. Min. Sci. &Geomech. Abstr., 1993, 37 (07): 1253-1259.

[59] Hutchinson A J,Johnson J B,Thompson G E,et al. Stone degradation due to wet deposition of pollutants[J]. Corrosion Science,1993, 34(11):1881-1889.

[60] 汤连生,张鹏程,王思敬. 水—岩化学作用之岩石断裂力学效应的试验研究[J]. 岩石力学与工程学报,2002,21(06):822-827.

[61] 汤连生,周萃英. 渗透与水化学作用之受力岩体的破坏机理[J]. 中山大学学报(自然科学版),1996,35(6):95-100.

[62] Oneil J R,Hanks T C. Geomechanical evidence for water-rock interaction along the San Andreas and Garlock faults of Califorrnia[J]. J. Geophys. Res.,1980(85):6286-6292.

[63] Feucht L J,John M L. Effects of chemically active solutions on shearing behavior of sandstone[J]. Tectonophysics,1990(175):159-176.

[64] Komine H. Simplified evaluation for swelling characteristics of bentonites[J]. Engineering Geology,2004,71(3-4):265-279.

[65] Marcel Arnould. Discontinuity networks in mudstones:A geological approach[J]. Bulletin of Engineering Geology and the Environment, 2006,65(04):413-422.

[66] 黄宏伟,车平. 泥岩遇水软化微观机制研究[J]. 同济大学学报(自然科学版),2007,35(07):866-870.

[67] 刘忠锋,康天合,鲁伟,等. 煤层注水对煤体力学特性影响的试验[J]. 煤炭科学技术,2010(1):17-19.

[68] 闫立宏,吴基文,刘小红. 水对煤的力学性质影响试验研究[J]. 建井技术,2002(3):30-32.

[69] 郭怀广,仇海生. 水分对阳泉 3# 煤力学性质影响研究[J]. 煤矿安全,

2013,44(002):12-15.
[70] 潘立友,张立俊,刘先贵.冲击地压预测与防治实用技术[M].徐州:中国矿业大学出版社,2006.
[71] 齐学元.急倾斜煤层水平分段综采放顶煤注水软化技术研究[D].西安:西安科技大学,2010.
[72] 郭海防.水压力作用下煤岩损伤弱化规律研究[D].西安:西安科技大学,2010.
[73] 宋维源,章梦涛,潘一山,等.煤层注水中的水渗流规律研究[J].地质灾害与环境保护,2004(2):86-88.
[74] 韩桂武,周英.巨厚煤层冲击地压的机理及预防措施[J].煤炭工程,2003(10):29-32.
[75] 于警伟,史宗保.煤层注水在防治煤与瓦斯突出中的应用[J].中州煤炭,2008(1):71-72.
[76] 窦林名,何学秋.冲积矿压防治理论与技术[M].徐州:中国矿业大学出版社,2001.
[77] 郭启明,王根卿.突出危险采煤工作面煤壁深孔高压注水防突降尘的实践[J].煤矿安全,2000(1):20-22.
[78] 姚强岭,陈田,王傲,等.反复浸水对煤样力学性质损伤的声发射实验研究[J].采矿与安全工程学报,2016,33(5):1-7.
[79] 赵彬.水作用下煤体强度弱化特征试验研究[D].徐州:中国矿业大学,2014.
[80] Constin L S. A microcrack model for the deformation and failure of brittle rock[J]. Journal of Geophysical Research, 1983, 88(B11): 9485-9492.
[81] Dragon A, Mroz Z. On the plastic-brittle behavior of rock and concrete[J]. Mech. Res. Commun., 1976(3):429-434.
[82] Kavamoto T, Ichikawa Y, Kyoya T. Deformation and fracturing behaviour of discontinuous rock mass and damage mechanics theory [J]. International Journal for Numerical and Analytical Methods in Geomechanics, 1988, 12(01):1-30.
[83] Lemaitre J. A Course on Damage Mechanics[M]. Springer, Second Edition, 1990.
[84] 周维垣,杨延毅.节理岩体损伤断裂模型与验证[J].1991,10(01):43-54.

[85] 李新平,朱瑞庚,朱维申. 裂隙岩体的损伤断裂理论与应用[J]. 岩石力学与工程学报,1995,14(03):43-54.
[86] 谢和平. 岩石混凝土损伤力学[M]. 徐州:中国矿业大学出版社,1990.
[87] Gurson A L. Continuum Theory of Ductile Rupture by Void Nucleation and Growth:Part I—Yield Criteria and Flow Rules for Porous Media[J]. Journal of Engineering Materials & Technology,1977,99(01):2-15.
[88] Horii H,Nemat-Nasser S. Overall moduli of solids with microcracks: Load-induced anisotropy[J]. Journal of the Mechanics & Physics of Solids,1983,31(02):155-171.
[89] Nemat-Nasser S,Obata M. A Microcrack Model of Dilatancy in Brittle Materials[J]. Journal of Applied Mechanics,1988,55(01):24-35.
[90] Zdenek P Bazant,Joško Ozbolt. Nonlocal Microplane Model for Fracture,Damage,and Size Effect in Structures[J]. Journal of Engineering Mechanics,2014,116(11):2485-2505.
[91] 凌建明,孙钧. 脆性岩石的细观裂纹损伤及其时效特征[J]. 岩石力学与工程学报,1993(04):304-312.
[92] 任建喜,葛修润,杨更社. 单轴压缩岩石损伤扩展细观机理 CT 实时试验[J]. 岩土力学,2001,22(02):130-133.
[93] 杨更社,谢定义,张长庆. 岩石损伤 CT 数分布规律的定量分析[J]. 岩石力学与工程学报,1998(03):279-285.
[94] 任建喜,葛修润. 单轴压缩岩石损伤演化细观机理及其本构模型研究[J]. 岩石力学与工程学报,2001,20(04):425-431.
[95] 曹文贵,李翔. 岩石损伤软化统计本构模型及参数确定方法的新探讨[J]. 岩土力学,2008(11):2952-2956.
[96] 曹文贵,赵明华,刘成学. 岩石损伤统计强度理论研究[J]. 岩土工程学报,2004(06):820-823.
[97] Loland K E. Continuous damage model for load—response estimation of concrete[J]. Cement & Concrete Research,1980,10(03):395-402.
[98] 王金龙,林卓英,吴玉山,等. 脆性岩石的损伤与裂隙扩展[J]. 岩土力学,1990(03):1-8.
[99] 周光泉,陈德华. 岩石连续损伤本构方程[J]. 岩石力学与工程学报,1995(03):229-235.
[100] 沈新普,徐秉业. 岩土材料弹塑性正交异性损伤耦合本构理论[J]. 应用数学和力学,2001,22(09):927-933.

[101] 叶龄元.岩石的内时损伤本构模型[C].第四届全国岩土力学数值分析与解析方法讨论会论文集.武汉:武汉测绘科技大学出版社,1991:85-90.

[102] 吴政,张承娟.单向荷载作用下岩石损伤模型及其力学特性研究[J].岩石力学与工程学报,1996,15(1):55-61.

[103] 杨友卿.岩石强度的损伤力学分析[J].岩石力学与工程学报,1999,18(1):23-27.

[104] 王军保,刘新荣,李鹏.岩石损伤软化统计本构模型[J].兰州大学学报(自然科学版),2011,47(3):24-28.

[105] 杨圣奇,徐卫亚,苏承东.考虑尺寸效应的岩石损伤统计本构模型研究[J].岩石力学与工程学报,2005,24(24):4484-4490.

[106] 杨明辉,赵明华,曹文贵.岩石损伤软化统计本构模型参数的确定方法[J].水利学报,2005,36(3):345-349.

[107] 张晓君.岩石损伤统计本构模型参数及其临界敏感性分析[J].采矿与安全工程学报,2010,27(1):45-50.

[108] 杨松岩,俞茂宏.多相孔隙介质的本构描述[J].力学学报,2000,32(1):11-24.

[109] 周飞平,刘光廷,李鹏辉.复杂应力状态下的饱和体本构模型及内力变化[J].清华大学学报(自然科学版),2003,43(11):1576-1579.

[110] 韦立德,徐卫亚,邵建富.饱和非饱和岩石损伤软化统计本构模型[J].水利水运工程学报,2003(2):12-17.

[111] Mogi K. Study of elastic shocks caused by the fracture of heterogeneous materials and its relations to earthquake phenomena[J]. Bulletin of the Earthquake Research Institute,1962,40(3):125-173.

[112] Ganne P,Vervoort A,Wevers M. Quantification of pre-peak brittle damage:Correlation between acoustic emission and observed microfracturing[J]. International Journal of Rock Mechanics & Mining Sciences,2007,44(05):720-729.

[113] Li C,Nordlund E. Assessment of damage in rock using the Kaiser effect of acoustic emission[J]. International Journal of Rock Mechanics & Mining Sciences & Geomechanics Abstracts,1993,30(07):943-946.

[114] Cai M,Morioka H,Kaiser P K,et al. Back-analysis of rock mass strength parameters using AE monitoring data[J]. International Journal of Rock Mechanics and Mining Sciences, 2007, 44(04):

538-549.

[115] Nomikos P P, Katsikogiannni P, Sakkas K M, et al. Acoustic emission during flexural loading of two Greek marbles[C]. Proceedings of European Rock Mechanics Symposium: EUROCK 2010, Rock Mechanics in Civil and Environmental Engineering. [S. l.]:[S. n.], 2010:95-98.

[116] Tavallali A, Vervoort A. Acoustic Emission Monitoring of Layered Sandstone Under Brazilian Test Conditions[J]. Proc of European Rock Mechanics Symposium Rock Mechanics in Civil & Environmental Engineering, 2010.

[117] He M C, Miao J L, Feng J L. Rock burst process of limestone and its acoustic emission characteri-sticsunder true-triaxial unloading conditions[J]. International Journal of Rock Mechanics and Mining Sciences, 2010, 47(02):286-298.

[118] Lockner D. The role of acoustic emission in the study of rock fracture[C]. International Journal of Rock Mechanics and Mining Sciences & Geomechanics Abstracts. Pergamon, 1993, 30(7):883-899.

[119] Eberhardt E, Stead D, Stimpson B, et al. Identifying crack initiation and propagation thresholds in brittle rock[J]. Canadian Geotechnical Journal, 1998, 35(2):222-233.

[120] Diederichs M S, Kaiser P K, Eberhardt E. Damage initiation and propagation in hard rock during tunnelling and the influence of near-face stress rotation[J]. International Journal of Rock Mechanics and Mining Sciences, 2004, 41(5):785-812.

[121] Chang S H, Lee C I. Estimation of cracking and damage mechanisms in rock under triaxial compression by moment tensor analysis of acoustic emission[J]. International Journal of Rock Mechanics and Mining Sciences, 2004, 41(7):1069-1086.

[122] Jansen D P, Carlson S R, Young R P, et al. Ultrasonic imaging and acoustic emission monitoring of thermally induced microcracks in Lac du Bonnet granite[J]. Journal of Geophysical Research: Solid Earth(1978-2012), 1993, 98(B12):22231-22243.

[123] Pestman B J, Van Munster J G. An acoustic emission study of damage development and stress-memory effects in sandstone[C]. In-

ternational journal of rock mechanics and mining sciences & geomechanics abstracts. Pergamon,1996,33(6):585-593.

[124] 李宏,张伯崇.北京房山花岗岩原地应力状态 AE 法估计[J].岩石力学与工程学报,2004,23(08):1349-1352.

[125] 彭苏萍,谢和平,何满潮,等.沉积相变岩体声波速度特征的试验研究[J].岩石力学与工程学报,2005(16):2831-2837.

[126] 李庶林,尹贤刚,王泳嘉,等.单轴受压岩石破坏全过程声发射特征研究[J].岩石力学与工程学报,2004(15):2499-2503.

[127] 余斐.单轴压缩条件下岩石的声发射试验研究[D].北京:中国地质大学(北京),2012.

[128] 李术才,许新骥,刘征宇,等.单轴压缩条件下砂岩破坏全过程电阻率与声发射响应特征及损伤演化[J].岩石力学与工程学报,2014(01):14-23.

[129] 赵兴东,陈长华,刘建坡,等.不同岩石声发射活动特性的实验研究[J].东北大学学报(自然科学版),2008(11):1633-1636.

[130] 张茹,谢和平,刘建锋,等.单轴多级加载岩石破坏声发射特性试验研究[J].岩石力学与工程学报,2006(12):2584-2588.

[131] 蒋海昆,张流,周永胜.不同围压条件下花岗岩变形破坏过程中的声发射时序特征[J].地球物理学报,2000(06):812-826.

[132] 吴贤振,刘祥鑫,梁正召,等.不同岩石破裂全过程的声发射序列分形特征试验研究[J].岩土力学,2012(12):561-3569.

[133] 许江,李树春,唐晓军,等.单轴压缩下岩石声发射定位实验的影响因素分析[J].岩石力学与工程学报,2008,27(04):765-772.

[134] 裴建良,刘建锋,左建平,等.基于声发射定位的自然裂隙动态演化过程研究[J].岩石力学与工程学报,2013(04):696-704.

[135] 王其胜,万国香,李夕兵.动静组合加载下岩石破坏的声发射实验[J].爆炸与冲击,2010(03):247-253.

[136] 赵伏军,王宏宇,彭云,等.动静组合载荷破岩声发射能量与破岩效果试验研究[J].岩石力学与工程学报,2012(07):1363-1368.

[137] 邹银辉.煤岩声发射机理初探[J].矿业安全与环保,2004,31(1):31-33.

[138] 蒋宇,葛修润,任建喜.岩石疲劳破坏过程中的变形规律及声发射特性[J].岩石力学与工程学报,2004,23(11):1810-1814.

[139] 高峰,李建军,李肖音,等.岩石声发射特征的分形分析[J].武汉理工

大学学报,2005,27(7):67-69.

[140] 唐春安.岩石破裂过程中的灾变[M].北京:煤炭工业出版社,1993.

[141] 张明,李仲奎,杨强,等.准脆性材料声发射的损伤模型及统计分析[J].岩石力学与工程学报,2006,25(12):2493-2501.

[142] Tang Chunan, Xu Xiaohe. Evolution and Propagation of Material Defects and Kaiser Effect Function[J]. Journal of Seismological Research,1990,13(2):203-213.

[143] 陈忠辉,李春林.岩石声发射 Kaiser 效应的理论和实验研究[J].中国有色金属学报,1997,7(1):9-12.

[144] 席道瑛,谢端,张毅.加载速率对岩石力学性质及声发射率的影响[C].第四届全国岩石动力学学术会议论文集.武汉:湖北科学技术出版社,1994.

[145] 万志军,李学华.加载速率对岩石声发射活动的影响[J].辽宁工程技术大学学报:自然科学版,2001,20(4):469-471.

[146] 许波涛,尹健民,王煜霞.岩石干湿状态下动静弹模关系特征及工程意义[J].岩石力学与工程学报,2001,20(1):1755-1757.

[147] 许波涛,王煜霞.动测法确定岩体动力参数的对比试验研究[J].岩石力学与工程学报,2004,23(2):284-288.

[148] 王煜霞,许波涛.水对不同岩石声波速度影响的研究[J].岩土工程技术,2006,20(3):144-146.

[149] 陈旭,俞缙,李宏,等.不同岩性及含水率的岩石声波传播规律试验研究[J].岩土力学,2013,34(9):2527-2533.

[150] 黄晓红,李莎莎,张艳博,等.水对岩石破裂失稳过程声发射频谱特征的影响[J].矿业研究与开发,2013(6):38-41.

[151] 朱合华,周治国,邓涛.饱水对致密岩石声学参数影响的试验研究[J].岩石力学与工程学报,2005,24(5):823-828.

[152] 吴刚,刘松,陈虎传,等.水对岩石超声性能影响的试验研究[C].第十届全国岩石力学与工程学术大会论文集,2008.

[153] 文圣勇,韩立军,宗义江,等.不同含水率红砂岩单轴压缩试验声发射特征研究[C].煤炭科学技术,2013,41(8):46-48,52.

[154] 秦虎,黄滚,王维忠.不同含水率煤岩受压变形破坏全过程声发射特征试验研究[J].岩石力学与工程学报,2012,31(6):1115-1120.

[155] 陈子全,李天斌,陈国庆,等.水力耦合作用下的砂岩声发射特性试验研究[J].岩土力学,2014,35(10):2815-2822.

[156] Chen Tian,Yao QiangLing,Wei Fei,et al. Effects of water intrusion and loading rate on mechanical properties of and crack propagation in coal-rock combinations[J]. Journal of central south university, 2017(24):423-431.

[157] Ranjith P G,Fourar M,Pong S F,et al. Characterisation of fractured rocks under uniaxial loading states[J]. International Journal of Rock Mechanics and Mining Sciences,2004(41):43-48.

[158] Masuda K. Effects of water on rock strength in a brittle regime[J]. J. Struct. Geo. ,2001(123):1653-1657.

[159] Perera M S A,Ranjith P G,Peter M. Effects of saturation medium and pressure on strength parameters of Latrobe Valley brown coal:Carbon dioxide,water and nitrogen saturations[J]. Energy,2011(36):6941-6947.

[160] Huang B,Liu J. The effect of loading rate on the behavior of samples composed of coal and rock[J]. International Journal of Rock Mechanics and Mining Sciences,2013(61):23-30.

[161] Vishal V,Ranjith P G,Singh T N. An experimental investigation on behaviour of coal under fluid saturation,using acoustic emission[J]. Journal of Natural Gas Science and Engineering,2015(22):428-436.

[162] Li H,Li H,Gao B,et al. Study of Acoustic Emission and Mechanical Characteristics of Coal Samples under Different Loading Rates[J]. Shock and Vibration,2015:1-11.

[163] Mahmutoğlu Y. The effects of strain rate and saturation on a micro-cracked marble[J]. Engineering Geology,2006(82):137-144.

[164] Sideris K K,Manita P,Sideris K. Estimation of ultimate modulus of elasticity and Poisson ratio of normal concrete[J]. Cement and Concrete Composites,2004(26):623-631.

[165] Zou J,Li S. Theoretical solution for displacement and stress in strain-softening surrounding rock under hydraulic-mechanical coupling[J]. Science China Technological Sciences,2015(58):1401-1413.

[166] Lemaitre J. How to use damage mechanics[J]. Nuclear Engineering and Design,1984,80(2):233-245.

[167] 李兆霞.损伤力学及其应用[M].北京:科学出版社,2002.

[168] 李树春,许江,李克钢,等.基于 Weibull 分布的岩石损伤本构模型研究[J].湖南科技大学学报(自然科学版),2008,22(4):65-68.

[169] Singh S K. Relationship among fatigue strength, mean grain size and compressive strength of a rock[J]. Rock Mechanics and Rock Engineering, 1988, 21(4): 271-276.

[170] 卫宏，张玉三，李太任，等. 岩石显微空隙粒度分布的分形特征与岩石强度的关系[J]. 岩石力学与工程学报，2000，19(3)：318-320.

[171] 樊光明，曾佐勋. 粒度对韧性剪切带岩石变形的影响[J]. 地球科学：中国地质大学学报，2000，25(2)：159-162.

[172] Grabiec A M, Zawal D, Szulc J. Influence of type and maximum aggregate size on some properties of high-strength concrete made of pozzolana cement in respect of binder and carbon dioxide intensity indexes[J]. Construction and Building Materials, 2015(98): 17-24.

[173] Haftani M, Bohloli B, Nouri A, et al. Size effect in strength assessment by indentation testing on rock fragments[J]. International Journal of Rock Mechanics and Mining Sciences, 2014(65): 141-148.

[174] Saidi F, Bernabé Y, Reuschlé T. Uniaxial compression of synthetic, poorly consolidated granular rock with a bimodal grain-size distribution[J]. Rock Mechanics and Rock Engineering, 2005, 38(2): 129-144.

[175] Eberhardt E, Stimpson B, Stead D. Effects of grain size on the initiation and propagation thresholds of stress-induced brittle fractures [J]. Rock Mechanics and Rock Engineering, 1999, 32(2): 81-99.

[176] Shiotani T, Ohtsu M, Ikeda K. Detection and evaluation of AE waves due to rock deformation[J]. Construction & Building Materials, 2001, 15(5-6): 235-246.

[177] 苗金丽，何满潮，李德建，等. 花岗岩应变岩爆声发射特征及微观断裂机制[J]. 岩石力学与工程学报，2009，28(08)：1593-1603.

[178] 方亚如，蔡戴恩，刘晓红，等. 含水—岩石破裂前的声发射 b 值变化[J]. 地震，1986(2)：1-6.

[179] 杜异军，马瑾. "入"字式断层声发射 b 值及震级—频度关系的物理意义[J]. 地震地质，1986(2)：1-20.

[180] 曾正文，马瑾，刘力强，等. 岩石破裂扩展过程中的声发射 b 值动态特征及意义[J]. 地震地质，1995(01)：7-12.

[181] Cox S J D, Meredith P G. Microcrack formation and material softening in rock measured by monitoring acoustic emissions[J]. International Journal of Rock Mechanics & Mining Sciences & Geome-

chanics Abstracts,1993,30(01):11-24.

[182] Heiple C R,Carpenter S H. Acoustic emission produced by deformation of metals and alloys-A review[J]. Journal of Acoustic Emission,1987(6):177-204.

[183] 姚华彦. 化学溶液及其水压作用下灰岩破裂过程宏细观力学试验与理论分析[D]. 武汉:中国科学院研究生院(武汉岩土力学研究所),2008.

[184] Palmer A N. Origin and morphology of limestone caves[J]. Geological Society of America Bulletin,1991,103(01):1-21.

[185] Cundall P A,Strack O D L. A Discrete Numerical Model for Granular Assemblies[J]. Géotechnique,1979,29(01):47-65.

[186] Itasca Consulting Group,Inc. PFC(Particle Flow Code)[M]. Version3. 0. Minneapolis:ICG,2004.

[187] Potyondy D O,Cundall P A. A Bonded-Particle Model for Rock[J]. International Journal of Rock Mechanics & Mining Sciences,2004,41(08):1329-1364.

[188] CHO N,MARIN C D,SEGO D C. A clumped particle model for rock[J]. International Journal of Rock Mechanics and Mining Sciences,2007,44(07):997-1010.

[189] Diederichs M. Instablity of hard rock masses;the role of tensile damage and relaxation [D]. Waterloo:University of Waterloo,2000.

[190] Potyondy D O, Cumdall P A. A Bonded-Particle Model for Rock [J]. Inernational Journal of Rock Mechanics & Mining Sciences,2004,41(08):1329-1364.

[191] 余华中,阮怀宁,褚卫江. 大理岩脆-延-塑转换特性的细观模拟研究[J]. 岩石力学与工程学报,2013,32(01):55-64.

[192] Wanne T. Bonded-particle Modeling of Thermally Induced Damage in Rock[D]. Canada: University of Toronto,2009.